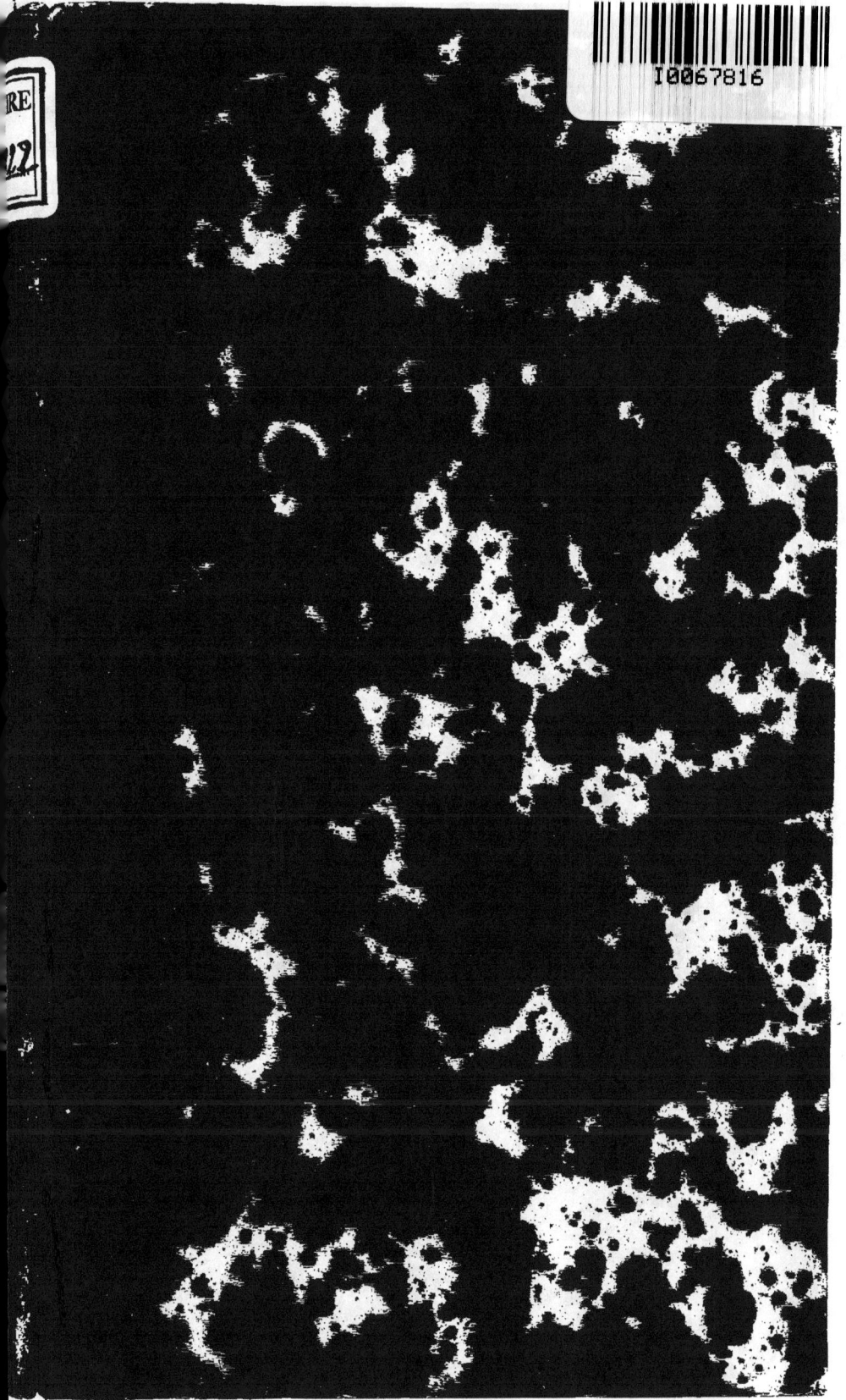

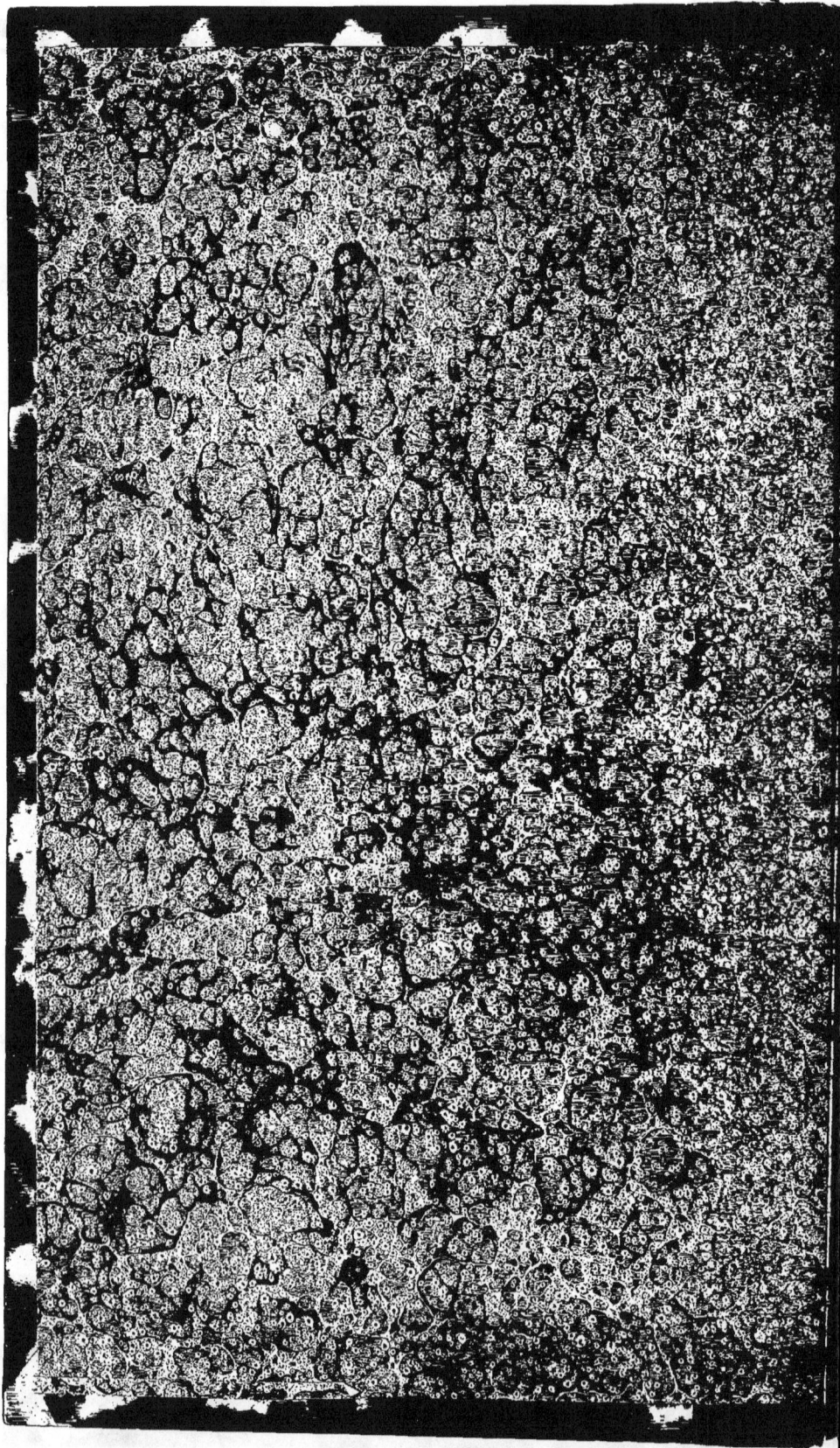

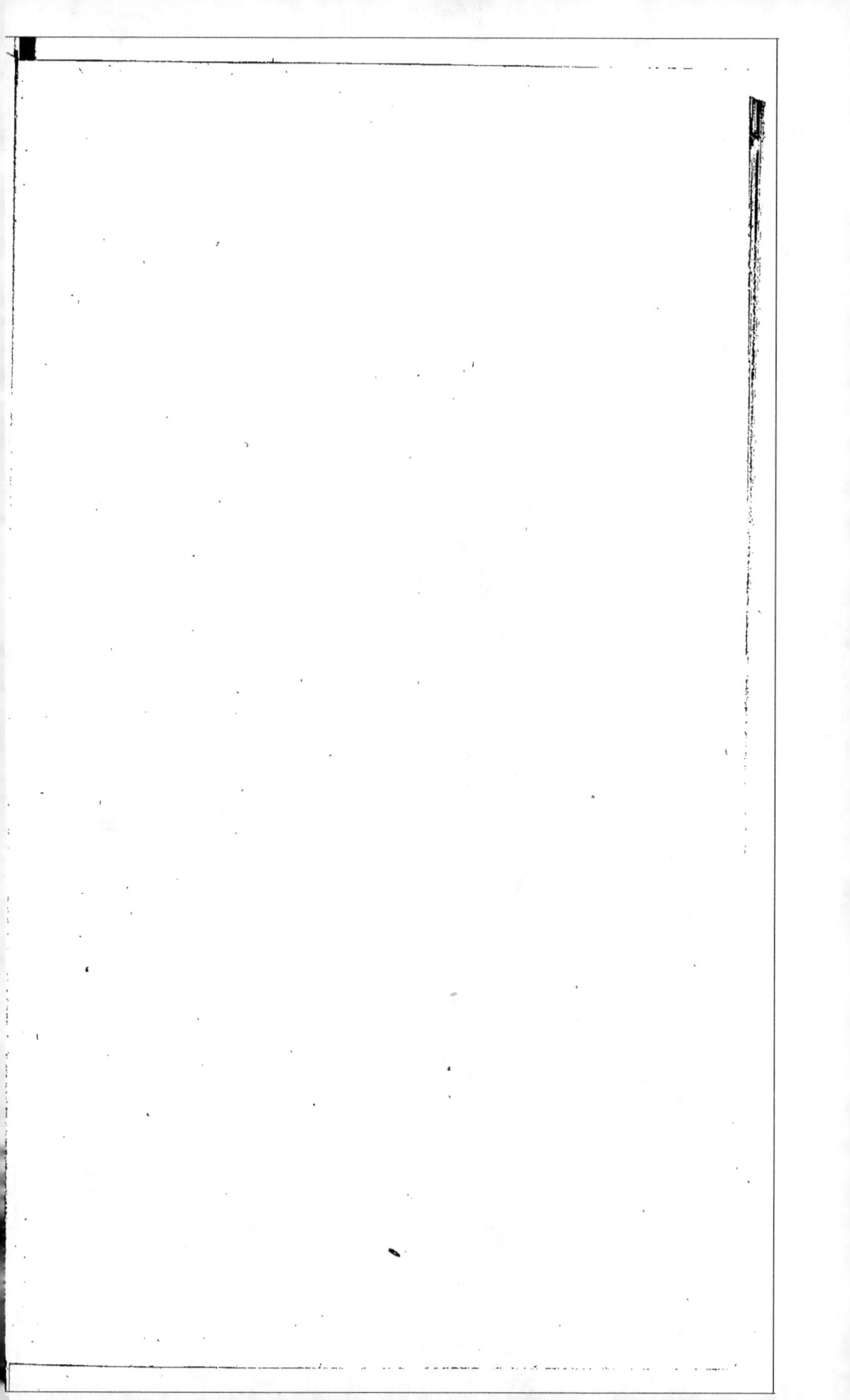

32822

ÉLÉMENS

D'ARITHMETIQUE

THÉORIQUE APPLIQUÉE,

SUR UN PLAN MÉTHODIQUE,

AVEC

UN NOMBRE CONSIDÉRABLE DE PROBLÉMES;

PAR J. BOUILLET,

PROFESSEUR,

ÉLÈVE DE L'ÉCOLE NORMALE.

Prix : 6 Francs.

A PARIS, { CHEZ BACHELIER, QUAI DES AUGUSTINS, N° 55.
{ CHEZ HACHETTE, RUE PIERRE-SARRAZIN, N° 12.
A METZ, CHEZ Mme THIEL, LIBRAIRE, RUE DU PALAIS, N° 2.

MDCCCXXXIV.

Les exemplaires voulus par la loi ont été déposés.

Tout exemplaire non revêtu de la signature de l'auteur, sera réputé contrefait.

Bouillet

Cet Ouvrage se trouve aussi chez l'Auteur, rue des Huiliers, N° 3.

METZ, DE L'IMPRIMERIE DE COLLIGNON.

PRÉFACE.

L'ARITHMÉTIQUE forme, sans contredit, une des branches les plus utiles de l'instruction ; elle prépare l'esprit à des connaissances mathématiques plus élevées, et est en quelque sorte la base de ces mêmes connaissances : il en résulte donc des facilités et des avantages plus ou moins réels, selon le degré de force qu'on y a acquis.

Quoique beaucoup d'Arithméticiens l'aient traitée, nous osons cependant nous permettre d'entreprendre la même tâche, mais qui nous a paru d'abord pénible et rebutante ; car suivre la méthode de nos devanciers, n'était plus pour nous un plan nouveau ; il en fallait donc former un qui pût être d'un avantage marqué pour l'avancement des progrès dans cette matière : aussi trois fois a-t-il été formé, et à la troisième seulement nous l'avons jugé capable du but auquel nous avons voulu parvenir.

1*

Connaître la théorie de l'Arithmétique, savoir discerner toutes les matières qu'elle comporte, ne nous paraît pas suffisant pour la connaissance parfaite de cette science : aussi a-t-on formé des recueils de problêmes qui viennent à l'appui de la théorie, en cultivant par ce moyen l'esprit et l'intelligence des élèves.

Mais dans cette branche d'instruction, comme dans toutes les autres, il y a sans doute un ordre à suivre, un enchaînement de connaissances à ne point interrompre par des connaissances contraires, ou n'y étant ni relatives ni explicatives. Ces problêmes ayant été pris au hasard et jetés, pour ainsi dire, sur la totalité des matières, n'en peuvent donner qu'une idée confuse et obscure. Il fallait donc appliquer à une matière quelconque des problêmes de même nature, et par ce moyen, c'eût été graver dans l'esprit des jeunes gens les principes qu'ils auraient possédés.

Il est incontestable que la grande facilité qu'a l'élève de l'arithmétique, tant par les connaissances d'une théorie générale que par son habileté à résoudre les problêmes, aura infailliblement sur d'autres élèves qui ne la posséderont qu'imparfaitement, des avantages marqués dans la culture des études mathématiques.

C'est pour obvier aux inconvéniens d'une étude préliminaire scientifique, et pour être vraiment utiles à la jeunesse dans sa carrière d'études, aux Instituteurs et aux pères de famille, que nous avons formé ce Traité d'Arithmétique. Chaque matière est généralement considérée comme chapitre; nous n'en disons que ce qu'il est nécessaire de savoir, et nous donnons des applications à la théorie. Sans nous contenter de produire des exemples à l'appui des connaissances acquises, nous avons formé des problêmes de deux degrés : les premiers sont expliqués, et les derniers n'ont que la réponse pour toute solution. L'élève est conséquemment obligé, après avoir trouvé la réponse des derniers problêmes, d'expliquer la route qui l'y a conduit, d'analyser les opérations qu'il en a faites, et par là son jugement se forme, son esprit se cultive, tout s'anime et prend de l'extension : voilà quel a été notre but; c'est de nous croire maintenant utiles à tout le monde.

SIGNES ABRÉVIATIFS
EMPLOYÉS DANS CET OUVRAGE.

Signifie

+   Plus.

—   Moins.

×   Multiplié par.....

:   Divisé par.....

=   Égal, ou est égal à.....

:   Est à..., proportion géométrique.

::   Comme.....

f   Franc.

s.   Sou.

d   Denier.

L.   Livre marc.

o   Once.

G.   Gros.

d.   Denier.

gr.   Grain.

J.   Jour. h. Heure. ′ Minute. ″ Seconde. ‴ Tierce, etc.

T.   Toise. p Pied. p Pouce. l Ligne. pt Point.

₶   Livre tournois.

ÉLÉMENS
D'ARITHMÉTIQUE.

NOTIONS PRÉLIMINAIRES SUR CHAQUE NOMBRE.

Demande. Qu'est-ce que l'*Arithmétique*?

Réponse. L'Arithmétique est la science des nombres : elle en considère la nature et les propriétés; son but est de donner des moyens aisés, tant pour représenter les nombres que pour les composer et les décomposer; c'est ce qu'on appelle calculer.

D. Qu'appelle-t-on quantité?

R. On appelle quantité tout ce qui est susceptible d'augmentation ou de diminution; comme le bois, les pierres, les métaux, l'eau, l'étendue, le temps, etc.

D. Qu'est-ce que l'unité?

R. L'unité est une quantité que l'on prend pour servir de base ou de terme de comparaison à toutes les quantités de même espèce.

Par exemple : Lorsqu'on parle d'un lingot qui pèse dix livres, la livre est l'unité.

D. Qu'est-ce que le nombre?

R. Le nombre est une quantité qui exprime le nombre d'unités ou de fractions d'unité qu'il y a dans cette

quantité. Le nombre consécutif 37, par exemple, représente l'unité ajoutée 37 fois à elle-même.

Remarque. Une réunion d'unités de choses dissemblables ne forme pas un nombre; car on ne saurait
comparer à une même unité, des objets de nature différente. On ne saurait, par exemple, ajouter des francs
avec des toises, et dire que le nombre forme des toises
plutôt que des francs, ou des francs plutôt que des toises.

D. Combien y a-t-il de sortes de nombres?

R. Il y en a de quatre sortes :

1° Le nombre entier, qui est composé d'unités entières,
comme vingt livres, cinquante aunes, trente francs, etc.,
qu'on écrit 20 livres, 50 aunes, 30 francs.

2° Le nombre fractionnaire, qui est composé d'unités
entières et de fractions d'unité, comme vingt livres et
demie, cinquante trois quarts, etc.; ou seulement de
fractions d'unité, comme quatre cinquièmes, sept hui-
tièmes, qu'on écrit $\frac{4}{5}$, $\frac{7}{8}$, alors on les appelle fractions.

3° Le nombre décimal, qui est composé d'unités
entières et de fractions d'unité, comme quarante francs
vingt-cinq centimes, quinze mètres trente-deux centimètres, qu'on écrit 40^f, 25 et 15^m, 32; ou simplement
de fractions d'unité, comme vingt-cinq centimes, trente-
deux centimètres, qu'on écrit 0^f, 25, 0^m, 32.

4° Le nombre complexe, qui est composé d'unités
entières et de fractions d'unité, qui deviennent un certain
nombre de fois moindres que l'unité principale, ou que
l'unité d'espèce inférieure qui précède celle dont il s'agit,
comme vingt-six toises, quatre pieds, neuf pouces, huit
lignes, onze points, qu'on écrit $26 \,\text{T} - 4\,\text{p} - 9\,\text{p} - 8\,\text{l}$

— 11ᵖᵗ, en mettant un trait horizontal entre chaque unité d'espèce différente.

Remarque. Le nombre incomplexe n'est autre chose que le nombre entier ; c'est par distinction qu'on lui donne cette dénomination.

D. Quelles qualités peuvent avoir les nombres dont nous venons de parler ?

R. Ils peuvent avoir deux qualités : concrets ou déterminés, abstraits ou indéterminés. Un nombre est concret ou déterminé, lorsqu'en l'énonçant on désigne l'espèce d'unités, comme vingt hommes, cinquante mètres, etc. Un nombre est abstrait ou indéterminé, lorsqu'en l'énonçant on ne désigne pas l'espèce d'unités, comme douze, quinze, etc.

Remarque. Le nombre entier, le nombre fractionnaire et le nombre décimal peuvent toujours être soit déterminés, soit indéterminés, mais le nombre complexe ne peut être que déterminé ; car, pour former un nombre complexe, il faut savoir de quelle nature est l'unité principale pour déterminer les unités de sous-espèces.

DE LA NUMÉRATION.

D. Qu'est-ce que la numération ?

R. La numération est l'art d'exprimer tous les nombres par une quantité limitée de noms et de caractères qu'on appelle chiffres.

D. Quels sont et comment se nomment ces caractères?

R. Un, deux, trois, quatre, cinq, six, sept, huit, neuf et zéro ; 1, 2, 3, 4, 5, 6, 7, 8, 9, 0.

Remarque. Le o n'a point de valeur par lui-même ; sa

valeur n'est que relative, eu égard aux chiffres qui le précèdent ou le suivent dans la formation d'un nombre.

D. Comment exprime-t-on, avec ces caractères, les autres nombres composés de dixaines, de centaines?

R. Pour exprimer les autres nombres avec ces caractères, on est convenu que de dix unités d'un certain ordre, on ne ferait qu'une seule unité à laquelle on donnerait le nom de dixaine, et que l'on compterait par dixaines comme on compte par unités simples, c'est-à-dire, depuis une dixaine jusqu'à neuf; mais qu'on placerait le chiffre des dixaines à la gauche de celui des unités.

Ainsi, pour écrire le nombre quarante-sept, qui renferme quatre dixaines et sept unités simples, on écrira 47. On peut donc, par ce moyen, écrire tous les nombres entiers, depuis 1 jusqu'à 99.

Pour aller au-delà du nombre 99, on est également convenu que de dix unités de dixaines, on n'en ferait qu'une seule d'un troisième ordre à laquelle on donnerait le nom de centaine, et que l'on compterait par centaines comme on compte par unités simples; mais qu'on placerait le chiffre des centaines à la gauche du chiffre qui représente les dixaines. Ainsi, pour écrire le nombre trois cent quarante-deux, qui renferme trois centaines, quatre dixaines et deux unités, on écrira 342.

Pour écrire le nombre cinq cent soixante-seize, qui renferme cinq centaines, sept dixaines et six unités simples, on écrira 576.

Remarque. On devrait, par analogie aux autres nombres, dire septante, octante, nonante; c'est l'usage qui a consacré à ces nombres les noms de soixante-dix, quatre-vingt et quatre-vingt-dix.

On voit qu'à l'aide de ces conventions, on peut écrire tous les nombres entiers depuis 1 jusqu'à 999, qu'on énonce par neuf cent quatre-vingt-dix-neuf.

En général, on est convenu que de dix unités d'un ordre inférieur, on ne ferait qu'une seule unité d'un ordre supérieur, et qu'on placerait le chiffre de cette nouvelle unité à la gauche de celui de l'ordre inférieur qui le précède : de sorte que, suivant qu'un chiffre est placé à la gauche ou à la droite d'un autre, il représente des unités dix fois plus grandes ou dix fois moindres que les chiffres qui lui sont voisins.

D. Quelle est la manière la plus facile pour énoncer un nombre représenté par plusieurs chiffres ?

R. C'est de partager le nombre en tranches, de trois chiffres chacune, en allant de droite à gauche; d'énoncer chaque tranche comme si elle était seule, et de prononcer après le nom qui lui est propre.

D. Quel nom donne-t-on à chacune des tranches qui composent un nombre ?

R. D'abord, en partant de droite à gauche, on les nomme unités, mille, millions, billions, trillions, qua-trillions, quintillions, sextillions, octillions, etc.

D. Quel nom donne-t-on à chacun des chiffres qui composent une tranche ?

R. En partant toujours de la droite vers la gauche, on donne le nom d'unité au premier chiffre, de dixaine au deuxième et de centaine au troisième.

Numération parlée. Par exemple : pour écrire quatre cent soixante-huit billions, cent vingt-deux millions, trois cent quarante-cinq mille, sept cent vingt-quatre unités, on écrit 468,122,345,724, en observant que les trois premiers chiffres à gauche représentent des billions, les trois suivants des millions, les trois suivants des mille et les trois suivants des unités, et ce nombre représente par conséquent quatre cent soixante-huit billions, cent vingt-deux millions, trois cent quarante-cinq mille, sept cent vingt-quatre unités.

S'il s'agissait d'écrire quatre cent quatre-vingt-seize millions, cent quatre-vingt-six mille, deux cent dix-huit unités, on verrait que ce nombre doit être écrit comme il suit : 496,186,218 unités.

Numération écrite. Pour énoncer le nombre 24,548, 237,234,975, on observe que les deux premiers chiffres à gauche représentent des trillions, les trois suivants des billions, les trois suivants des millions, les trois suivants des mille et les trois suivants des unités, et ce nombre signifie par conséquent vingt-quatre trillions, cinq cent quarante-huit billions, deux cent trente-sept millions, deux cent trente-quatre mille, neuf cent soixante-quinze unités.

De même, pour énoncer 4,254,246,739, on observe, après avoir partagé le nombre en tranches, que le premier chiffre à gauche représente des billions, les trois suivants représentent des millions, les trois suivants des mille et les trois suivants des unités, et ce nombre signifie conséquemment quatre billions, deux cent cinquante-quatre millions, deux cent quarante-six mille, sept cent trente-neuf unités.

Remarque. La première tranche à gauche peut n'être composée que de deux chiffres, ou même d'un seul chiffre; c'est ce qui a lieu dans les deux exemples précédents.

D. Que faudrait-il faire si dans un nombre proposé il manquait quelque tranche, ou si dans les différentes tranches il manquait ou des unités, ou des dixaines, ou des centaines ?

R. Il faudrait suppléer aux chiffres qui manqueraient par des zéros.

Par exemple : pour écrire soixante billions, cent quatre mille, vingt unités, on observe que la tranche des millions est omise, ou qu'il n'y en a point, et qui doit être remplacée par des zéros ; que dans la tranche des mille il manque les dixaines, et qu'on doit, par la même raison, remplacer par des zéros ; enfin, que la tranche des unités n'a ni centaines ni unités, qu'il faut remplacer par deux zéros. D'après cette analyse, on voit que le nombre dont il s'agit doit être écrit comme il suit : 60000104020. De même, le nombre vingt millions, trois mille, cent dix unités, doit être écrit comme il suit : 20003110. — Soit proposé d'écrire le nombre cinq trillions, quatre cents billions, deux cents millions, quatre cent trois mille, quatre unités : on observe que la tranche des trillions est complète, ou n'est composée que d'un chiffre ; que les dixaines et les unités de billions manquent, et qu'on remplace par des zéros ; que les mêmes chiffres manquent dans la tranche des millions, et qui doivent être conséquemment remplacés par des zéros ; que les dixaines de mille manquent, qu'on remplace par un zéro ; enfin, que la tranche des unités n'a ni dixaines ni centaines qu'il faut remplacer par deux zéros. Ce nombre doit donc être écrit, 5,400,200,403,004.

DES RÈGLES FONDAMENTALES DE L'ARITHMÉTIQUE.

D. Combien y a-t-il d'opérations fondamentales dans l'Arithmétique?

R. Il y en a quatre : l'Addition, la Soustraction, la Multiplication et la Division.

Addition. Application à chaque opération. On doit à une personne 36 francs d'une part, 48^f d'une autre, 56^f d'une autre et 96^f d'une autre ; on demande la somme qu'aura la personne, lorsque ses créanciers l'auront payée ?

On voit qu'en réunissant les quatre sommes données dans l'énoncé, on doit former la somme de cette personne ; donc, $36+48+56+96 = 236$ francs, somme que doit toucher cette personne.

Soustraction. On a vendu 36 litres de vin d'un tonneau qui en contenait 96 litres ; combien reste-t-il de litres dans le tonneau ?

Il est clair qu'en ôtant 36 litres, vin vendu, de 96 litres que contenait d'abord le tonneau, on trouvera ce qui reste ; donc $96 — 36 = 60$ litres qu'il y a encore dans le tonneau.

Multiplication. Le mètre de ruban coûte 4 francs ; on demande la valeur de 48 mètres du même ruban. Puisque le mètre de ce ruban coûte 4 francs, il est évident que 48 mètres coûteront 48 fois 4 francs, ou le produit de 4^f par 48 mètres ; donc $4^f \times 48^m = 192$ francs.

Division. Un voyageur fait 12 lieues par jour ; combien lui faudra-t-il de temps pour faire 144 lieues ?

On voit, par ce simple énoncé, qu'autant de fois que

12 sera contenu dans 144, autant il faudra de jours au voyageur pour parvenir à sa destination ; donc, 144 : 12 = 12 jours de marche, en supposant qu'il ne s'arrête pas.

D. De quelles règles se sert-on pour composer les nombres ?

R. On se sert de l'Addition et de la Multiplication.

D. De quelles règles se sert-on pour décomposer les nombres ?

R. On se sert de la Soustraction et de la Division.

DE L'ADDITION DES NOMBRES ENTIERS.

D. Qu'est-ce que l'Addition ?

R. L'Addition est une opération par laquelle on connaît la valeur totale de plusieurs nombres par un seul qu'on appelle somme ou total.

D. Comment se fait cette opération ?

R. Elle se fait en écrivant les uns sous les autres tous les nombres proposés, de manière que les unités, les dixaines et les centaines soient dans des colonnes que leur assigne leur valeur, et souligner le tout. Il faut ensuite ajouter tous les nombres qui se trouvent dans la colonne des unités, et si la somme ne passe pas neuf, l'écrire au-dessous de cette colonne ; mais si elle excède neuf, elle renferme alors des dixaines qu'il faut retenir pour les joindre à la colonne des dixaines, et n'écrire sous cette colonne que l'excédant des dixaines : on opérera ainsi sur les colonnes suivantes jusqu'à la dernière de l'opération, dont on écrira la somme telle qu'elle se trouvera.

ARITHMÉTIQUE.

EXEMPLE.

On se propose d'ajouter ensemble les trois nombres
suivants : 48556 - 23586 - 89489. J'écris ces trois nombres comme on le voit ci-dessous :

$$48556$$
$$23586$$
$$89489$$

Somme. . . . 161631

Après avoir écrit ces trois nombres les uns sous les
autres, et souligné l'opération, je commence par les unités, en disant : 6 et 6 font 12, et 9 font 21 ; j'écris l'excédant 1 sous cette colonne, et je retiens les deux dixaines
pour les joindre à la colonne des dixaines.

Je passe à la colonne des dixaines, et je dis : 2 de
retenue et 5 font 7, et 8 font 15, et 8 font 23 ; j'écris
l'excédant 3 sous la colonne des dixaines, et je retiens
2 centaines.

A la troisième colonne qui est celle des centaines, je
dis : 2 de retenue et 5 font 7, et 5 font 12, et 4 font
16 ; j'écris l'excédant 6 sous cette colonne, et je retiens
1 que je porte à la quatrième colonne, qui est celle
des unités de mille, en disant : 1 de retenue et 8 font
9, et 3 font 12, et 9 font 21 ; j'écris également l'excédant 1 sous cette colonne, et je retiens 2 pour les porter à la cinquième et dernière colonne, qui est celle
des dixaines de mille ; je dis : 2 de retenue et 4 font 6,
et 2 font 8, et 8 font 16 ; j'écris l'excédant 6 sous cette
colonne, et j'avance d'une place la dixaine qui appartiendrait à la colonne suivante, s'il y en avait une.

Le nombre 16163i est donc la somme des trois nombres que nous nous sommes proposé d'additionner.

EXEMPLE :

Soit à additionner les quatre nombres suivants : 58402-32024-92700 et 12805. On écrira ces nombres les uns sous les autres comme ci-dessous :

$$
\begin{array}{r}
5\,8\,4\,0\,2 \\
3\,2\,0\,2\,4 \\
9\,2\,7\,0\,0 \\
1\,2\,8\,0\,5 \\
\hline
\end{array}
$$

Total. 195931

En commençant par les unités, je dis : 2 et 4 font 6, et o font 6, et 5 font 11; j'écris une unité sous cette colonne, et je retiens la dixaine pour la joindre, comme unité, à la colonne des dixaines.

Passant à la seconde colonne, je dis : 1 de retenue et o font 1, et 2 font 3, et o font 3, et o font 3; j'écris 3 sous cette colonne; et comme cette colonne additionnée n'excède pas 9, il n'y a aucune retenue à faire pour la colonne suivante.

Je passe aux centaines, et je dis : 4 et o font 4, et 7 font 11, et 8 font 19; j'écris 9 sous la colonne additionnée, et je retiens une unité de mille pour la joindre à la colonne suivante qui est de semblables unités.

A la quatrième colonne, je dis : 1 de retenue et 8 font 9, et 2 font 11, et 2 font 13, et 2 font 15; j'écris l'excédant 5 sous cette colonne, et je retiens 1 que j'ajoute à la colonne suivante.

Enfin, passant à la dernière colonne, je dis : 1 de

retenue et 5 font 6, et 3 font 9, et 9 font 18, et 1 font 19; j'écris 9 sous cette colonne, et j'avance d'une place la dixaine qui appartiendrait à la colonne suivante, s'il y en avait une.

Remarque. La soustraction, la multiplication et la division ne peuvent être exécutées qu'au moyen de deux nombres; l'addition peut l'être au moyen d'une quantité illimitée de nombres quelconques de même nature.

DE LA SOUSTRACTION DES NOMBRES ENTIERS.

D. Qu'est-ce que la Soustraction?

R. La soustraction est une opération par laquelle on retranche un nombre d'un autre nombre.

D. Comment appelle-t-on le résultat de cette opération?

R. On l'appelle reste, excès ou différence.

D. Comment se fait cette opération?

R. Pour faire cette opération, il faut écrire le moindre nombre sous le plus grand, de manière que les unités, les dixaines et les centaines soient dans de mêmes rangs, et souligner ensuite l'opération; on retranche chaque nombre inférieur du nombre supérieur correspondant, et l'on écrit le reste au-dessous de la colonne où l'on opère, et zéro s'il ne reste rien.

EXEMPLE:

On propose de soustraire 59486 de 99897. Je dispose et j'effectue l'opération comme on le voit ci-dessous:

$$99897$$
$$59486$$
$$\overline{40411}$$

Reste.   40411

En commençant par les unités, je dis : 6 ôté de 7 il reste 1, que j'écris sous cette colonne.

Je passe à la colonne des dixaines, et je dis : 8 ôté de 9 il reste 1, que j'écris sous cette colonne.

A la colonne des centaines, je dis : 4 ôté de 8 il reste 4, que j'écris sous cette colonne.

A la colonne des unités de mille, je dis : 9 ôté de 9 il ne reste rien, et j'écris o sous cette colonne.

Enfin, à la colonne des dixaines de mille, je dis : 5 ôté de 9 il reste 4, que j'écris sous cette colonne.

La différence des nombres 99897 et 59486 est donc de 40,411.

D. Quelle règle faut-il suivre si le chiffre à soustraire est plus grand que celui dont il faut le soustraire ?

R. Il faut ajouter au chiffre supérieur ou trop faible une unité de son voisin à gauche, qu'on réduit en espèce de l'ordre du chiffre pour lequel on emprunte, et effectuer ensuite la soustraction ; mais le chiffre sur lequel on aura emprunté, sera considéré comme moindre d'une unité à la soustraction de la colonne dont il fait partie.

EXEMPLE :

De   1 4 8 2 8
ôtez   7 8 4 3

Reste   6 9 8 5

En commençant par les unités, je dis : 3 ôté de 8 il reste 5, que j'écris au-dessous de la colonne.

Passant aux dixaines, je dis : 4 ôté de 2, cela ne se peut ; j'emprunte une centaine qui vaut 10 dixaines, et

2*

2 font 12, 4 ôté de 12 il reste 8, que j'écris sous cette colonne.

Je dirai donc aux centaines 8 ôté de 7, parce que l'emprunt que j'ai fait a diminué le chiffre 8 d'une unité; et comme l'opération ne peut être exécutée, j'emprunte sur le chiffre 4 une unité de mille qui vaut 10 centaines, auxquelles j'ajoute les 7 centaines de la colonne, ce qui fait 17; je dis ensuite : 8 ôté de 17 il reste 9, que j'écris sous la colonne.

Enfin, passant à la dernière colonne, je dis : 7 ôté de 13, car le chiffre 4 est diminué d'une unité par l'emprunt que l'on a fait à la colonne précédente, il reste 6, que j'écris sous les unités de mille.

Je trouve conséquemment pour différence des deux nombres 6985.

Remarque. On peut, sans inconvénient, au lieu de diminuer le chiffre supérieur qui a subi un emprunt, augmenter d'une unité le chiffre inférieur, et effectuer ensuite la soustraction; mais le premier moyen de solution est celui que nous préférons, et que nous emploierons dans le cours de cet Ouvrage, car il est moins susceptible de conduire à des erreurs de calcul que le second : nous allons traiter l'exemple précédent par cette dernière méthode.

$$14828$$
$$7843$$
$$\overline{6985}$$

En commençant par les unités, je dis : 3 ôté de 8 il reste 5, que j'écris sous la colonne.

Au deuxième rang, je dis : 4 ôté de 2 ne se peut ;
j'emprunte une centaine qui vaut 10 dixaines, et 2 font
12, 4 ôté de 12 il reste 8, que j'écris sous cette colonne.

Je dirai donc aux centaines : 1 de retenue et 8 font
9 ôté de 8 ne se peut ; j'emprunte une unité sur 4 qui
vaut 10, et 8 font 18, 9 ôté de 18 il reste 9.

A la dernière colonne, je dis : 1 de retenue et 7 font
8 ôté de 14, il reste 6.

EXEMPLE :

On trouve de même que la différence des deux nombres
82357 et 28549.

$$8\,2\,3\,5\,7$$
$$2\,8\,5\,4\,9$$

est de 5 3 8 o 8

*D. Mais si le chiffre sur lequel on doit emprunter
était un zéro, que ferait-on puisque celui-ci est compté
pour rien au milieu ou à la gauche d'un nombre entier ?*

R. L'emprunt se ferait alors sur le premier chiffre
significatif qui suivrait le zéro ; on ajouterait ensuite 10
au chiffre pour lequel on emprunte, et alors chaque zéro
où l'on aurait passé pour faire l'emprunt serait compté
pour 9 à la soustraction de sa colonne.

EXEMPLE :

On veut ôter 17575 de 20064.

$$2\,0\,0\,6\,4$$
$$1\,7\,5\,7\,5$$

Reste . 2 4 8 9

Nous dirons d'abord : 5 ôté de 4, ou plutôt de 14, en empruntant une dixaine sur le chiffre 6, il reste 9, que j'écris au-dessous.

Puis, pour ôter 7 de 6, comme cela ne se peut faire, et qu'il n'est pas possible d'emprunter sur le chiffre suivant qui est un zéro, l'emprunt se fera alors sur 2, premier chiffre significatif qui suit les zéros. Cet emprunt vaut donc mille, à l'égard du chiffre pour lequel nous empruntons ; mais nous n'en prendrons que 10 unités que nous ajouterons au chiffre pour lequel nous empruntons, qui font 15, et 7 ôté de 15 il reste 8.

Au troisième rang nous dirons : 5 ôté de 9 il reste 4.

Au quatrième, 7 ôté de 9 il reste 2.

Au cinquième enfin, 1 ôté de 1 il ne reste rien.

On peut se dispenser d'écrire zéro sous cette colonne.

Exemple :

Nous trouvons pareillement que la différence de 920001 à 1800092 est de 880091.

$$1\,800\,092$$
$$920\,001$$
$$\overline{880\,091}$$

DE LA PREUVE DE L'ADDITION ET DE LA SOUSTRACTION.

D. Qu'appelle-t-on preuve d'une opération ?

R. On appelle preuve d'une opération, une seconde opération que l'on fait pour s'assurer du résultat de la première.

R. Comment se fait la preuve de l'addition ?

R. Elle se fait en ajoutant de nouveau par colonne les sommes qu'on a déjà ajoutées, mais en commençant par la gauche; on soustrait le total de la première colonne à gauche de la partie qui lui correspond dans la somme totale, et on écrit le reste au-dessous, qu'on réduit en dixaines pour les joindre ensuite au chiffre suivant de la somme totale; cela donne un nombre dont il faut retrancher le total de la deuxième colonne, et écrire le reste au-dessous : on continue ainsi jusqu'à la dernière colonne à droite, dont le total retranché de la partie correspondante ne doit laisser aucun reste.

EXEMPLE :

$$
\begin{array}{r}
6\,9\,0\,3 \\
7\,8\,5\,4 \\
9\,5\,4 \\
7\,3\,2\,7 \\
\hline
\text{Somme.}\ldots 2\,3\,0\,3\,8 \\
\hline
\text{Preuve.}\ldots 3\,1\,1\,0
\end{array}
$$

Après avoir fait l'addition des quatre nombres proposés, je commence par la gauche et je dis : 6 et 7 font 13, et 7 font 20 ôté de 23 il reste 3, ou 3 dixaines qui, avec le chiffre suivant 0, font 30.

Je passe à la deuxième colonne et je dis : 9 et 8 font 17, et 9 font 26, et 3 font 29 ôté de 30 il reste 1 qui, avec le chiffre suivant 3, font 13.

A la troisième colonne, je dis 0 et 5 font 5, et 5 font 10, et 2 font 12 ôté de 13 il reste 1, lequel joint au chiffre suivant 8 font 18.

Enfin, à la quatrième et dernière colonne, je dis :
3 et 4 font 7, et 4 font 11, et 7 font 18, ôté de 18
il ne reste rien.

Je conclus de là que l'addition proposée est bien faite.

EXEMPLE :

```
      2 8 7 3 4 9
      3 4 9 7 8 2
      7 5 2 3 9 6
    ─────────────
    1 3 8 9 5 2 7
    ─────────────
      1 1 1 2 1 0
```

En suivant un raisonnement analogue à celui que
nous avons suivi ci-dessus, on trouve également que cette
opération est bien faite.

D. Comment se fait la preuve de la soustraction ?

R. Elle se fait en ajoutant la différence avec le nombre inférieur, et si l'opération est bien faite, on doit
reproduire le nombre supérieur ; car la différence des
deux nombres n'est autre chose que ce qui manque au
nombre inférieur pour être égal au nombre supérieur.

EXEMPLE :

```
      4 8 6 5 4 3
      1 2 1 3 4 1
    ─────────────
      3 6 5 2 0 2
    ─────────────
      4 8 6 5 4 3
```

En commençant par la droite, je dis: 1 et 2 font 3, que j'écris sous cette colonne.

Au deuxième rang, je dis: 4 et 0 font 4 que je pose au-dessous.

Au troisième, 3 et 2 font 5, que j'écris au-dessous de la colonne.

Au quatrième, 1 et 5 font 6, que j'écris sous la colonne.

Au cinquième, 2 et 6 font 8, que j'écris sous la colonne.

Enfin, au sixième rang, 1 et 3 font 4, que j'écris sous ce rang.

On voit donc par cette preuve que la soustraction est bien faite, car en ajoutant le nombre inférieur avec la différence, on reproduit exactement le nombre supérieur.

EXEMPLE:

$$7102048$$
$$2798659$$
$$\overline{4303389}$$
$$\overline{7102048}$$

En suivant un raisonnement analogue à celui que nous avons suivi ci-dessus, on trouve que cette opération est bien faite.

Il faut, avant que d'aller à la Multiplication, apprendre de mémoire la table suivante.

2 fois	2 font	4	4 fois	6 font	24	7 fois	7 font	49
2	3	6	4	7	28	7	8	56
2	4	8	4	8	32	7	9	63
2	5	10	4	9	36	7	10	70
2	6	12	4	10	40	7	11	77
2	7	14	4	11	44	7	12	84
2	8	16	4	12	48			
2	9	18				8	8	64
2	10	20				8	9	72
2	11	22	5	5	25	8	10	80
2	12	24	5	6	30	8	11	88
			5	7	35	8	12	96
3	3	9	5	8	40			
3	4	12	5	9	45	9	9	81
3	5	15	5	10	50	9	10	90
3	6	18	5	11	55	9	11	99
3	7	21	5	12	60	9	12	108
3	8	24						
3	9	27	6	6	36	10	10	100
3	10	30	6	7	42	10	11	110
3	11	33	6	8	48	10	12	120
3	12	36	6	9	54			
			6	10	60	11	11	121
4	4	16	6	11	66	11	12	132
4	5	20	6	12	72	12	12	144

DE LA MULTIPLICATION DES NOMBRES ENTIERS.

D. Qu'est-ce que la Multiplication?

R. La Multiplication est une opération par laquelle

on répète un nombre appelé multiplicande, autant de fois qu'il y a de chiffres dans un autre nombre appelé multiplicateur. Le résultat de cette opération s'appelle produit. Le multiplicande et le multiplicateur sont les facteurs du produit.

D. Que doit-on remarquer d'après les définitions de cette opération?

R. On doit remarquer, 1° que le produit est toujours de même nature que le multiplicande, puisqu'il n'est qu'un certain nombre de fois moindre ou plus grand que ce multiplicande ;

2° Que le multiplicateur peut toujours être considéré comme un nombre abstrait ;

3° Que le multiplicande peut aussi être considéré comme nombre abstrait, puisqu'on le peut toujours répéter un certain nombre quelconque de fois ;

4° Que le produit est un tout composé d'autant de parties égales au multiplicande, qu'il y a d'unités au multiplicateur ;

5° Qu'un produit de deux facteurs ne change pas de valeur, dans quelque ordre qu'on multiplie.

Remarque. En faisant une multiplication quelconque, il faut seulement avoir égard, par la nature de la question, de quelle espèce est le multiplicande pour y conformer le produit.

D. Comment se fait la multiplication d'un nombre composé de plusieurs chiffres par un nombre d'un seul chiffre?

R. Après avoir écrit le multiplicateur sous le multiplicande, et les avoir soulignés, on multiplie les unités

du multiplicande par le multiplicateur, et si le produit
ne renferme que des unités simples, on l'écrit sous le
chiffre multiplié; mais s'il renfermait des dixaines, il
faudrait les retenir pour les joindre au chiffre suivant
qui est composé de même nature : on continue ainsi
avec l'attention de reporter constamment les dixaines
d'un produit au produit suivant, à l'exception cependant
du dernier produit à gauche qu'on écrit tel qu'il se
trouve.

EXEMPLE :

Soit à multiplier 4 5 6 5 par 7.

$$7$$

Produit.   3 1 9 5 5

En commençant par les unités, je dis : 7 fois 5 font
35, je pose 5 sous les unités et je retiens 3.

7 fois 6 font 42 et 3 de retenue font 45; je pose 5
et je retiens 4.

7 fois 5 font 35 et 4 de retenue font 39; je pose 9
et je retiens 3.

7 fois 4 font 28 et 3 de retenue font 31; je pose 1
et j'avance d'une place les trois dixaines. Le produit de
4565 par 7 est conséquemment de 31955.

EXEMPLE :

$$4 5 7 8 3$$
$$5$$

2 2 8 9 1 5

*D. Quelle règle faut-il suivre lorsque le multiplica-
teur est composé de deux ou de plusieurs chiffres?*

R. La règle à suivre est la même que la précédente ; mais comme le second chiffre du multiplicateur est un produit de dixaines, il faut alors porter le premier chiffre de chaque produit partiel dans le rang du chiffre par lequel on multiple ; faire ensuite la somme des produits partiels, et cette somme sera le produit total.

EXEMPLE :

$$
\begin{array}{r}
726483 \\
24 \\
\hline
2905932 \\
1452966 \\
\hline
17435592
\end{array}
$$

En commençant par les unités, je dis : 4 fois 3 font 12 ; je pose 2 et je retiens 1.

4 fois 8 font 32 et 1 de retenue font 33 ; je pose 3 et je retiens 3.

4 fois 4 font 16 et 3 de retenue font 19 ; je pose 9 et je retiens 1.

4 fois 6 font 24 et 1 de retenue font 25 ; je pose 5 et je retiens 2.

4 fois 2 font 8 et 2 de retenue font 10 ; je pose o et je retiens 1.

4 fois 7 font 28 et 1 de retenue font 29 ; je pose 9 et j'avance 2 d'une place.

Je répète, avec le chiffre 2 du multiplicateur, un discours analogue au précédent, et je dis : 2 fois 3 font 6 que je pose sous le chiffre 3, parce que je multiplie par les dixaines.

2 fois 8 font 16 ; je pose 6 et je retiens 1.

2 fois 4 font 8 et 1 de retenue font 9; je pose 9.

2 fois 6 font 12; je pose 2 et je retiens 1.

2 fois 2 font 4 et 1 de retenue font 5; je pose 5.

2 fois 7 font 14; je pose 4 et j'avance 1 d'une place.

Je fais la somme des produits partiels, et je trouve 17435592 pour produit total.

EXEMPLE :

On propose de multiplier 65487 par 6954.

$$
\begin{array}{r}
65487 \\
6954 \\
\hline
261948 \\
327435 \\
589383 \\
392922 \\
\hline
455396598
\end{array}
$$

Je multiplie d'abord 65487 par le chiffre 4 du multiplicateur, et je trouve 261948 que j'écris sous la barre. Je multiplie de même 65487 par le chiffre 5 du multiplicateur, et je trouve 327435 que j'écris sous le premier produit partiel, en plaçant le premier chiffre 5 sous les dixaines de ce produit. Je multiplie pareillement 65487 par le troisième chiffre du multiplicateur, et je trouve 589383 que j'écris sous le deuxième produit partiel, en plaçant le chiffre 3 sous les centaines.

Enfin, je multiplie 65487 par 6, et je trouve 392922 que j'écris sous le troisième produit partiel, plaçant le chiffre 2 au quatrième rang. J'ajoute ensuite tous les produits partiels, et je trouve 455396598 pour produit total.

D. Quelle règle faut-il observer lorsqu'il y a des zéros à la suite de l'un des deux facteurs?

R. Il faut multiplier les chiffres significatifs l'un par l'autre, sans avoir égard aux zéros; mais, après avoir fait la multiplication, il faut ajouter à la suite du produit tous les zéros qui se trouvent à la suite du facteur.

EXEMPLE:

$$
\begin{array}{r}
5948000 \\
234 \\
\hline
23792 \\
17844 \\
11896 \\
\hline
1391832000
\end{array}
$$

Je multiplie, comme dans les exemples précédents, 5948 par 234, et je trouve 1391832; à la suite de ce nombre j'écris les trois zéros qui sont au multiplicande, et j'ai 1391832000 pour produit général.

EXEMPLE:

$$
\begin{array}{r}
2348000 \\
400 \\
\hline
939200000
\end{array}
$$

Après avoir multiplié 2348 par 4, j'ajoute à la suite du produit partiel 9392 les trois zéros du multiplicande et les deux du multiplicateur, et je trouve 939200000 pour produit général.

D. Quelle règle faut-il suivre pour multiplier un nombre entier par l'unité suivie de zéros?

R. Il suffit d'écrire à la suite du nombre autant de zéros qu'il y en a à la suite de l'unité.

On propose de multiplier 3458 par 10000.

L'opération se réduit à ajouter quatre zéros à la suite de 3458, et l'on a 34580000 pour produit.

EXEMPLE :

$$
\begin{array}{r}
8325 \\
90002 \\
\hline
16650 \\
74925\ldots \\
\hline
749266650
\end{array}
$$

Lorsqu'il se trouve des zéros entre les chiffres significatifs du multiplicateur, on peut se dispenser d'écrire ces zéros aux produits partiels ; on avance seulement sur la gauche des produits d'autant de places plus une, qu'il y a de zéros interposés au multiplicateur.

EXEMPLE :

$$
\begin{array}{r}
6974 \\
5003 \\
\hline
20922 \\
34870\ldots \\
\hline
34890922
\end{array}
$$

Remarque. On doit observer que la multiplication n'est qu'une addition abrégée ; car, si l'on se propose de multiplier 6 par 4, par exemple, on voit que l'opération serait ramenée à ajouter 4 fois 6 ou 6 fois 4 : il en est de même de toute multiplication.

ARITHMÉTIQUE.

ARITHMÉTIQUE. 33

D. *Qu'y a-t-il encore à remarquer sur la multiplication ?*

R. Que pour faire une multiplication vite, il est nécessaire de retenir de mémoire tous les produits d'un chiffre par d'autres chiffres contenus dans la table de multiplication tracée ci-dessus.

DE LA DIVISION DES NOMBRES ENTIERS.

D. *Qu'est-ce que la Division ?*

R. La Division est une opération par laquelle on trouve combien de fois un nombre appelé *dividende* en contient un autre appelé *diviseur*.

Le résultat de cette opération s'appelle *quotient*.

Le dividende et le diviseur sont les facteurs du quotient.

En général, la Division est une opération par laquelle on partage un nombre en autant de parties égales qu'il y a d'unités au diviseur.

D. *Comment se fait la division d'un nombre composé de plusieurs chiffres par un nombre d'un chiffre ?*

R. Il faut écrire le diviseur à la droite du dividende, les séparer par un trait et souligner le diviseur sous lequel on doit placer les chiffres du quotient. Prendre sur la gauche du dividende autant de chiffres nécessaires pour contenir le diviseur; chercher combien le nombre qu'on aura pris contient le diviseur, et l'écrire sous celui-ci; multiplier le diviseur par le quotient qu'on vient de trouver; retrancher le produit du dividende qu'on a employé et écrire le reste au-dessous; à côté de ce reste, abaisser le chiffre suivant du dividende principal, et l'on aura un second dividende partiel sur

3

lequel on opérera comme sur le premier, en plaçant toujours le quotient à côté du précédent, ainsi de suite, jusqu'au dernier chiffre du dividende principal.

EXEMPLE:

On propose de diviser 9548 par 4.

J'écris ces deux nombres comme on le voit ci-dessous.

```
Dividende 9 5 4 8 | 4 diviseur.
          1 5     | 2 3 8 7 quotient.
            3 4
              2 8
                o
```

En commençant par la gauche du dividende, je dis : en 9 combien de fois 4 ? Il y est 2 fois, que j'écris au-dessous du diviseur. Je multiplie le quotient 2 que je viens de trouver par le diviseur, dont le produit est 8 que je retranche de 9, il reste 1 que j'écris sous ce chiffre.

A côté du reste 1, j'abaisse le chiffre suivant 5 du dividende principal, ce qui me donne 15 pour second dividende partiel ; je dis : en 15 combien de fois 4 ? Il y est 3 fois, que j'écris à la droite du premier quotient 2. Je multiplie 3 par 4, et ôtant le produit 12 de 15, il reste 3 que j'écris sous le chiffre 5.

A côté de ce reste 3, j'abaisse le chiffre 4 du dividende principal, ce qui me donne 34 pour troisième dividende partiel ; je dis ensuite : en 34 combien de fois 4 ? Il y est 8 fois, que j'écris à la droite du quotient 3. Je multiplie 8 par 4, et ôtant le produit 32 de 34, il reste 2 que j'écris sous le chiffre 4.

Enfin, à côté du reste 2, j'abaisse le chiffre 8 du dividende principal, ce qui me donne 28 pour quatrième dividende partiel; je dis : en 28 combien de fois 4 ? Il y est 7 fois, que j'écris à la droite du quotient 8. Je multiplie 7 par 4, et ôtant le produit 28 de 28, il ne reste rien, et j'écris o sous le chiffre 8.

Je conclus de là que 9548 contiennent 4,2387 fois et qu'il ne reste rien.

EXEMPLE:

12487 à diviser par 5.

$$
\begin{array}{c|c}
12487 & 5 \\ \hline
24 & 2497 \\
48 & \\
37 & \\
2 & \\
\end{array}
$$

Je prends ici les deux premiers chiffres du dividende principal, parce que le premier chiffre 1 ne contient pas le diviseur 5; je dis: en 12 combien de fois 5 ? Il y est deux fois, que j'écris au-dessous du diviseur. Je multiplie 2 par 5, et ôtant le produit 10 de 12, il reste 2 que j'écris sous le chiffre 2 du dividende employé.

A côté de ce reste 2, j'abaisse le chiffre 4 du dividende principal, ce qui me donne 24 pour deuxième dividende partiel; je dis : en 24 combien de fois 5 ? Il y est 4 fois, que j'écris à la droite du premier quotient 2. Je multiplie 4 par 5, et ôtant le produit 20 de 24, il reste 4 que j'écris sous le chiffre 4.

A côté du reste 4 j'abaisse le chiffre 8 du dividende principal, ce qui me donne 48 pour troisième dividende partiel; je dis ensuite : en 48 combien de fois 5 ? Il y

3*

est 9 fois, que j'écris à la droite du quotient 4. Je multiplie 9 par 5, et ôtant le produit 45 de 48, il reste
3 que j'écris sous le chiffre 8.

Enfin, à la droite du reste 3 j'abaisse le chiffre 7 du
dividende, ce qui me donne 37 pour dividende partiel ; je dis donc : en 37 combien de fois 5? Il y est 7
fois, que j'écris à la droite du quotient 9. Je multiplie
7 par 5, et retranchant le produit 35 de 37, il reste
2 que j'écris sous le chiffre 7.

Nous ne pouvons pas dire que nous écrivons le reste
sous la forme fractionnaire, ni que nous le réduisons
en décimales, puisque maintenant nous ne connaissons encore ni les fractions ordinaires ni les fractions décimales ; dans la suite, nous indiquerons les différents
moyens d'opération que l'on peut faire subir à ce reste.

*D. Que faudrait-il faire si, dans le corps d'une divi-
sion, quelques-uns des dividendes partiels se trouvaient
ne pas contenir le diviseur ?*

R. Il faudrait écrire o au quotient, en omettant la
division ; on abaisserait ensuite un autre chiffre du dividende principal, à côté du dernier dividende partiel,
et l'on continuerait la division. Si, après avoir abaissé
un troisième chiffre du dividende principal, le dividende
partiel se trouvait ne pas encore contenir le diviseur,
il faudrait mettre un zéro au quotient, et l'on continuerait ainsi à abaisser des chiffres du dividende jusqu'à ce que le dividende partiel contînt le diviseur ;
ainsi de suite.

EXEMPLE:

On se propose de diviser 1440064 par 8.

```
1 4 4 0 0 6 4 | 8
    6 4       |‾1‾8‾0‾0‾0‾8
    0 0 0 6 4
            0
```

Pour faire cette division, il faut prendre deux chiffres au dividende principal, parce que le premier 1 ne contient pas le diviseur. Je dis donc : en 14 combien de fois 8 ? Il y est 1 fois que j'écris sous le diviseur. Je multiplie 1 par 8, et retranchant le produit 8 de 14, il reste 6 que j'écris sous le chiffre 4.

A la droite du chiffre 6, j'abaisse le chiffre 4 du dividende principal, ce qui me donne 64 ; je dis donc : en 64 combien de fois 8 ? Il y est 8 fois que j'écris à la suite du premier quotient. Je multiplie 8 par 8, et ôtant le produit 64 de 64, il ne reste rien, et j'écris 0 sous le 4.

A côté du reste 0, j'abaisse le quatrième chiffre du dividende principal, et je vois que le dividende partiel 00 ne contient pas le diviseur 8 ; alors j'écris 0 au quotient.

Je continue en abaissant le cinquième chiffre du dividende principal, qui est aussi un zéro, et je vois que 8 n'est pas encore contenu dans le dividende 000 ; par la même raison, j'écris 0 au quotient.

J'abaisse le sixième chiffre et je dis : en 6 combien de fois 8 ? Il n'y est pas de fois ; j'écris donc 0 au quotient.

A côté du chiffre 6 j'abaisse le chiffre 4 du dividende, ce qui fait 64; je dis ensuite : en 64 combien de fois 8 ? Il y est 8 fois que j'écris au quotient. Je multiplie 8 par 8, et ôtant le produit 64 de 64, il ne reste rien.

Je conclus de là que 8 est contenu dans 1440064, 180008 fois, et qu'il ne reste rien.

D. Comment se fait la division lorsque le diviseur a plusieurs chiffres ?

R. Elle se fait d'après les mêmes principes que lorsqu'il n'a qu'un chiffre.

E X E M P L E :

Soit à diviser 1 2 7 8 4 5 par 2 4.

$$
\begin{array}{c|c}
1\,2\,7\,8\,4\,5 & 2\,4 \\ \cline{2-2}
7\,8 & 5\,3\,2\,6 \\
6\,4 & \\
1\,6\,5 & \\
2\,1 & \\
\end{array}
$$

Pour faire cette opération, il faut prendre sur la gauche du dividende autant de chiffres qu'il en faut pour contenir le diviseur : chercher combien de fois la partie qu'on veut employer contient le diviseur, et l'écrire au quotient ; multiplier le chiffre du quotient par le premier chiffre du diviseur ; ôter le produit du chiffre du dividende principal qui lui correspond, et écrire le reste au-dessous.

Si le chiffre du dividende principal, correspondant au produit du diviseur multiplié par le quotient, était moindre que ce produit, il faudrait emprunter, par la pensée, sur le chiffre de gauche, et l'emprunt que l'on ferait serait retenu et porté à ce chiffre dans son opération.

Je prends ici les trois premiers chiffres du dividende principal, parce que les deux premiers ne contiennent pas le diviseur ; je dis : en 12 combien de fois 2 ? Il y est 5 fois. Je multiplie 5 par 4 et je soustrais le produit 20 de 27 (en empruntant 2), il reste 7 que j'écris sous le chiffre 7. Je multiplie également 2 par 5, au produit 10 j'ajoute les deux dixaines que j'ai retenues, et ôtant la somme 12 de 12, il ne reste rien.

A côté du reste 7 j'abaisse le chiffre suivant 8, et je dis : en 7 combien de fois 2 ? Il y est 3 fois que j'écris à côté du chiffre 5. Je multiplie 4 par 3, et je soustrais le produit 12 de 18 (en empruntant également sur le chiffre 7), il reste 6 que j'écris sous le chiffre 8. Je multiplie ensuite 2 par 3, au produit j'ajoute l'emprunt que j'ai fait pour le chiffre précédent, et ôtant la somme 7 de 7, il ne reste rien.

Remarque. On peut se dispenser d'écrire o lorsqu'il ne reste rien après avoir fait la soustraction.

A la droite du chiffre 6 j'abaisse le chiffre 4, et je dis : en 6 combien de fois 2 ? Il y est 2 fois que j'écris à la droite du chiffre 3. Je multiplie 2 par 4, et je retranche le produit 8 de 14, il reste 6 que j'écris sous le chiffre 4. Je multiplie ensuite 2 par 2, au produit 4 j'ajoute 1 que j'ai retenu, et retranchant la somme 5 de 6, il reste 1.

A côté du reste 16 j'abaisse le chiffre suivant 5, et je dis : en 16 combien de fois 2 ? Il y est 6 fois que j'écris au quotient. Je multiplie 4 par 6 et je retranche.

le produit 24 de 25, il reste 1. Enfin, je multiplie 2
par 6, au produit 12 j'ajoute la retenue 2, et retranchant la somme 14 de 16, il reste 2 que j'écris au-
dessous du chiffre 6.

Je conclus de là que 127845 contiennent 24, 5326
fois et qu'il reste 21.

EXEMPLE :

$$\begin{array}{r|l} 9457894 & 4537 \\ \hline 38389 & 2084 \\ 20934 & \\ \end{array}$$

Reste   2786

On trouve, en suivant la même méthode, que le quotient de 9457894 divisé par 4537 est de 2084, et qu'il
reste 2786.

*D. Comment se fait la division d'un nombre suivi
de zéros par l'unité suivie aussi de zéros ?*

R. Il suffit d'effacer à la droite du dividende, si on
le peut, autant de zéros qu'il y en a à la suite de l'unité
du diviseur ; et la partie à gauche du dividende forme
le quotient.

Ainsi, si l'on avait 98000 à diviser par 1000, il suffirait d'effacer 3 zéros de part et d'autre, et l'on aurait
conséquemment 98 pour quotient.

On peut de même abréger toute division **terminée**
par des zéros.

Soit à diviser 1750000 par 7000.

$$\begin{array}{r|l} 1750000 & 7000 \\ \hline 35 & 250 \\ 00 & \\ \end{array}$$

En effaçant trois zéros au dividende et trois au di-viseur, on voit que l'opération se réduit à diviser 1750 par 7.

DE LA PREUVE DE LA MULTIPLICATOIN ET DE LA DIVISION.

D. Comment se fait la preuve de la multiplication?

R. Elle se fait en divisant le produit par un des fac-teurs; et si la multiplication a été bien faite, on doit reproduire l'autre facteur au quotient sans reste.

EXEMPLE:

$$
\begin{array}{r|r}
8\,5\,3\,4\,9\,7 & \\
5 & 8\,5\,3\,4\,9\,7 \\
\hline
4\,2\,6\,7\,4\,8\,5 & 5 \\
0\,0\,0\,0\,0\,0 &
\end{array}
$$

AUTRE EXEMPLE:

$$
\begin{array}{r|r}
4\,5\,3\,8\,6 & \\
4\,2\,5 & \\
\hline
2\,2\,6\,9\,3\,0 & \\
9\,0\,7\,7\,2 & \\
1\,8\,1\,5\,4\,4 & 4\,2\,5 \\
\hline
1\,9\,2\,8\,9\,0\,5\,0 & 4\,5\,3\,8\,6 \\
2\,2\,8\,9 & \\
1\,6\,4\,0 & \\
3\,6\,5\,5 & \\
2\,5\,5\,0 & \\
0\,0\,0 &
\end{array}
$$

PREUVE PAR 9.

*D. Comment se fait la preuve par 9 de la multipli-
cation ?*

R. Il faut faire successivement la somme des chiffres
du multiplicande et celle du multiplicateur, avec le soin
d'ôter tous les 9 que ces deux sommes renferment ; on
obtiendra ainsi deux restes qui ne sont que les restes
de la division des deux facteurs ; multiplier ces deux
restes l'un par l'autre, et diviser le produit obtenu par
9 ; cela donne un troisième reste. Faire ensuite la somme
des chiffres du produit obtenu, en ôtant également tous
les 9 qu'on trouvera ; cela donne un quatrième reste
qui doit être égal au troisième, si l'opération a été bien
faite.

EXEMPLE :

$$67423$$
$$254$$
$$\overline{269692}$$
$$337115$$
$$134846$$
$$\overline{17125442}$$

Après avoir fait la multiplication par les moyens in-
diqués, je dis, en prenant d'abord le multiplicande : 6
et 7 font 13, ôtant 9 il reste 4, et 4 font 8, et 2 font
10, ôtant 9 il reste 1, et 3 font 4. J'additionne ensuite
les chiffres du multiplicateur : 2 et 5 font 7 et 4 font
11, ôtant 9 il reste 2 ; multipliant 4 par 2 on trouve
8 pour produit. Je passe aux chiffres du produit : 1 et

7 font 8, et 1 font 9; 2 et 5 font 7, et 4 font 11, ôtant 9 il reste 2, et 4 font 6 et 2 font 8. On voit donc, par ces deux produits, que l'opération est bien faite.

Remarque. Cette preuve, quoique très-commode en elle-même, ne doit être employée que dans la pratique, car elle n'est pas d'une exactitude rigoureuse.

D. Comment se fait la preuve de la division?

R. Elle se fait en multipliant le diviseur par le quotient, ajouter au produit le reste s'il y en a un, et la somme doit former le dividende.

EXEMPLE:

$$\begin{array}{c|c} 4986 & 9 \\ 48 & \overline{554} \\ \hline 36 \quad 4986 & \text{Preuve.} \\ 0 \end{array}$$

AUTRE EXEMPLE:

$$\begin{array}{c|c} 674298 & 456 \\ 2182 & \overline{1478} \\ 3589 & 3648 \\ 3978 & 3192 \\ \text{Reste} \quad 330 & 1824 \\ & \overline{456330} \end{array}$$

$$\text{Preuve} \quad 674298$$

D. Comment se fait la preuve par 9 de la division?

R. Si le quotient de la division est exact, c'est-à-dire

que s'il ne reste rien après avoir fait la division, la preuve par 9 se fait comme pour la multiplication ; mais si la division donne un reste, il faut soustraire ce reste du dividende et opérer sur ce dividende ou reste comme sur le produit d'une multiplication.

EXEMPLE :

```
45648 | 4
05     |‾1‾1‾4‾1‾2
  16
   04
    08
     0
```

Comme cette division ne donne aucun reste, je considère le quotient 11412 comme multiplicande, le diviseur 4 comme multiplicateur et le dividende 45648 comme produit. J'ajoute les chiffres 1, 1, 4, 1, 2 du quotient, je trouve 9 que je multiplie par le diviseur 4, je trouve 36 dont j'ôte également tous les 9 que ce produit renferme, il ne reste rien. Ajoutant ensuite les chiffres 4, 5, 6, 4, 8 du dividende, et ôtant tous les 9, il ne reste rien. Ces deux restes sont égaux, ayant 0 tous les deux.

EXEMPLE :

```
67542 | 58
 .95   |‾1‾1‾6‾4
  374
   262
    30
```

Comme cette division a 30 pour reste, j'ôte ce nombre

du dividende : 67542 — 30 = 67512 dont il faut extraire tous les 9; 6+7+5+1+2, et ôtant les 9 au fur et
à mesure qu'on les trouve, on a 3 pour reste. Ajoutant
également le quotient on trouve, après avoir ôté les 9 qu'il
renferme, 3 pour reste : multipliant ce dernier reste
par le reste 4 que donne le diviseur 58, ôtant ensuite
les 9 que le produit obtenu renferme, on a 3 pour reste
qui est égal au reste du dividende ; cette division a
donc été bien faite.

USAGES GÉNÉRAUX DES QUATRE RÈGLES FONDAMENTALES.

*D. Quels sont les usages de l'addition et de la sous-
traction ?*

R. Les usages de ces opérations seront toujours faciles
à connaître, si l'on se rappelle bien les définitions de
ces opérations, et si l'on observe que chacune d'elles
sert de vérification à l'autre.

D. Quels sont les usages de la multiplication ?

R. La multiplication a trois usages :

1° Elle sert à trouver la valeur de plusieurs unités,
quand on connaît la valeur d'une unité.

Par exemple : A trouver ce que coûtent 49 aunes de
drap, si l'aune coûte 10 francs.

En effet, puisque l'aune coûte 10^f, les 49 aunes coûteront donc 49 fois 10 francs, ou le produit de 10^f par
49^a = 490 francs.

2° Elle sert aussi à réduire les unités d'espèces supérieures en unités d'espèces inférieures.

Par exemple : A réduire 12 jours en heures, les
heures en minutes, etc.

Puisque le jour vaut 24 heures, 12 jours devront donc valoir le produit de 12 jours par 24 heures, ou 288 heures; et puisque l'heure vaut 60 minutes, les 288 heures vaudront donc le produit de 60^{m} par $288 = 17280^{m}$.

3° Enfin, la multiplication sert de preuve à la division.

D. Quels sont les usages de la division?

R. La division a quatre usages principaux :

1° Elle sert à déterminer la valeur particulière d'une unité, quand on connaît la valeur totale de plusieurs unités.

Par exemple : A trouver combien coûterait une aune de toile, si 40 aunes coûtaient 120 francs.

Il est évident qu'autant de fois que 40 aunes seront contenues dans 120^{f}, autant coûtera l'aune. L'opération se réduit donc à diviser 120^{f} par $40^{a} = 3^{f}$ que coûte l'aune.

2° La division sert aussi à déterminer le nombre d'unités contenues dans une valeur déterminée, quand on connaît la valeur d'une unité.

Par exemple : A trouver combien l'on aurait de litres de vin pour 480 francs, si le litre coûtait 2 francs.

Il est certain qu'autant de fois que 2^{f} seront contenus dans 480^{f}, autant l'on aura de litres de vin : l'opération se réduit donc à diviser 480^{f} par $2^{f} = 240$ litres.

Ce raisonnement est basé sur ce que, deux facteurs d'une division étant de même nature, donnent un quotient de nature différente.

3° La division sert aussi à réduire les unités d'espèces inférieures en unités d'espèces supérieures.

Par exemple : A réduire 748 minutes en heures, les heures en jours, etc.

Puisque l'heure vaut 60 minutes, autant 60 minutes seront contenues en 748 minutes, autant ou aura d'heures au quotient : l'opération se réduit donc à diviser 748^m par $60^m = 12$ heures 28 minutes.

4° Enfin, la division sert de preuve à la multiplication.

Observation. Nous allons donner sur les nombres entiers, comme sur chaque espèce de nombre de l'arithmétique, quelques problèmes sur lesquels on pourra s'exercer. Saisir dans l'énoncé ou dans la nature du problème les rapports qu'ont entr'elles les quantités connues et les quantités inconnues, c'est une faculté que l'esprit acquiert, comme beaucoup d'autres, par l'usage ; il n'y a aucune règle à donner pour trouver la solution des problèmes ; c'est le problème lui-même qui fournit les moyens de solution.

Il faut, avant de commencer à résoudre les problèmes qui suivent, connaître tous les signes employés dans cet ouvrage.

DES PROBLÈMES DÉTERMINÉS, INDÉTERMINÉS ET IMPOSSIBLES.

Un problème est un énoncé qui fournit les moyens de déterminer une ou plusieurs quantités inconnues, relativement aux quantités que donne cet énoncé.

Les rapports qui existent entre les quantités connues et les quantités inconnues, étant plus ou moins difficiles à apercevoir, et n'y ayant aucune règle à donner, c'est

une faculté de notre intelligence qui nous conduit à déterminer ces rapports.

Un problème se compose généralement de deux parties
intégrantes : la première constitue les diverses conditions
de l'énoncé et exprime les différentes opérations qu'il
nécessite ; la seconde a pour objet l'exécution de ces
opérations.

On peut généralement envisager trois sortes de problêmes ; des problèmes déterminés, indéterminés et im-
possibles. Un problème est déterminé, lorsqu'un nombre
satisfait exactement aux données de son énoncé, sans
avoir égard à la marche suivie pour le déterminer.

Par exemple : Une personne gagne 18 fr. en 6 jours,
combien gagnera-t-elle en 25 jours ?

D'où l'on conclut que le nombre en réponse 75 fr.
satisfera à la question, ou qu'on divise 18 fr. par 6 jours, et
qu'on multiplie ensuite le quotient par 25 jours, ou qu'on le
détermine par cette règle de trois ; $6^j : 18^f : 25^j : x = 75^f$.

Un problème est indéterminé, lorsqu'une infinité de
solutions peuvent satisfaire à ses conditions, sans pouvoir
discerner celle qui résout la question. Tel est le problème
suivant : Si j'avais le $\frac{1}{20}$ de l'argent de mon ami, avec
le $\frac{1}{4}$ du $\frac{1}{3}$ de 80^f, et avec le $\frac{1}{6}$ de l'argent que je possède,
j'aurais en somme 80000 fr.

D'où l'on peut voir que la solution de cet énoncé ne
dépend uniquement que des relations qu'ont entr'eux les
nombres, et des suppositions plus ou moins grandes
qu'on leur peut donner. Si l'on augmente la supposition
d'un nombre pris à volonté, il faut aussi diminuer de la
même quantité les autres nombres qui y sont relatifs ; ou

si, au contraire, on diminue cette supposition, l'augmentation doit se faire sentir sur les autres nombres, afin de reproduire 80000 fr. pour preuve.

Un problème est dit impossible, lorsqu'aucun nombre ne peut satisfaire à ses conditions. Tel est le problème suivant : En supposant qu'une fontaine verse continuellement 4 hectolitres d'eau par heure dans un réservoir, et qu'il en perde 24 hectolitres en 8 heures, trouver après quel temps le réservoir sera vide. En examinant les différentes relations qu'ont entr'eux les nombres, on voit que le réservoir reçoit 4 hectolitres par heure et qu'il n'en perd que 3 ; donc, à chaque heure, le réservoir se trouve augmenté d'un hectolitre, au lieu d'être diminué d'une quantité quelconque : d'où l'on peut conclure qu'il est impossible.

PROBLÊMES ANALYTIQUES SUR LES NOMBRES ENTIERS.

1er PROBLÊME.

On a donné 63248 fr. pour un ouvrage fait par deux ouvriers ; le premier en a fait 548 mètres, et le second 396 mètres : on demande combien chaque ouvrier doit recevoir.

Solut. On a donc donné 63248^f pour $548^m + 396 = 944$ mètres que contient l'ouvrage. Cherchons ce qu'a coûté le mètre ; $63248^f : 944^m = 67^f$ que coûte le mètre. Et puisque le premier de ces ouvriers a fait 548 mètres de l'ouvrage, il recevra donc le produit de 67^f par 548^m, ou 36716^f. Le second a fait 396 mètres, il recevra donc le produit de $67^f \times 396^m = 26532^f$.

4

Réponse : Le premier ouvrier a reçu 36716^f, et le second 26532^f.

2me P r o b l è m e.

Quatre ouvriers travaillent également vite, et font ensemble un ouvrage qui leur est payé 169110^f. Le premier ouvrier y ayant travaillé 457 jours, le deuxième 89 jours, le troisième 372 jours, et le quatrième 961 jours, on demande ce que recevra chaque ouvrier.

Solution. Puisque ces ouvriers étaient de forces égales, cherchons combien ils gagnaient par jour ; $457^j+89^j+372^j+961^j=1879$ jours de travail qu'il aurait fallu à un homme pour faire le même ouvrage; nous aurons donc la journée d'un homme en divisant 169110^f par 1879^j $=90^f$. Et puisque maintenant le premier ouvrier a travaillé 457^j, il recevra donc le produit de 90^f par $457^j=41130^f$; le deuxième le produit de 90^f par $89^j=8010^f$; le troisième le produit de 90^f par $372^j=33480^f$; enfin, le quatrième recevra le produit de 90^f par $961^j=86490^f$.

Réponse : Le 1er ouvrier recevra 41130^f, le 2me 8010^f, le 3me 33480^f, et le 4me 86490^f.

3me P r o b l è m e.

Combien faudra-t-il de jours à deux ouvriers pour faire ensemble un ouvrage de 231420 mètres, sachant que le premier fait 1856 mètres en 64 jours, et le second 2232^m en 72 jours ?

Solution. Pour faire cette opération, il faut d'abord chercher combien de mètres fait chaque ouvrier par jour; donc, $1856^m : 64^j =29$ mètres que fait le premier; le second en fera donc un nombre égal au quotient de

$2232^m : 72_j = 31^m$ que fait le second. Cherchons ce qu'ils font ensemble par jour : $29^m + 31^m = 60^m$ qu'ils font par jour. On voit maintenant qu'autant de fois que 60^m seront contenus dans 231420 mètres, autant il faudra de jours à ces ouvriers pour faire l'ouvrage proposé ; donc $231420^m : 60^m = 3857$ jours.

Réponse : 3857 jours.

4me PROBLÉME.

20 aunes d'un premier drap coûtent 480^f; 749 aunes d'un second drap coûtent 41944^f : on demande combien 721 aunes du premier valent d'aunes du second.

Solution. Il faut chercher ici le prix de l'aune de chaque espèce de drap ; $480^f : 20^a = 24^f$ que coûte l'aune du premier drap ; $41944^f : 749^a = 56^f$ que coûte l'aune du second drap.

Puisque le premier drap coûte 24^f l'aune, les 721 aunes coûteront donc le produit de 24^f par $721^a = 17304^f$.

La question est donc ramenée à savoir combien de fois 56^f, prix de l'aune du second drap, seront contenus dans 17304^f; donc, $17304^f : 56^f = 309$ aunes : ainsi, 309 aunes du second drap doivent donc former une somme égale à 721 aunes du premier drap.

Réponse : 309 aunes.

5me PROBLÉME.

Deux voyageurs suivent la même route et dans le même sens; le premier a sur le second une avance de 6450 mètres, et fait 4800 mètres en 2 heures, tandis que le second ne fait que 560 mètres en 8 minutes : on demande combien de temps il faudra au second voyageur pour attraper le premier.

$4^\star$

Solution. Cherchons d'abord combien de mètres fait chaque voyageur par minute. Puisque 2 heures valent 120 minutes, autant de fois que 120′ seront contenues dans 4800 mètres, autant de mètres fera le premier voyageur; donc, $4800^m : 120' = 40$ mètres par minute. Cherchons maintenant ce que fait le second voyageur; $560^m : 8' = 70$ mètres qu'il fait aussi par minute. Et puisque le premier voyageur a une avance de 6450 mètres sur le second, et que ce dernier fait 70 mètres, tandis que le premier n'en fait que 40, il y a donc 30 mètres de différence par minute; donc, en divisant l'avance qu'a le premier sur le second par la différence de marche, on doit trouver le point de rencontre de ces deux voyageurs; donc, $6450^m : 30^m = 215$ minutes, ou 3 heures et 35 minutes.

Réponse : 215 minutes.

6ᵐᵉ PROBLÈME.

On a vendu 845 mètres d'étoffe d'une pièce qui en contenait 7000 mètres, et le reste coûte 123100 francs; combien coûte la pièce?

Solution. Puisque la pièce contenait 7000 mètres, et qu'on en a vendu 845 mètres, cherchons ce qui reste de la pièce; donc, $7000^m - 845^m = 6155^m$, qui coûtent conséquemment 123100^f. Pour connaître le prix du mètre, il faut donc diviser 123100^f par $6155^m = 20^f$, prix du mètre. La pièce d'étoffe contenant 7000 mètres a donc dû coûter 7000 fois 20 francs, ou 140000 francs.

Réponse : 140000 francs.

7ᵐᵉ PROBLÈME.

15 mètres de basin valent 75 mètres de toile; 24 mètres

de toile coûtent 72^f : on demande combien coûteront 750 mètres de basin.

Solution. Cherchons d'abord le prix du mètre de toile ; $72^f : 24^m = 3^f$. On peut ici répondre aux données du problème de deux manières : ou chercher combien il faut de mètres de toile pour égaler un mètre de basin, en divisant 75^m par 15, et multiplier le quotient par 3^f ; ou chercher le prix de 75 mètres de toile à 3^f le mètre : ce dernier moyen est plus général que le premier, nous l'emploierons ; $75^m \times 3^f = 225^f$; et puisque 15 mètres de basin valent 225^f, le mètre vaudra donc la 15e partie de 225^f ou 15^f. L'opération est donc ramenée à connaître le prix de 750 mètres de basin à 15^f le mètre ; donc, $750^m \times 15^f = 11250^f$.

Réponse : 11250 francs.

8me Problème.

Combien pourra-t-on acheter de toises de bois avec 4000^f, sachant que la toise coûte 5 francs ?

Solution. Il est clair qu'autant de fois que 5^f seront contenus dans 4000^f, autant de toises on en pourra acheter ; donc, $4000^f : 5^f = 800$ toises.

Réponse : 800 toises.

9me Problème.

729 aunes d'étoffe ont coûté 5103^f ; combien coûteront 64 aunes de la même étoffe ?

Réponse : 448 francs.

10me Problème.

80 aunes d'un certain drap coûtent 4800^f ; 36 aunes

de casimir coûtent 2880ᶠ : combien faut-il d'aunes de ce
casimir pour payer 20 aunes de drap?

Réponse : 15 aunes.

11ᵐᵉ PROBLÈME.

Un menuisier a un plancher à faire qui a 12 mètres de
longueur sur 5 mètres de largeur; le mètre carré lui est
payé 5ᶠ : que recevra-t-il?

Réponse : 300 francs.

12ᵐᵉ PROBLÈME.

Un négociant a acheté 38 hectolitres de vin pour 950ᶠ,
on demande combien il a payé l'hectolitre.

Réponse : 25 francs.

13ᵐᵉ PROBLÈME.

Pendant combien de temps faudra-t-il employer trois
troupes d'ouvriers, composées respectivement de 876
hommes, 907 et 890, pour faire un ouvrage de 20443112
mètres? On sait que le mètre de cet ouvrage est payé
3 sous, et que la journée de chaque ouvrier de la première troupe est de 24 sous, celle des ouvriers de la
deuxième troupe de 30 sous, et enfin celle des ouvriers
de la troisième de 36 sous.

Réponse : 764 jours.

14ᵐᵉ PROBLÈME.

800 aunes d'un certain drap coûtent 4800ᶠ; combien
coûteront 72000 aunes du même drap?

Réponse : 432000 francs.

15ᵐᵉ PROBLÈME.

Pendant un siége de 18 jours, des pièces en batterie
ont tiré chacune 75 coups. La poudre qui a été employée

a été payée 15 sous la livre, et la dépense évaluée à 275400ᶠ. Quel était le nombre de pièces en batterie, sachant que la charge moyenne de chaque pièce était de 8 livres de poudre?

Réponse : 34 pièces.

16ᵐᵉ PROBLÈME.

Combien faudra-t-il vendre d'une pièce de drap contenant 120 aunes, pour que le reste coûte 1280ᶠ, sachant que 18 aunes coûtent 1440 francs.

Réponse : 104 aunes.

17ᵐᵉ PROBLÈME.

A une vente, une personne achette des arpents de terre labourable pour 17964ᶠ. Cette personne voulant gagner à son marché, les vend ensuite à un de ses amis pour 18396ᶠ, et gagne 72ᶠ sur chaque 6 arpents : on demande combien cette personne a dû payer d'abord l'arpent.

Réponse : 499 francs.

18ᵐᵉ PROBLÈME.

On a donné 174990ᶠ à quatre personnes pour faire 58330 aunes de ruban. On demande ce que recevra chaque personne, sachant qu'elles ont fait respectivement la première 10830 aunes, la deuxième 15360 aunes, la troisième 8735 aunes, et la quatrième 23405 aunes.

Réponse : la 1ʳᵉ 32490ᶠ, la 2ᵉ 46080ᶠ, la 3ᵉ 26205ᶠ, et la 4ᵉ 70215ᶠ.

19ᵐᵉ PROBLÈME.

Un ouvrier a été 63 jours pour faire un ouvrage de 972 mètres : on demande combien de jours il s'est reposé, sachant qu'il faisait 36 mètres de cet ouvrage par jour.

Réponse : 36 jours.

20me PROBLÊME.

Un marchand achette 24 mètres de drap à 36^f le mètre; 115 mètres de toile à 3^f; 50 mètres de mousseline à 4^f, et 15 mètres de casimir à 21^f : il donne en paiement 87 pièces de 20^f; on demande s'il lui reviendra quelque chose.

Réponse : 16 francs.

21me PROBLÉME.

Deux courriers, sur une route, ont entr'eux une distance de 1980 lieues; ils vont l'un contre l'autre et font, le premier 108 lieues en 9 jours, et le second 14505 lieues en 967 jours : le premier est parti 48 jours avant le second; on demande quel chemin ces deux courriers auront fait, lorsqu'ils se seront dépassés de 54 lieues?

Réponse : Le premier 1224 lieues et le second 810 lieues.

22me PROBLÉME.

Pendant combien de temps pourra-t-on nourrir une garnison composée de 10000 hommes avec 48000 kilolitres de blé, sachant que le kilolitre donne 980 livres de pain, et que chaque soldat mange 2 livres de pain par jour ?

Réponse : 2352 jours.

23me PROBLÈME.

Deux ouvriers gagnant l'un 5 francs et l'autre 3 francs par jour, ont reçu 1200 francs pour 360 jours de travail : pendant combien de jours chacun a-t-il travaillé?

Réponse : Celui qui gagnait 5 francs a travaillé 60 jours, et l'autre 300 jours.

24me PROBLÈME.

Trois joueurs conviennent que celui qui perdra doublera l'argent qu'auront les deux autres. Ils perdent respectivement chacun une partie, et ils ont encore chacun 48 francs. Combien avaient-ils chacun en entrant au jeu ?

Réponse : Le 1er avait 78^f, le 2me 42^f et le 3me 24^f.

25me PROBLÈME.

Un ouvrier fait un certain ouvrage chez un entrepreneur où il reste 25 jours ; mais les derniers 15 jours on est obligé de lui adjoindre un ouvrier pour terminer l'ouvrage. L'ouvrage étant fait, ils reçoivent ensemble 210 francs : on demande ce que chacun a gagné en tout, et combien par jour, sachant que si le premier eût pu faire tout l'ouvrage en 25 jours, il aurait gagné 48 sous de plus par jour.

Réponse : Le premier a reçu 150 francs et le second 60 francs, et il gagnait 4 francs par jour.

26me PROBLÈME.

Un colonel, pour récompenser des grenadiers qui s'étaient bien distingués dans une affaire, avait voulu donner 5 louis à chacun ; mais comptant son argent, il lui manque 4 louis. On demande combien il y avait de grenadiers, et combien avait de louis le colonel, sachant qu'il lui restait 6 louis après en avoir donné 4 à chaque soldat.

Réponse : 10 grenadiers et 46 louis.

27me PROBLÈME.

Un maître dit à son domestique, qui était un ivrogne, qu'il lui donnera 12 sous tous les jours qu'il travaillera, et qu'il lui imposera une amende de 8 sous pour chaque jour qu'il ne travaillera pas. Il arrive qu'à la fin de l'année le maître ne doit rien à son domestique : on demande combien ce dernier a travaillé et combien il n'a pas travaillé.

Réponse : Il a travaillé 146 jours et a été 219 jours sans travailler.

DES FRACTIONS DÉCIMALES.

D. Qu'appelle-t-on fractions décimales ?

R. On appelle fractions décimales les parties de l'unité qui deviennent de dix en dix fois moindres que l'unité que l'on considère : tels sont les *dixièmes*, les *centièmes*, les *millièmes*, les *dixmillièmes*, les *centmillièmes*, les *millionièmes*, etc.

D. Qu'appelle-t-on nombre décimal ?

R. C'est un nombre qui est composé d'unités entières et de fractions d'unité : comme 42^f,25, qu'on énonce en disant quarante-deux francs vingt-cinq centimes.

D. Qu'appelle-t-on chiffres décimaux ?

R. On appelle chiffres décimaux, ou décimales, les chiffres qui suivent la virgule, comme 0,^{f}450, qu'on énonce en disant quatre cent cinquante millièmes.

Remarque. On conçoit qu'une unité, quelle qu'elle soit, livre, toise, mètre, etc., est composée de dix unités appelées dixièmes, ces dernières en dix unités appe-

lées centièmes, comme on imagine la dixaine composée
de dix unités simples.

D. Comment se nomment ces nouvelles unités ?

R. Par opposition aux dixaines elles sont nommées
dixièmes, etc.; et comme elles sont dix fois moindres
que l'unité qu'on choisit, on les place à la droite du
chiffre qui représente les unités, et on les en sépare par
une virgule.

Ainsi, pour écrire le nombre décimal trente unités
quarante-six centièmes, on écrira 30,46.

*D. Mais ne peut-on former que des dixièmes et des
centièmes dans ce système de numération ?*

R. On peut de même former des millièmes, des dix-
millièmes, etc., avec le soin d'écrire le chiffre qui marque des unités inférieures à la droite du chiffre qui
marque des unités supérieures.

D. Comment énonce-t-on les décimales ?

R. On énonce d'abord les unités entières, s'il y en
a, après quoi on énonce les décimales comme si c'était
un nombre entier, et l'on prononce à la fin le nom de
la moindre espèce contenue dans le nombre.

Ainsi, pour énoncer 8,845, on dit huit unités, huit
cent quarante-cinq millièmes.

*D. Comment trouve-t-on le nom de l'espèce d'unités
du dernier chiffre décimal ?*

R. On le trouve en comptant successivement de gauche à droite sur chaque chiffre depuis la virgule, les
noms dixièmes, centièmes, etc., etc.

*D. Que faut-il faire quand il n'y a point d'unités
entières à la gauche des décimales ?*

R. Il faut remplacer les unités entières par un o.

Par exemple : Pour écrire cinquante-quatre centièmes, sans unités entières, on écrira 0,54. Pour écrire
trente-cinq millièmes, on écrira 0,035.

Soit proposé d'écrire le nombre trente-neuf unités,
quatre cent-cinq dix millièmes. Après avoir écrit les 39
unités, et mis une virgule immédiatement après les 9
unités, on observe que pour écrire des dix millièmes il
faut quatre chiffres, c'est-à-dire un de moins que pour
les unités entières, et que le nombre donné n'a que
deux chiffres significatifs, auquel il manque les dixièmes
et les millièmes ; ce nombre doit donc être écrit ainsi :
39,0405.

Pour écrire le nombre trente-quatre mille, vingt-
quatre dixmillionièmes, on observe que ce nombre doit
renfermer sept chiffres ; qu'il n'y a point de dixièmes
ni de centièmes, et qu'on doit les remplacer par deux
zéros ; que les centmillièmes manquent aussi, et qui
doivent être remplacés par un zéro : ce nombre doit donc
être écrit comme il suit : 0,0034024, en mettant un
zéro pour tenir la place des unités supérieures.

Pour écrire le nombre trois millions, cinquante mille,
trente-sept centmillionièmes, on observe que ce nombre
doit être composé de huit chiffres ; que les dixièmes,
les millièmes, les centmillièmes, les millionièmes manquent, et doivent par conséquent être remplacés par
autant de zéros : ce nombre doit donc être écrit :
0,03050037, en mettant également un zéro à la place
des unités entières.

Soit proposé d'énoncer le nombre 34,0042004729.
Après avoir partagé ce nombre en tranches de trois chif-

fres chacune, en allant de droite à gauche, on observe
que la première tranche à droite est la tranche des unités, contenant des dixbillionièmes, des billionièmes et
des centmillionièmes; que la deuxième tranche est celle
des mille, contenant des dixmillièmes, point de millionièmes, et point de centmillionièmes; que la troisième
est celle des millions, contenant des dixmillièmes, des
millièmes, mais point de centièmes; enfin, que la quatrième tranche est celle des billions, ne contenant aucun chiffre significatif: ce nombre signifie par conséquent
trente-quatre unités, quarante-deux millions, quatre
mille, sept cent vingt-neuf dixbillionièmes.

Pour énoncer le nombre 0,04002400, on observe que
ce nombre renferme trois tranches; que la première à
droite est la tranche des unités, contenant des millionièmes seulement; que la deuxième est celle des mille,
contenant des centmillièmes seulement; enfin, que la
troisième tranche est celle des millions, ne contenant
que des centièmes. Ce nombre doit donc être exprimé
par quatre millions, deux mille, quatre cent centmillionièmes.

D. *Qu'arriverait-il à un nombre décimal, si l'on
avançait la virgule d'un certain nombre de places vers
la droite, ou si on la reculait du même nombre de
places vers la gauche?*

R. D'abord, en avançant la virgule d'une ou de deux
places vers la droite, les unités prennent une valeur de
dix ou de cent fois plus grande, puisqu'un chiffre placé
à la droite ou à la gauche d'un autre, représente des
unités dix ou cent fois plus grandes ou moindres que

celles de son voisin ; mais en reculant la virgule d'une ou de deux places vers la gauche, ces unités prennent une valeur de dix ou de cent fois moindre.

Ainsi, pour rendre le nombre décimal 34,25 cent fois plus grand, j'avance la virgule de deux chiffres, et j'ai 3425 unités, ou 34,25×100=3425 : ces sortes de multiplications ne doivent jamais être faites ; c'est la virgule qui en doit tenir lieu.

Pour rendre le nombre 548,354 dix mille fois plus grand, j'avance la virgule de quatre places vers la droite ; mais il manque un chiffre, j'ajoute un zéro à la suite des millièmes, en supprimant la virgule, et j'ai par conséquent 5483540 unités, nombre dix mille fois plus grand que 548,354.

La démonstration peut être faite sur chaque chiffre du nombre multiplié. D'abord, le chiffre 3, qui occupait le rang des dixièmes, occupe maintenant le rang des unités de mille, et de ces unités aux dixièmes, il y a par conséquent dix mille de différence ; ce nombre est donc multiplié par dix-mille. Le chiffre 5, qui tenait le rang des centièmes, tient, après avoir opéré, le rang des centaines, et de ces dernières unités aux centièmes il y a dix-mille de différence ; donc ce nombre est multiplié par dix-mille. On peut faire subir la même démonstration à tous les autres chiffres du nombre, même aux unités entières.

Qu'il soit proposé de rendre le nombre 568,342 mille fois moindre ; je transporte la virgule de trois places, en allant de droite à gauche, et j'ai 0,568342 millionièmes.

D'abord, le chiffre 8, qui occupait précédemment le rang des unités, tient ici le rang des millièmes ; et des millièmes aux unités entières, il y a mille de différence ; donc ce nombre est divisé par mille.

Le chiffre 3, qui était au rang des dixièmes, est ici au rang des dix-millièmes ; et de ces dernières unités aux dixièmes, il y a mille de différence ; donc encore ce nombre est divisé par mille.

Remarque. La multiplication et la division des nombres entiers et des nombres décimaux par 10, 100, 1000, etc., doivent toujours être faites d'après ces principes ; la virgule seule détermine le produit ou le quotient de ces opérations.

D. Quelle observation y a-t-il encore à faire sur les décimales ?

R. C'est qu'on ne change pas la valeur d'un nombre décimal, lorsqu'on écrit ou qu'on supprime un certain nombre de zéros à la suite du nombre.

Par exemple : Le nombre 52,38 est égal au nombre 52,3800. En effet, puisque ces unités deviennent de dix en dix fois moindres ou plus grandes, il est clair que plus il y en a, plus elles sont petites ; et que moins il y en a, plus elles sont grandes ; donc $0^f,50$ sont la même chose que $0^f,500$, car dans le premier cas l'unité est partagée en cent parties, et l'on en prend 50 ; dans le second elle est partagée en mille parties, et l'on en prend 500 ; donc 50 est la moitié de 100, comme 500 est la moitié de mille.

On peut donc, par cette raison, supprimer un certain nombre de zéros à la suite d'un nombre décimal.

Par exemple : Le nombre décimal 93,45000 ne change pas de valeur, en supprimant les trois zéros qui sont à la suite : le raisonnement précédent démontre cette suppression.

DE L'ADDITION DES NOMBRES DÉCIMAUX.

D. Comment se fait l'addition des nombres décimaux ?

R. Comme ces fractions se comptent par dixaines, comme les nombres entiers, à mesure qu'on avance de droite à gauche, la règle à suivre est la même que celle des nombres entiers ; on sépare sur la droite de la somme par une virgule, autant de chiffres décimaux qu'il y en a dans celui des nombres additionnés qui en a le plus.

EXEMPLE :

$$38o^f,50$$
$$1483,64$$
$$6762,125$$
$$\overline{8626,265}$$
$$\overline{1201,000}$$

Comme le nombre inférieur est composé de trois chiffres décimaux, et qu'il est celui de l'addition qui en a le plus, je sépare trois chiffres sur la droite de la somme, et j'ai 8626^f,265 millièmes.

EXEMPLE :

$$7\,4\,5^{m},\,3\,5\,4$$
$$2\,9\,,\,1\,6\,7\,4$$
$$1\,2\,8\,4\,,\,0\,0\,2\,5$$
$$8\,4\,5\,,\,0\,4\,9\,8\,6$$
$$\overline{2\,9\,0\,3^{m},\,5\,7\,3\,7\,6}$$
$$\overline{1\,2\,2\,0\,,\,1\,2\,1\,0\,0}$$

Après avoir fait l'addition par les moyens ordinaires, je sépare cinq chiffres sur la droite de la somme, et j'ai 2903^{m}, 57376 centmillimètres.

DE LA SOUSTRACTION DES NOMBRES DÉCIMAUX.

D. Comment se fait la soustraction des nombres décimaux?

R. Elle se fait comme celle des nombre entiers ; mais il faut remarquer que si le nombre supérieur avait moins de décimales que le nombre inférieur, il faudrait y suppléer par des zéros.

EXEMPLE :

$$7\,5\,9,\,5\,4\,2$$
$$2\,4\,7,\,3\,6\,8$$
$$\overline{5\,1\,2,\,1\,7\,4}$$
$$\overline{7\,5\,9,\,5\,4\,2}$$

Soit 479^f,3548 à soustraire de 859^f,25

$$
\begin{array}{r}
8\,5\,9^f,2\,5\,0\,0 \\
4\,7\,9,3\,5\,4\,8 \\
\hline
3\,7\,9,8\,9\,5\,2 \\
\hline
8\,5\,9,2\,5\,0\,0
\end{array}
$$

DE LA MULTIPLICATION DES NOMBRES DÉCIMAUX.

D. Quelle règle faut-il observer pour multiplier les nombres décimaux ?

R. On observe la même règle que pour les nombres entiers, sans avoir égard à la virgule; mais après avoir trouvé le produit, on sépare sur la droite, par une virgule, autant de chiffres décimaux qu'il y en a tant au multiplicande qu'au multiplicateur.

EXEMPLE :

Le mètre d'un certain ouvrage coûte 4^f,75; que coûteront 432 mètres du même ouvrage ?

$$
\begin{array}{r}
4^f,7\,5 \\
4\,3\,2 \\
\hline
9\,5\,0 \\
1\,4\,2\,5 \\
1\,9\,0\,0 \\
\hline
2\,0\,5\,2^f,0\,0
\end{array}
$$

Le multiplicande contenant deux chiffres décimaux, je sépare deux chiffres sur la droite du produit.

EXEMPLE:

$$458,34$$
$$5,123$$

$$137502$$
$$91668$$
$$45834$$
$$229170$$

$$2348,07582$$

Comme il y a deux chiffres décimaux au multiplicande et trois au multiplicateur, je sépare cinq chiffres
sur la droite du produit.

DE LA DIVISION DES NOMBRES DÉCIMAUX.

*D. Quelles observations y a-t-il à faire sur la di-
vision des nombres décimaux ?*

R. Il y en a trois.

1° Que le dividende contienne plus de décimales que
le diviseur; alors l'opération se fait comme la division
des nombres entiers, et l'on sépare sur la droite du quotient, autant de chiffres décimaux qu'il y en a de plus
au dividende qu'au diviseur.

EXEMPLE:

$$
\begin{array}{c|l}
7,2000 & 64 \\
80 & 0,1125 \\
160 & \\
320 & \\
00 &
\end{array}
$$

5*

EXEMPLE:

Un ouvrier gagne $2^f,5$ par jour; combien mettra-t-il de temps pour gagner $534^f,584$?

$$
\begin{array}{c|l}
5\,3\,4^f,5\,8\,4 & 2^f,5 \\
\quad 3\,4 & \overline{2\,1\,3_j,83} \\
\quad\quad 9\,5 & \\
\quad\quad 2\,0\,8 & \\
\quad\quad\quad .8\,4 & \\
\quad\quad\quad\quad 9 & \\
\end{array}
$$

$2°$ Que le diviseur contienne plus de chiffres décimaux que le dividende; alors on ajoute à la suite du dividende autant de zéros qu'il en faut pour compléter les décimales du diviseur, et l'on ne sépare rien au quotient: les deux facteurs sont considérés comme renfermant des unités entières.

EXEMPLE:

On se propose de diviser 398 unités par 3,20.

$$
\begin{array}{c|l}
3\,9\,8\,0\,0 & 3,2\,0 \\
\quad 7\,8\,0 & \overline{1\,2\,4} \\
\quad 1\,4\,0\,0 & \\
\quad 1\,2\,0 & \\
\end{array}
$$

Si l'on voulait faire des décimales du reste de cette division, on ajouterait deux zéros, on continuerait la division, et l'on séparerait deux chiffres au quotient.

EXEMPLE:

$36^m,7450$ d'un ouvrage coûtent $645^f,7$; que coûtera le mètre?

$$645^f,7000 \mid 36^m,7450$$
$$2782500 \mid 17^f,57$$
$$2103500$$
$$2662500$$
$$.90350$$

Après avoir fait la division comme celle des nombres entiers, j'ajoute deux zéros à la suite du reste, et je trouve conséquemment 17^f, 57 que coûte le mètre.

3° Que le dividende et le diviseur contiennent le même nombre de chiffres décimaux, alors l'opération se fait comme la précédente, et l'on ne sépare rien au quotient.

EXEMPLE:

$$724,80 \mid 24,27$$
$$23940 \mid 29$$
$$2097$$

D. Ne pourrait-on pas, à l'aide des décimales, continuer une division qui donnerait un reste?

R. On le peut à l'aide du principe suivant: Il faut ajouter à la suite du reste autant de zéros qu'on veut avoir de décimales au quotient, et séparer ensuite sur la droite du quotient autant de chiffres qu'on a ajouté de zéros à la suite du reste.

EXEMPLE:

Soit 543248 à diviser par 35.

$$
\begin{array}{r|l}
5\,4\,3\,2\,4\,8 & 3\,5 \\
\cline{2-2}
1\,9\,3 & 1\,5\,5\,2\,1,3\,7\,1 \\
1\,8\,2 & \\
7\,4 & \\
4\,8 & \\
1\,3\,0 & \\
2\,5\,0 & \\
5\,0 & \\
1\,5 &
\end{array}
$$

La division précédente continuée jusqu'aux millièmes, donne par conséquent 15521,371 pour quotient.

La preuve des quatre règles décimales se fait comme celle des nombre entiers.

PROBLÈMES ANALYTIQUES SUR LES NOMBRES DÉCIMAUX.

1ᵉʳ PROBLÈME.

On demande combien il y a de litres de vin dans un tonneau qui a coûté 7500ᶠ,40, sachant que 10ˡ,80 coûtent 24ᶠ,30?

Solution. Pour faire cette opération, il faut d'abord chercher ce que coûte le litre; donc, 24ᶠ,30 : 10ˡ,80=2ᶠ,25, prix du litre. Avec un faible raisonnement on peut achever l'opération. Puisque le litre coûte 2ᶠ,25, et que le tonneau a été payé 7500ᶠ,40, il est évident qu'autant de fois que 2ᶠ,25 seront contenus dans 7500ᶠ, 40, autant le tonneau contiendra de litres; donc, 7500ᶠ, 40 : 2ᶠ,25=3333ˡ,51, à un centilitre près.

Réponse: 3333ˡ,51.

2me PROBLÈME.

Quel est le prix de 80^m,50 de drap , sachant que 20 mètres de ruban valent 80^f, et que 6 mètres de ce ruban valent une aune de drap ?

Solution. Il est évident que la 20me partie de 80^f sera le prix du mètre de ruban, puisque 20 mètres coûtent 80^f; c'est ce qu'il faut d'abord trouver; 80^f : 20^m = 4^f, prix du mètre de ruban. On dit dans le problème que 6 mètres de ce ruban valent un mètre de drap; le mètre de drap vaudra donc 6 fois le prix de l'aune de ruban, ou 24^f. L'opération se réduit donc à trouver le prix de 80^m,50 de drap, sachant que le mètre coûte 24^f; donc 80^m,50 × 24^f = 1932 francs.

Réponse : 1932 francs.

3me PROBLÈME.

Une personne disait à une de ses amies : Si j'avais encore 2^f,50, je pourrais acheter 6 mètres de mousseline.

On demande quel était l'argent de cette personne, sachant que le mètre de mousseline coûtait 1^f,25.

Solution. Cherchons ce que coûtent les 6 mètres de mousseline à 1^f,25 ; 1^f,25 × 6^m = 7^f,50 que coûtent les 6 mètres de mousseline. Or la personne ne peut pas les payer, puisqu'il lui manque 2^f,50; donc, 7^f,50 — 2^f,50 = 5^f que possédait cette personne.

Réponse : 5 francs.

4me PROBLÈME.

Un loup poursuit un renard qui a sur le premier 120 mètres d'avance, et va vingt fois moins vite. Trouver après quel temps de course le loup aura atteint le renard, sachant que le loup fait 10 mètres par minute.

Solut. Il faut d'abord chercher la différence des courses.

Puisque le renard fait vingt fois moins de chemin que le loup, divisons par 20 l'espace parcouru en une minute par le loup, nous aurons par minute les mètres parcourus par le renard; $10^m : 20 = 0^m,50$, chemin que fait le renard par minute. Trouvons maintenant ce que le loup fait de mètres par minute de plus que le renard; $10^m - 0^m,50 = 9^m,50$; et puisque le renard a sur le loup une avance de 120 mètres, et que le loup fait $9^m,50$ par minute de plus que le renard, il est certain qu'autant de fois que la différence des courses sera contenue dans les 120 mètres d'avance, autant de temps le loup mettra pour atteindre le renard, et puisque maintenant ils vont aussi vite l'un que l'autre; $120^m : 9^m,50 = 12$ minutes 63 centièmes, à un centième près.

Réponse: $12',63$.

5me Problème.

On a vendu $380^m,45$ de drap pour $5839^f,9075$; on demande le prix de $0^m,75$ du même drap.

Solution. Cherchons d'abord le prix du mètre; $5839^f,9075 : 380^m,45 = 15^f,35$ que coûte le mètre. Puisqu'on demande le prix de $0^m,75$, et que le mètre coûte $15^f,35$, il faut multiplier $15^f,35 \times 0^m,75 = 11^f,5125$, prix des 75 centimètres.

Réponse: $11^f,5125$.

6me Problème.

Un employé reçoit par an 1200 fr. et une montre. Après sept mois son maître lui doit en tout $910^f,35$; on demande ce que vaut la montre.

Solution. Cherchons d'abord ce que reçoit par mois cet employé.

Puisque pour 7 mois son maître lui doit 910^f,35, y compris la valeur de la montre, il est évident que la septième partie de 910^f,35 sera son gain d'un mois; 910^f,35 : 7 = 130^f,05, gages d'un mois. Trouvons ce que cet employé doit recevoir par an, en y comprenant toujours le prix inconnu de la montre; 130^f,05, gages d'un mois, × 12 mois, = 1560^f,60 que cet employé doit recevoir, y compris la valeur de la montre. Mais puisque son maître ne lui donne que 1200^f, il y a donc une diffé-rence de 1200^f à 1560^f,60, différence qui doit être la valeur de la montre; 1560^f,60 — 1200^f = 360^f,60.

En effet, si cet employé ne gagne que 1200^f par an, il ne doit donc recevoir que 100^f par mois, et par consé-quent que 700^f pour 7 mois; il y a donc une différence de 210^f,35 sur ses gages courants; la valeur de la montre y doit donc être renfermée proportionnée au temps.

Réponse : 360^f,60.

7me PROBLÈME.

Dans une fabrique on emploie 80 hommes qui sont payés à trois prix différents; savoir : 30 sont payés au-tant l'un que l'autre, et reçoivent 420 fr. pour 20 jours de travail; 20 autres sont également payés, et reçoivent 1700^f,50 pour 40 jours de travail; les autres ont reçu le reste de la somme 4800^f,80, qui a été donnée pour paiement. On demande la journée de chaque ouvrier, sachant que les derniers ont travaillé 15 jours.

Solution. Cherchons d'abord ce que reçoit chaque homme de la première troupe ; 480 fr. : 30 h. = 16 fr. Pour trouver ce que chacun des hommes de la première troupe reçoit par jour, divisons 16 fr. par 20 jours;

16 fr. : 20^j = 0^f,80, journée de travail de chaque homme. Puisque la deuxième troupe gagne 1700^f,50, et qu'elle est composée de 20 ouvriers, donc 1700^f,50 : 20 h. = 85^f,025; et puisque ces mêmes hommes travaillent 40 jours, 85^f,025 : 40^j = 2^f,13, journée des deuxièmes. Il est nécessaire maintenant de savoir de combien d'hommes le reste est composé; donc, 30 h. + 20 h = 50 hommes composant les deux premières troupes. Or il y a 80 hommes dans la fabrique, donc 80 h. — 50 h. = 30 hommes composant le reste, qui doivent par conséquent recevoir le reste de la somme 4800^f,80, moins la part des deux troupes précédentes; 480 fr., part des 30 premiers, + 1700^f,50, part des deuxièmes, = 2180^f,50 que reçoivent les deux premières troupes. 4800^f,80 — 2180^f,50 = 2620^f,30 que cette dernière troupe doit recevoir. Puisqu'elle est composée de 30 hommes, 2620^f,30 : 30 h. = 87^f,34, qu'il faut diviser par 15 jours de travail, = 5^f,82, journée des derniers ouvriers.

Réponse : Les 30 premiers reçoivent 0^f,80 par jour, les 20 deuxièmes, 2^f,13, et les 30 derniers 5^f,82.

8me PROBLÈME.

Dans un tonneau contenant 400^l,80 d'une eau-de-vie à 4^f,25 le litre, on a ajouté 10^l,30 d'eau : ou demande ce que coûte le reste, sachant qu'on a vendu 20^l,40 du mélange, et que l'eau ne coûte rien.

Solution. Le litre de cette eau-de-vie coûte 4^f,25, et le tonneau en contient 400^l,80; donc, 400^l,80 × 4^f,25 = 1704^f,40 que coûte le tonneau. Faisons le mélange : 400^l,80 + 10^l + 30 d'eau = 411^l,10 de mélange. Cherchons le prix du litre de ce mélange; 1704^f,40 : 411^l,10 = 4^f,14, prix du litre du mélange, à un centime près. Puisqu'on a vendu 20ˡ,40 du mélange, cherchons ce qui reste dans le tonneau : 411ˡ,10—20ˡ,40=390ˡ,70. Et puisque le litre du mélange coûte 4ᶠ,14, cherchons ce que coûtent 390ˡ70; donc, 4ᶠ,14×390ˡ,70=1617ᶠ,498.

Réponse : 1617ᶠ,498.

9ᵐᵉ PROBLÊME.

On a donné 65ᶠ,25 à 20 ouvriers; 9 de ces ouvriers ont reçu chacun 4ᶠ,50 : on demande combien les autres ont dû recevoir.

Solution. Cherchons ce qu'ont dû recevoir les 9 ouvriers ensemble : 4ᶠ,50×9 ouv.=40ᶠ,50. Puisqu'on a donné 65ᶠ,25 en commun à ces 20 ouvriers, et que 9 ont reçu 40ᶠ,50, il est clair que les autres recevront aussi en commun le reste de la somme : 20 ouv.—9 ouv.=11 ouv. composant le reste. 65ᶠ,25—40ᶠ,50=24ᶠ,75 qu'ont dû recevoir ces 11 hommes. Pour trouver ce qu'ils ont reçu chacun, 24ᶠ,75 : 11=2ᶠ,25.

Réponse : 2ᶠ,25.

10ᵐᵉ PROBLÊME.

Un marchand de drap a acheté 150ᵐ,50 de casimir pour 3750ᶠ,75, et le revend ensuite à 28ᶠ,15 le mètre; combien a-t-il gagné sur son marché ?

Réponse : 485ᶠ,825.

11ᵐᵉ PROBLÊME.

Quoiqu'un ouvrier donne tous les jours 2ᶠ,75 pour l'entretien de son ménage, cependant en ne travaillant que 25 jours par mois, il peut mettre de côté 196ᶠ,25 à la fin de l'année : on demande ce que gagne par jour cet ouvrier.

Réponse : 4 francs.

12me PROBLÉME.

Les 25 centièmes d'un nombre sont 40 ; quel est ce nombre ?

Réponse : 160.

13me PROBLÉME.

Quatre ouvriers auraient reçu 840^f,80, s'ils avaient fait 60^t,50, mais ils n'ont reçu que 700^f,20 : on demande ce que chaque ouvrier a dû faire d'ouvrage.

Réponse : 12^t,60, d'un centième près.

14me PROBLÉME.

Un négociant a vendu 40 ℔,50 tant de café que de sucre; il a vendu 2^f la livre de café, et 0^f,80 celle de sucre : on demande combien il y avait de café et de sucre, sachant qu'il a reçu 14^f,80.

Réponse : 30 ℔,82 de café, et 9 ℔,68 de sucre.

15me PROBLÉME.

6 livres de café coûtent 25^f,80 ; que coûteront 72 livres du même café ?

Réponse : 309^f,60.

16me PROBLÉME.

Quatre ouvriers ont travaillé le premier 9 jours, le deuxième 12 jours, le troisième 15 jours, et le quatrième 10 jours, et ont gagné chacun la même somme : on demande ce qu'a gagné chaque homme, sachant qu'ils ont gagné ensemble 9^f,75 par jour.

Réponse : le 1er 3^f, le 2me 2^f,25, le 3me 1^f,80, et le 4me 2^f,70.

17me PROBLÉME.

Une personne a un revenu que l'on ne connaît pas

elle fait à un de ses parents une pension viagère de
150 francs, paie 110 francs de loyer et d'impositions,
restreint ses dépenses journalières qui sont de 1^f,50, et
met de côté ce qui lui reste pour achever de payer une
petite propriété de 3500^f, sur laquelle elle a déjà donné
1341^f,25, et qu'elle ne pourra payer qu'avec ses épargnes
de 5^a,50 : combien cette personne a-t-elle de revenus ?

Réponse : 1200 francs.

18me PROBLÊME.

324 ouvriers d'une part et 279 de l'autre ont défriché
une pièce de terre contenant 451647 mètres carrés ;
combien chaque mètre carré a-t-il été payé, sachant que
la première troupe a reçu 85610^f,70 de plus que la
seconde ?

Réponse : 2^f,54.

19me PROBLÊME.

Quel est le prix de 3^m,46 de drap ? On sait qu'un
mètre de drap vaut 4^m,62 de toile, et que 5^m,25 de toile
coûtent 12^f,45.

Réponse : 37^f,89.

20° PROBLÊME.

Un négociant achette 4 barils d'eau-de-vie pour 928^f ;
il paie 272^f de droit et 50^f de transport : combien doit-il
vendre le litre de cette eau-de-vie pour gagner 425 francs ?
On sait que chaque baril contenait 125 litres.

Réponse : 3^f,35.

21me PROBLÊME.

Dans une grande fabrique, on emploie des hommes,
des femmes et des enfants ; les hommes gagnent 16^f,50

chaque 6 jours, les femmes 10^f,5o, et les enfants 4^f,5o, chaque ouvrier ayant travaillé 24 jours, les dépenses montent à 25470^f, dont les hommes ont reçu 18480^f, et les femmes 546o^f. Combien y a-t-il d'hommes, de femmes et d'enfants, et combien chacun d'eux gagne-t-il par jour?

Réponse : il y a 280 hommes, 13o femmes et 85 enfants; les hommes gagnent 2^f,75, les femmes 1^f,75, et les enfants o^f,75.

22me PROBLÈME.

Un ouvrier, chaque jour qu'il travaille, gagne 3^f,5o, et qu'il travaille ou non, il dépense 2^f,25 par jour. Au bout de 3o jours, s'il avait gagné o^f,75 de plus, il aurait eu assez pour subvenir à la dépense de 3 autres jours : combien de jours cet ouvrier avait-il travaillé?

Réponse : 21 jours.

23me PROBLÈME.

Un tonneau de vin a coûté 176^f,75, et on en a vendu 40^l,35; trouver combien il en reste, sachant que 8 litres ont été payés 20^f,20?

Réponse : 29^l,65.

24me PROBLÈME.

Une personne possède un revenu que l'on ne connaît pas; mais on sait qu'elle pourrait payer 450^m,5o à 20^f, faire des dépenses pour son entretien et son ménage de 1950^f,5o, et qu'il lui resterait encore les 25 centièmes de ce revenu : mais elle possède en outre 5600^f,75 d'un capital placé à intérêts. On demande les revenus de cette personne.

Réponse : 20214^f,75.

DES NOUVELLES MESURES.

D. Quelles sont les nouvelles mesures adoptées par le Gouvernement?

R. Elles sont : le Mètre, l'Are, le Stère, le Litre, le Gramme et le Franc.

D. Quelles en sont les définitions?

R. 1° Le mètre est l'unité de longueur ou l'unité linéaire ; c'est la dix-millionième partie du quart du méridien terrestre, valant 30784440 pieds, passant par l'observatoire de Paris ; sa longueur est de 3 pieds 11 lignes et 296 millièmes de ligne. Le mètre sert à mesurer les petites surfaces.

2° L'are est l'unité de superficie ou de mesure agraire ; c'est un carré qui a 10 mètres de côté, il contient donc 100 mètres carrés : sa surface, exprimée en toises, est de 26 toises carrées et 324 millièmes de toise carrée.

3° Le stère est l'unité de volume ; c'est un mètre cube, c'est-à-dire (on appelle cube un corps terminé par six côtés égaux, tel qu'un dé à jouer), un cube dont le côté est égal au mètre : il sert à mesurer les pierres, les bois, et en général les corps massifs ; il équivaut à 29 pieds cubes et 173 millièmes de pied cube.

4° Le litre est l'unité de capacité ; c'est un décimètre cube, c'est-à-dire un cube qui a un décimètre de côté ; il sert à mesurer les grains et les liquides : il contient 50 pouces cubes et 412 millièmes de pouce cube. Le litre tient lieu de la pinte pour les boissons, et du litron pour les grains. Il est cependant un peu plus grand que la pinte et le litron.

5° Le gramme est l'unité de poids; sa pesanteur est égale à celle de la millième partie d'un décimètre cube, ou d'un litre d'eau distillée et ramenée à son maximum de densité : il pèse 18 grains et 827 millièmes de grain.

6° Le franc est l'unité monétaire; c'est une pièce d'argent du poids de 5 grammes, dont un dixième de cuivre et de 9 dixièmes d'argent pur. Le franc se subdivise en décimes et en centimes; il vaut 20 sous et 3 deniers de l'ancienne monnaie.

Les multiples des nouvelles mesures s'expriment au moyen des mots déca, hecto, kilo, myria, dix-myria, cent-myria, qui sont respectivement dix, cent, mille, etc., fois plus grands que l'unité.

Ainsi, le décalitre vaut 10 litres.

L'hectolitre vaut 100 litres.

Le kilolitre vaut 1000 litres.

Le myrialitre vaut 10000 litres.

Le dix-myrialitre vaut 100000 litres.

Le cent-myrialitre vaut 1000000 litres.

L'hectare remplace l'arpent dont il est plus du double.

Le centiare est un mètre carré.

Le décalitre remplace le boisseau pour le blé et pour toutes sortes de grains.

Le kilolitre a la capacité d'un mètre cube : les multiples supérieurs au kilo sont peu usités, excepté avec le mètre.

La lieue moyenne vaut 2250 toises ou 13500 pieds; elle se subdivise en demi-lieues, quarts, huitièmes, etc.

Les sous-multiples de ces unités s'expriment au moyen des mots déci, centi, milli, dixmilli, centmilli, etc., qui sont respectivement dix, cent, mille, etc., fois moindres que l'unité.

Ainsi, le décilitre est 10 fois moindre que le litre.

Le centilitre est cent fois moindre que le litre et dix fois moindre que le décilitre.

Le millilitre est mille fois moindre que le litre, cent fois moindre que le décilitre, et dix fois moindre que le centilitre.

D. Quelle règle faut-il suivre pour convertir les unités principales du nouveau système métrique en unités d'un ordre inférieur du même système?

R. Il faut écrire un certain nombre de zéros à la droite du nombre que l'on veut réduire, ou transporter la virgule du nombre proposé à la droite du chiffre qui exprime des unités de l'ordre demandé.

Par exemple: Pour réduire 38 kilogrammes en centigrammes, nous savons que le kilogramme vaut 1000 grammes; les 38 kilogrammes vaudront donc 38000 grammes; et puisque le gramme vaut 100 centigrammes, les 38000 grammes vaudront donc 38000 fois 100 centigrammes, ou 3800000 centigrammes. Ainsi, 38 kilogrammes valent 3800000 centigrammes.

Ces sous-multiples sont basés sur les décimales et sur ce que nous avons dit: Que plus il y a de parties dans une valeur, plus ces parties sont petites; et que moins il y en a, plus elles sont grandes.

On veut réduire 5 kilomètres en décimètres.

Le kilo étant mille fois plus grand que l'unité, il est clair que les 5 kilomètres doivent valoir 5000 mètres; mais puisqu'on demande ce que ces 5 kilomètres doivent donner de décimètres, et que le décimètre est dix fois moins grand que le mètre, et dix mille fois moindre que le kilomètre, il est évident que ces 5 kilomètres doivent donner 50000 décimètres pour la valeur de 5 kilomètres.

Soit proposé de convertir 5498 ares en hectares.

Comme l'hectare vaut 100 ares, il suffit donc de diviser par 100 le nombre d'ares pour obtenir des hectares : ce qui se réduit, d'après ce qui a été dit aux décimales, à mettre une virgule entre le deuxième chiffre et le troisième, en allant de droite à gauche, car il s'agit ici d'obtenir des unités cent fois plus grandes que celles que l'on a. Ainsi, ces 5498 ares font 54^{h}, 98 centièmes d'hectare, ou 9 décares et 8 ares.

Déterminer combien 95248 mètres font de myriamètres. Comme le myriamètre est 10000 fois plus grand que le mètre, il suffit donc de diviser ce nombre par 10000, ou mettre une virgule entre le quatrième chiffre et le cinquième; ce qui donne conséquemment 9^{myr}, 5248 dix-millièmes de myriamètre, ou 5 kilo, 2 hecto, 4 déca et 8 mètres.

D. Quelle règle faut-il suivre pour convertir les unités inférieures du système métrique en unités supérieures du même système ?

R. Il faut séparer un certain nombre de chiffres sur la droite du nombre proposé, ou transporter la virgule à côté du chiffre qui exprime des unités de l'ordre demandé

Par exemple : Pour convertir o^{a},35 en ares, ou pour multiplier o^{a},35 par 100, il suffit d'effacer le zéro et la virgule, parce que le centiare est 100 fois moins grand que l'are, et l'on a 35 ares.

Soit à multiplier 0ᵍ,540 milligrammes par 1000.

Je transporte la virgule de trois places en allant de gauche à droite, et j'ai 540 grammes.

D. Quels sont les avantages des nouvelles mesures sur les anciennes?

R. Il y en a trois principaux:

1° En ce que ces mesures dépendent toutes du mètre, puisque le franc s'y rattache par le gramme, et qu'elles sont conséquemment toutes basées sur la grandeur du méridien;

2° Que les multiples et les sous-multiples de ces mesures s'opèrent par décimales;

2° Enfin, que ces mesures sont uniformes dans toute l'étendue de la France; tandis qu'autrefois une unité de mesure différente ne permettait pas le plus souvent aux négociants d'en avoir une connaissance parfaite.

L'addition, la soustraction, la multiplication et la division des nouvelles se font comme celles des nombres décimaux.

Quelques petits problèmes seront non-seulement utiles pour cette matière d'arithmétique, mais encore pour les décimales.

PROBLÈMES ANALYTIQUES SUR LES NOUVELLES MESURES.

1ᵉʳ PROBLÈME.

Combien doit-on payer le mètre d'une certaine étoffe, sachant que le kilomètre coûte 25000 francs?

6*

Solution. Il est clair que le mètre coûtera mille fois moins que le kilomètre, puisqu'il est mille fois moindre; l'opération se réduit donc à diviser 25000 francs par 1000, ou à séparer trois chiffres sur la droite de 25000^f = 25^f, prix du mètre.

Réponse: 25 francs.

2me PROBLÈME.

Le centimètre d'une certaine étoffe coûte 0^f,35; que coûte le mètre?

Solution. Le mètre étant cent fois plus grand que le centimètre, il devra donc coûter cent fois 0^f,35; ce qui se réduit à transporter la virgule de deux places, en allant de gauche à droite.

Réponse: 35 francs.

3me PROBLÈME.

Un marchand a acheté 20 décamètres de drap pour 3000 francs; on demande ce qu'il a payé le mètre?

Solution. Cherchons d'abord ce qu'il a payé le décamètre; 3000^f : 20^d = 150 francs; et puisque le décamètre est dix fois plus grand que le mètre, et qu'on demande le prix de ce dernier, il faut donc séparer un chiffre sur la droite de 150 francs, et l'on a 15 francs.

Réponse: 15 francs.

4me PROBLÈME.

Ce problème sert de preuve au précédent.

Le mètre d'un certain drap coûte 15 francs; que coûteront 20 décamètres du même drap?

Solution. Il faut d'abord chercher ce que coûte le décamètre. Puisque le décamètre est dix fois plus grand

que le mètre, il coûtera donc dix fois davantage ou
150 francs ; et puisqu'on demande le prix de 20 décamètres, $150^f \times 20^d = 3000$ francs.

Réponse : 3000 francs.

5me PROBLÈME.

Un négociant achette 40 hectolitres de vin pour
10000 francs ; on demande ce qu'il paie le litre.

Solution. Cherchons d'abord ce qu'il paie l'hectolitre ;
$10000^f : 40^h = 250$ francs. Puisque l'hectolitre est cent
fois plus grand que le litre, ce dernier doit donc être
payé la centième partie du premier ; ce qui se réduit à
séparer deux chiffres sur la droite de 250 francs.

Réponse : $2^f,50$.

6me PROBLÈME.

Combien aurait-on de litres de vin pour 340 francs,
si le décilitre coûtait $0^f,5$?

Solution. Cherchons ce que coûterait le litre. Puisque
le décilitre coûte $0^f,5$, et que le litre est dix fois plus
grand que le décilitre, le litre devrait donc coûter
5 francs. Il est évident maintenant qu'autant de fois que
340 francs contiendront 5 francs, autant on devrait avoir
de litres ; donc, $340^f : 5^f = 68$ litres.

Réponse : 68 litres.

7me PROBLÈME.

Combien coûte la corde de bois de chauffage, si le
stère coûte 6 francs, et que la corde contienne $4^s,387$?

Solution. Puisque le stère coûte 6 francs, les $4^s,387$
coûtent donc 6 fois $4^s,387$ ou $26^f,322$.

Réponse : $26^f,322$.

8ᵐᵉ PROBLÊME.

Le litre d'un certain vin coûte 5 francs, que coûte le centilitre?

Solution. Le centilitre étant cent fois moindre que le litre, il doit donc coûter cent fois moins; l'opé-ration se réduit donc à diviser 5 francs par 100, ou à placer une virgule à une seconde place sur la gauche de 5 francs.

Réponse : 0ᶠ,o5.

9ᵐᵉ PROBLÊME.

Combien coûterait l'are de terre, si le milliare coû-tait 0ᶠ,25 ?

Solution. Il suffit de multiplier 0ᶠ,25 par 1000, parce que l'are est mille fois plus grand que le milliare.

Réponse : 25o francs.

10ᵐᵉ PROBLÊME.

L'hectare coûte 25oᶠ,25 ; que coûte le myriare ?

Solution. Le myriare coûte donc cent fois le prix de l'hectare, puisqu'il est cent fois plus grand; il suffit de transporter la virgule de deux places sur la droite de 35oᶠ,25.

Réponse : 35o25 francs.

11ᵐᵉ PROBLÊME.

Combien aura-t-on de litres de vin pour 8oo francs, sachant que le kilolitre coûte 4ooo francs?

Réponse : 2oo litres.

12ᵐᵉ PROBLÊME.

Une pièce de vin est vendue pour 85o francs, et con-tient 17o litres; à combien revient le litre ?

Réponse : 5 francs.

13me PROBLÈME.

Le mètre de terre coûte $0^f,25$; que coûte l'hectare ?
Réponse : 2500 francs.

14me PROBLÈME.

Le myriagramme coûte 400 francs; que coûte le dé-
cagramme ?
Réponse : $0^f,40$.

15me PROBLÈME.

L'hectolitre d'huile pèse 955 hectogrammes; combien
pèse le litre ?
Réponse : 955 grammes.

16me PROBLÈME.

10 quintaux métriques coûtent 7840 francs; que coûtera le kilogramme de la même marchandise ?
Réponse : $7^f,84$.

17me PROBLÈME.

Le stère de bois de chauffage coûte $10^f,25$; combien
coûteront 14 stères du même bois ?
Réponse : $143^f,50$.

18me PROBLÈME.

Combien 160 francs valent-ils de livres tournois ?
Réponse : 162 livres.

19me PROBLÈME.

Combien faut-il de pièces de 5 francs pour peser un
kilogramme ?
Réponse : 40.

20ᵐᵉ Problème.

Combien faut-il de pièces de 1 franc pour peser 500 grammes?

Réponse: 100.

21ᵐᵉ Problème.

24 kilogrammes de poivre coûtent 120 francs : combien coûtera le gramme ?

Réponse: 0ᶠ,005.

22ᵐᵉ Problème.

Quelle quantité de drap faudra-t-il à 8000 soldats pour les équiper, sachant qu'il faut à chaque soldat 25 centièmes de décamètre pour l'habiller?

Réponse: 20000 mètres.

DES FRACTIONS.

D. Qu'est-ce qu'une fraction?

R. C'est une ou plusieurs parties de l'unité : une demie, deux tiers, trois quarts sont des fractions, et on les représente par $\frac{1}{2}$, $\frac{2}{3}$, $\frac{3}{4}$.

Remarque. La fraction dérive de l'unité comparée à une ou à plusieurs unités de même nature. En nous servant, par exemple, du mètre pour unité comparative, et le portant 2, 3, 4, 8, etc., fois sur une pièce de drap, on dit que cette pièce contient 2, 3, 4, 8 mètres; mais il peut arriver que la pièce ne contienne pas exactement la mesure dont on se sert, et qu'il reste une partie de cette pièce : pour trouver en fraction de mètre ce qui reste, il suffit de partager le mètre en 2, 3, 4, 8, 16, etc., parties, et de comparer ce qui reste aux divisions faites sur la longueur du mètre.

Supposons donc qu'on ait fait huit divisions sur la longueur du mètre, et que ce qui reste de la pièce après 6 mètres, par exemple, contienne 5 de ces divisions; on dit alors que ce reste vaut cinq huitièmes de mètre, qu'on écrit $\frac{5}{8}$; ce qui donnerait conséquemment 6 mètres plus $\frac{5}{8}$. Cette unité peut également être divisée en trois, cinq, neuf, etc. parties; alors les fractions dont il s'agirait prendraient la dénomination de tiers, cinquièmes, neuvièmes, etc.

Supposons ensuite qu'une somme de 20 francs, par exemple, soit ainsi répartie entre trois particuliers: que le premier ait 8 francs, le deuxième 7 francs, et le troisième 5 francs. La somme quelconque, ou unité générale, peut toujours être représentée par une fraction dont le numérateur est égal au dénominateur: ainsi, 20 francs peuvent être représentés par $\frac{20}{20}$; mais le franc peut l'être aussi. En conséquence, l'unité représentant $\frac{1}{20}$ de la somme, ajoutée 8 fois à elle-même ou 8 francs, part de la première personne, forment donc les $\frac{8}{20}$ de la somme; la deuxième personne ayant 7 francs aura, par la même raison, les $\frac{7}{20}$ de la somme; et enfin la troisième ayant 5 francs, aura les $\frac{5}{20}$ aussi de cette même somme; donc $\frac{8}{20} + \frac{7}{20} + \frac{5}{20} = \frac{20}{20}$, somme primitive.

D. Comment exprime-t-on les fractions?

R. On les exprime au moyen de deux nombres écrits l'un au-dessous de l'autre, et séparés par un trait horizontal, qui signifie divisé par...

D. Quels sont les termes des fractions?

R. Le numérateur et le dénominateur.

D. Quels sont les usages des termes d'une fraction?

R. Le numérateur, qui est le nombre supérieur, indique toujours combien il entre de parties dans la fraction. Et le dénominateur, qui est le nombre inférieur, indique en combien de parties l'unité est partagée. Par exemple, la fraction $\frac{3}{4}$; le numérateur indique que l'on prend 3 parties de l'unité; et le dénominateur 4 fait connaître que l'unité est partagée en quatre parties.

D. Combien y a-t-il de sortes d'expressions fractionnaires ?

R. Il y en a de trois sortes : selon que le numérateur est moindre, égal ou plus grand que le dénominateur.

1° Si le numérateur est moindre que le dénominateur, la fraction est appelée fraction proprement dite, comme $\frac{2}{3}$, $\frac{3}{5}$, $\frac{7}{8}$, qu'on prononce en disant trois cinquièmes, deux tiers, sept huitièmes. Ces trois fractions sont ainsi appelées, parce qu'elles ne renferment pas toutes les parties qui composent l'unité.

2° Si le numérateur est égal au dénominateur, la fraction représente l'unité mise en forme fractionnaire; comme $\frac{8}{8}$, $\frac{20}{20}$. En effet, le trait horizontal qui sépare les deux termes d'une fraction signifie qu'il faut diviser par...; le numérateur indiquant le nombre de parties entrées dans la fraction, et le dénominateur marquant en combien de parties l'unité est partagée, il est clair qu'en divisant le numérateur par le dénominateur, le quotient indiquera la valeur de la fraction : donc, $8 : 8 = 1$. On voit donc que la fraction $\frac{8}{8}$ vaut l'unité; car, en divisant le numérateur 8 par le dénominateur 8, le quotient 1 indique que la fraction $\frac{8}{8}$ renferme une unité : il en est de même pour une toute autre fraction dont le numérateur est égal au dénominateur.

3° Si le numérateur est plus grand que le dénomi-nateur, l'expression fractionnaire représente une quan-tité plus grande que l'unité, et renferme plus de par-ties qu'elle n'en peut contenir.

Par exemple, la fraction $\frac{9}{4}$; il est clair que cette fraction renferme plus d'une unité, puisque l'unité est partagée en quatre parties, et qu'on en prend neuf.

D. Comment trouve-t-on la valeur d'une fraction, lorsque l'expression fractionnaire vaut plus que l'unité?

R. On la trouve en divisant le numérateur par le dénominateur; le quotient exprime alors les unités en-tières, et le reste, s'il y en a un, est le numérateur de la fraction qui a été mêlée aux unités entières.

Exemple:

Pour extraire les unités renfermées dans la fraction $\frac{20}{4}$, je divise le numérateur 20 par le dénominateur 4, et le quotient 5 signifie qu'il y a 5 unités dans la fraction $\frac{20}{4}$. En effet, dans l'expression $\frac{20}{4}$, le dénominateur 4 fait connaître que l'unité est composée de quatre parties; donc, autant de fois que 4 sera contenu dans 20, autant la fraction $\frac{20}{4}$ renfermera d'unités.

Exemple:

Pour extraire les unités renfermées dans la fraction $\frac{144}{5}$, je divise également le numérateur 144 par le déno-minateur 5, et le quotient 28 signifie qu'il y a 28 unités mêlées à la fraction $\frac{4}{5}$.

Dans l'expression $\frac{144}{5}$, le dénominateur 5 fait connaître que l'unité est partagée en 5 parties; il est clair qu'au-tant le numérateur 144 contiendra le dénominateur 5, autant la fraction $\frac{144}{5}$ contiendra d'unités : elle renferme donc 28 unités plus $\frac{4}{5}$, qu'on écrit $28+\frac{4}{5}$.

PROPOSITIONS RELATIVES AUX FRACTIONS.

D. Quels changements peut-on faire subir aux fractions, sans en faire perdre la valeur?

R. On leur peut faire subir deux changements :

1° Une fraction ne change pas de valeur, lorsqu'on multiplie exactement ses deux termes par un même nombre.

Par exemple : Si l'on multiplie par 4 les deux termes de la fraction $\frac{4}{5}$ on a la nouvelle fraction $\frac{16}{20}$, qui a même valeur que $\frac{4}{5}$, quoique exprimée par des termes différents.

En effet, en multipliant le numérateur 4, de la fraction $\frac{4}{5}$, par 4, on prend quatre fois plus de parties qu'on n'en prenait d'abord; mais en multipliant par 4 le dénominateur 5 de cette fraction $\frac{16}{5}$, on en rend les parties quatre fois moindres qu'elles n'étaient auparavant : il y a donc compensation, et la valeur de la fraction $\frac{4}{5}$ n'a pas changé.

Cette transformation est basée sur ce que, plus il y a de parties dans l'unité, plus elles sont petites; et que moins il y en a, plus elles sont grandes.

2° Une fraction ne change pas de valeur, lorsqu'on peut diviser ses deux termes par un même nombre.

Par exemple : Si l'on divisait par 5 les deux termes de la fraction $\frac{10}{15}$, on aurait la nouvelle fraction $\frac{2}{3}$, qui a même valeur que la fraction $\frac{10}{15}$.

En effet, en divisant par 5 le numérateur 10, on rend les parties de cette fraction 5 fois trop petites; mais en divisant le dénominateur 15 par 5, on rend 5 fois plus grandes ces nouvelles parties : il y a donc compensation, et la valeur de la fraction $\frac{2}{3}$ est la même que celle de la fraction $\frac{10}{15}$.

D. Que doit-on conclure de ces définitions ?

R. Qu'il y a une grande différence entre la valeur d'une fraction et son expression fractionnaire.

Par exemple : Les fractions $\frac{1}{2}$, $\frac{2}{4}$, $\frac{3}{6}$, $\frac{4}{8}$, $\frac{5}{10}$, $\frac{6}{12}$, $\frac{7}{14}$, sont exprimées par des expressions différentes de la fraction $\frac{1}{2}$. Si l'on veut bien se rappeler ce que nous venons de dire, on verra que toutes ces fractions ont même valeur.

D. A quoi servent les deux principes qui viennent d'être exposés ?

R. Ils servent de base à la réduction des fractions à leur plus simple expression, et à la réduction des fractions au même dénominateur.

Pour passer à la réduction des fractions à leur plus simple expression, il faut être bien assuré de ce que nous avons dit relativement aux expressions et à la valeur des fractions.

RÉDUCTION DES FRACTIONS A LEUR PLUS SIMPLE EXPRESSION.

D. De quels moyens se sert-on pour simplifier une fraction ?

R. C'est de diviser successivement les deux termes de cette fraction par un même nombre, c'est-à-dire par 2, par 3, par 4, et en général par la suite des nombres premiers, et autant qu'on la peut diviser.

Par exemple : Soit proposé de réduire la fraction $\frac{2016}{5796}$ à sa plus simple expression : je divise ses deux termes par 2, ce qui donne $\frac{1008}{2898}$; je la divise encore par 2, et il vient $\frac{504}{1449}$. Comme je ne puis plus la diviser exactement par 2, je la divise par 3, et j'obtiens $\frac{168}{483}$; je la divise encore par 3, et je trouve $\frac{56}{161}$. Comme je ne puis plus diviser par 3, je divise par 7 et je trouve $\frac{8}{23}$, qui est la plus simple expression de la fraction $\frac{2016}{5796}$.

D. Qu'appelle-t-on nombres premiers?

R. On appelle nombres premiers ceux qui n'ont d'autres diviseurs communs qu'eux-mêmes ou l'unité : tels sont les nombres 1, 3, 5, 7, 11, 13, 17, 19, 23, 29, etc.

Comme on le voit, ces nombres ne sauraient être divisés par aucun nombre que par eux-mêmes ou par l'unité.

D. Qu'appelle-t-on nombres premiers entr'eux ?

R. Ce sont des nombres, quoique n'étant pas nombres premiers, n'ont aucun diviseur commun : telles sont les fractions $\frac{12}{23}$ et $\frac{15}{32}$. D'où l'on voit que deux nombres entr'eux peuvent ne pas être premiers, et ne peuvent être divisés, tandis que des nombres premiers sont toujours premiers entr'eux.

D. Qu'appelle-t-on nombres pairs ?

R. Ce sont ceux qui peuvent être exactement divisés par 2 : tels sont les nombres 2, 4, 6, 8, 10, 12, 14, 16, 18, 20, etc.; et l'on appelle nombres impairs, ceux qui ne sauraient être partagés en deux parties égales : tels sont les nombres 5, 9, 15, etc. D'où l'on voit qu'un nombre impair peut être divisé par des nombres premiers, tandis qu'un nombre premier ne peut être divisé que par lui-même.

D. Quels sont les moyens d'éviter les difficultés que l'on éprouve de connaître si un nombre quelconque peut être exactement divisé par un autre?

R. C'est de s'aider des principes suivants :

1° Tout nombre terminé par un chiffre pair est divisible par 2 : tels sont les termes des fractions $\frac{24}{38}$ et $\frac{14}{30}$, qui peuvent être réduites à $\frac{12}{19}$ et à $\frac{7}{15}$.

2° Tout nombre dont la somme des chiffres ajoutés ensemble, comme s'ils étaient des unités simples, formera un nombre exact de fois 9, ce même nombre sera divisible par 9.

Par exemple : La fraction $\frac{12483}{61254}$ est divisible par 9; car, en ajoutant, comme on vient de le dire, chaque terme $1+2+4+8+3$ on a 18, qui renferme exactement un nombre de fois 9 : on en fait autant à l'autre terme, $6+1+2+4+5$, on a également 18, qui renferme aussi un nombre exact de fois 9; cette fraction est donc divisible par 9, et se réduit à $\frac{1387}{6805}$.

3° Il en est de même pour le chiffre 3 : si les chiffres des deux termes d'une fraction ajoutés ensemble, comme s'ils étaient des unités simples, forment un nombre exact de fois 3, la fraction sera divisible par 3.

Par exemple : La fraction $\frac{12}{15}$ est donc divisible par 3; car, en ajoutant ses deux termes $1+2=3$, et $1+5=6$, 3 et 6 étant divisibles par 3, cette fraction se réduit à $\frac{4}{5}$, qui est la plus simple expression de la fraction $\frac{12}{15}$.

4° Un nombre est divisible par 6 ou par 18, lorsque ce nombre est terminé par un chiffre pair, et que la somme des chiffres est divisible par 3 ou par 9.

Par exemple : La fraction $\frac{4122}{5112}$ est divisible par 6 et par 18, et se réduit à $\frac{229}{284}$.

5° Tout nombre est divisible par 12 ou par 36, lorsque le dernier chiffre de ce nombre est pair, et que la somme des chiffres est divisible par 3 ou par 9.

Par exemple : La fraction $\frac{180}{216}$ peut être divisée par 36 et et par 12, et réduite à $\frac{5}{6}$.

6° Les deux termes d'une fraction étant terminés par 5 et par o, cette fraction est divisible par 5.

Tels sont les deux termes de la fraction $\frac{35}{40}$, qui peut être réduite à $\frac{7}{8}$.

7° Tout nombre terminé par o est divisible par 10 et par 5.

Par exemple, les deux termes de la fraction $\frac{30}{40}$. Cette fraction est divisible par 10; car, en divisant le numérateur 3o par 10, on obtient 3; et en divisant le dénominateur 4o également par 10, on obtient 4, et la fraction $\frac{30}{40}$ est réduite à $\frac{3}{4}$ qui est sa plus simple expression. Cette fraction est aussi divisible par 5, car en divisant 3o par 5 on obtient 6, et en divisant 4o par 5 on a 8, et par conséquent $\frac{6}{8}$ qui peuvent être réduits à $\frac{3}{4}$, en divisant par 2.

En général, on peut toujours, sans changer la valeur d'une fraction, effacer un même nombre de zéros à la suite de chaque terme.

8° Il en est de même pour les nombres 15 et 45. Si le dernier chiffre d'un nombre est 5 ou o, et que la somme des chiffres du nombre soit exactement divisible par 3 ou par 9, ce même nombre est aussi divisible par 15 ou par 45.

Tels sont les deux termes de la fraction $\frac{180}{225}$, qui peut être réduite à $\frac{4}{5}$.

9° Les deux termes d'une fraction sont divisibles par 11, lorsque la différence entre ces nombres est 11 ou un multiple de 11.

Tels sont les deux termes de la fraction $\frac{35}{44}$, qui peut être réduite à $\frac{5}{4}$.

D. Que faut-il faire lorsque les principes que nous venons d'exposer ne suffisent plus pour simplifier une fraction?

R. On cherche alors le plus grand commun diviseur des deux termes de la fraction. Faites une division qui ait pour dividende le dénominateur et pour diviseur le numérateur; et si la première division donne un quotient sans reste, c'est le diviseur qui est le plus grand commun diviseur ; mais si la division a un reste, divisez le diviseur par ce reste, en continuant ainsi jusqu'à ce que vous obteniez un quotient sans reste : le dernier diviseur sera le plus grand commun diviseur. Mais si, après avoir fait des divisions successives, vous obteniez l'unité pour reste, vous en concluriez que les deux termes de la fraction n'ont point de diviseur commun : telle est la fraction $\frac{317}{419}$, qui ne peut être simplifiée exactement.

Soit à déterminer le plus grand commun diviseur de la fraction $\frac{245}{294}$. Comme cette fraction ne fournit aucun des principes que nous avons exposés, je divise donc le dénominateur 294 par le numérateur 245, et je trouve 49 pour reste; je divise ensuite le dernier diviseur 245 par le reste 49, et je trouve o pour reste; je conclus donc que 49 est le plus grand commun diviseur de la fraction $\frac{245}{294}$, qui peut être réduite à $\frac{5}{6}$.

7

Tous les nombres premiers augmentés ou diminués d'une unité, sont exactement multiples de 6.

RÉDUCTION DES FRACTIONS AU MÊME DÉNOMINATEUR.

D. Quelle règle faut-il suivre pour réduire deux fractions au même dénominateur ?

R. Il faut multiplier le numérateur de la première fraction par le dénominateur de la seconde, pour avoir le numérateur de la première fraction ; multiplier ensuite le numérateur de la seconde fraction par le dénominateur de la première, pour avoir le numérateur de la seconde fraction.

D. Comment trouve-t-on le dénominateur commun ?

R. Il faut multiplier les deux dénominateurs l'un par l'autre, et donner le produit pour dénominateur aux numérateurs des deux nouvelles fractions.

Par exemple : Pour réduire au même dénominateur les deux fractions $\frac{2}{3}$ et $\frac{3}{4}$, je multiplie le numérateur 2 de la fraction $\frac{2}{3}$ par le dénominateur 4 de la fraction $\frac{3}{4}$, et je trouve 8 pour numérateur de la fraction $\frac{2}{3}$; je multiplie ensuite le numérateur 3 de la fraction $\frac{3}{4}$ par le dénominateur 3 de la fraction $\frac{2}{3}$, et je trouve 9 pour numérateur de cette fraction : enfin, je multiplie l'un par l'autre les deux dénominateurs 3 et 4, et je trouve 12 pour dénominateur commun.

Les deux fractions $\frac{2}{3}$ et $\frac{3}{4}$ sont donc sous les expressions $\frac{8}{12}$ et $\frac{9}{12}$.

On trouve de même que les fractions $\frac{5}{6}$ et $\frac{7}{8}$, réduites au même dénominateur, sont sous les expressions $\frac{40}{48}$ et $\frac{42}{48}$.

En suivant cette règle, le dénominateur sera toujours le même pour chacune des deux nouvelles fractions ;

puisque dans chaque opération, le nouveau dénominateur est formé de la multiplication des deux dénominateurs primitifs.

D. Comment se fait la réduction de plusieurs fractions au même dénominateur ?

R. Il faut multiplier le numérateur de chaque fraction par le produit des dénominateurs des autres fractions, excepté le dénominateur de la fraction par laquelle on multiplie qu'on laisse tel qu'il est.

Pour réduire au même dénominateur les fractions $\frac{1}{2}+\frac{2}{3}+\frac{3}{4}+\frac{5}{6}$, je multiplie le numérateur 1 de la fraction $\frac{1}{2}$ par les dénominateurs 3, 4 et 6 des autres fractions, et je trouve 72 pour numérateur de cette faction. Je multiplie également le numérateur 2 de la fraction $\frac{2}{3}$, par les dénominateurs 2, 4 et 6 des autres fractions, et je trouve 96 pour numérateur de cette fraction. Je multiplie ensuite le numérateur 3 par les dénominateurs 2, 3 et 6 des autres fractions, et je trouve 108 pour numérateur de la fraction $\frac{3}{4}$. Enfin je multiplie le numérateur 5 par les dénominateurs 2, 3 et 4 des trois autres fractions, et je trouve 120 pour numérateur de cette fraction. Je multiplie ensuite l'un par l'autre les dénominateurs 2, 3, 4 et 6, et je trouve 144 pour dénominateur commun.

Les fractions $\frac{1}{2}+\frac{2}{3}+\frac{3}{4}+\frac{5}{6}$, réduites au même dénominateur, sont par conséquent sous les formes $\frac{72}{144}$, $\frac{96}{144}$, $\frac{108}{144}$ et $\frac{120}{144}$; en sorte qu'au lieu des fractions proposées $\frac{1}{2}+\frac{2}{3}+\frac{3}{4}+\frac{5}{6}$, on a ces nouvelles fractions qui ont respectivement la même valeur que les premières, mais qui offrent l'avantage d'être effectuées du même dénominateur; c'est une préparation à l'addition et à la soustraction des fractions.

7*

On trouve, en suivant cette règle, que les fractions $\frac{3}{4} + \frac{5}{6} + \frac{7}{8} + \frac{9}{10}$, réduites au même dénominateur, sont sous les expressions $\frac{1440}{1920}$, $\frac{1600}{1920}$, $\frac{1680}{1920}$ et $\frac{1728}{1920}$.

Il en est de même pour d'autres fractions, quel qu'en soit le nombre.

D. N'y a-t-il pas quelque moyen d'abréger le calcul de la réduction des fractions au même dénominateur?

R. Il y en a un qui est très-facile. Lorsque parmi les dénominateurs des fractions à réduire, il se trouve un nombre multiple des dénominateurs des fractions, il faut prendre ce nombre multiple pour dénominateur commun; et pour compensation, multiplier le numérateur de chaque fraction par le nombre de fois que le dénominateur respectif est contenu dans le dénominateur multiple.

Soit proposé de réduire au même dénominateur, et par la méthode dont nous venons d'exposer les moyens, les fractions $\frac{3}{4}$, $\frac{2}{3}$, $\frac{5}{6}$, $\frac{3}{8}$, $\frac{7}{12}$, $\frac{10}{24}$. (24).

J'observe que parmi les dénominateurs des fractions proposées, 24 se trouve multiple des dénominateurs 4, 3, 6, 8, 12 et 24; je prends donc 24 pour dénominateur commun, et je dis: en 24 combien de fois 4? Il y est 6 fois. Je multiplie ce quotient par le numérateur 3, et je trouve $\frac{18}{24}$.

Je continue en disant: en 24 combien de fois 3? Il y est 8 fois. Je multiplie ce quotient 8 par le numérateur 2, et je trouve $\frac{16}{24}$.

A la troisième fraction: en 24 combien de fois 6? Il y est 4 fois. Je multiplie le quotient 4 par le numérateur 5, et je trouve $\frac{20}{24}$.

A la quatrième fraction je dis: en 24 combien de

fois 8 ? Il y est 3 fois. Je multiplie ce quotient par le numérateur 3, et je trouve $\frac{9}{24}$.

A la fraction $\frac{7}{12}$, je dis : en 24 combien de fois 12 ? Il y est 2 fois. Je multiplie ce quotient par le numérateur 7, et je trouve $\frac{14}{24}$.

Enfin, à la fraction $\frac{10}{24}$, je dis, en 24 combien de fois 24 ? Il y est 1 fois. Je multiplie ce quotient par le numérateur 10, et je trouve $\frac{10}{24}$.

Les fractions proposées sont donc sous les expressions $\frac{18}{24}$, $\frac{16}{24}$, $\frac{20}{24}$, $\frac{9}{24}$, $\frac{14}{24}$ et $\frac{10}{24}$, qui toutes sont effectuées du dénominateur commun 24.

Soit proposé de réduire au même dénominateur les fractions suivantes, et par la méthode abrégée que nous venons de démontrer : $\frac{5}{6}$, $\frac{2}{3}$, $\frac{8}{9}$, $\frac{3}{4}$, $\frac{11}{12}$, $\frac{1}{2}$, $\frac{17}{18}$. (36).

Il faut prendre 36 pour dénominateur commun, parce que les dénominateurs 6, 3, 9, 4, 12, 2 et 18 de ces fractions sont exactement sous-multiples de 36, et suivre un raisonnement analogue à celui que nous avons suivi précédemment.

On trouve, après avoir opéré ainsi, que ces fractions sont sous les expressions $\frac{30}{36}$, $\frac{24}{36}$, $\frac{32}{36}$, $\frac{27}{36}$, $\frac{33}{36}$, $\frac{18}{36}$, $\frac{34}{36}$.

Cette dernière méthode de réduction des fractions au même dénominateur est beaucoup plus facile que la première, mais il n'est pas toujours possible de l'employer, eu égard aux différents dénominateurs des fractions; elle est aussi exacte que la première, et est beaucoup plus abrégée, donc on doit l'employer de préférence.

D. Qu'appelle-t-on multiple d'un nombre ?

R. On appelle multiple d'un nombre, un nombre qui contient exactement un, deux ou plusieurs nombres un certain nombre de fois.

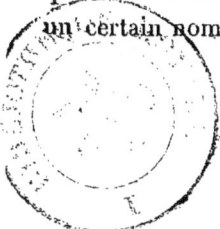

Par exemple : 24 est exactement multiple de 1, 2, 3, 4, 6, 8 et 12; car on voit que ces nombres sont exactement contenus dans 24.

40 est aussi multiple des nombres 1, 2, 5, 8, 10 et 20, parce qu'ils sont exactement contenus dans 40.

D. Qu'appelle-t-on sous-multiple d'un nombre ?

R. On appelle sous-multiples d'un nombre, un ou plusieurs nombres contenus exactement dans un autre nombre multiple.

Tels sont les nombres 1, 2, 4 et 8 qui sont réellement sous-multiples de 16, parce qu'ils sont exactement contenus dans 16.

1, 2, 3, 4, et 6 sont aussi sous-multiples de 12, parce qu'ils sont contenus dans 12.

Les mots multiple et sous-multiple ne peuvent être appliqués qu'à des nombres entiers ; mais les mots produit et facteur conviennent à des nombres quelconques.

Fractions à réduire au même dénominateur.

$$\frac{8}{9} \quad \frac{7}{8} \quad \frac{5}{4} \quad \frac{1}{2} \quad \frac{2}{3} \quad \frac{9}{16} \qquad\qquad \frac{11}{12} \quad \frac{5}{4} \quad \frac{2}{5} \quad \frac{5}{6} \quad \frac{7}{8}$$

$$\frac{5}{7} \quad \frac{9}{12} \quad \frac{17}{18} \quad \frac{4}{20} \quad \frac{6}{13} \qquad\qquad \frac{20}{50} \quad \frac{14}{15} \quad \frac{5}{6} \quad \frac{2}{3} \quad \frac{1}{2}$$

DE L'ADDITION DES FRACTIONS.

D. Comment se fait l'addition des fractions?

R. Si les fractions n'ont pas le même dénominateur, on commence par les y réduire ; on ajoute ensuite les numérateurs, et l'on donne à la somme le dénominateur commun, ou l'on divise le numérateur par le dénominateur pour avoir une juste valeur des fractions additionnées.

On se propose d'ajouter les fractions $\frac{2}{20} + \frac{4}{20} + \frac{10}{20} + \frac{5}{20}$. Comme ces fractions sont effectuées du dénominateur commun 20, il suffit, d'après ce qui a été dit, d'ajouter ensemble les numérateurs et de diviser la somme par le dénominateur commun; donc, $2+4+10+7=23$, total des nominateurs, divisé par $20=1+\frac{3}{20}$.

EXEMPLE:

Une personne a quatre coupons de drap contenant le premier $\frac{4}{5}$ de mètre, le deuxième $\frac{3}{4}$, le troisième $\frac{2}{3}$ et le quatrième $\frac{5}{6}$; trouver combien de mètres il y a dans ces coupons.

Comme ces fractions n'ont pas le même dénominateur, il faut les y réduire par la dernière méthode; on trouve donc les nouvelles expressions $\frac{48}{60}+\frac{45}{60}+\frac{40}{60}+\frac{50}{60}$, dont la somme est $\frac{183}{60}$ ou $3+\frac{1}{20}$.

Cette personne aurait donc 3 mètres plus $\frac{1}{20}$.

D. Comment se fait l'addition des nombres fractionnaires?

R. Il faut d'abord ajouter les fractions qui accompagnent les unités; extraire de leur somme les unités qu'elles pourraient renfermer, et les ajouter ensuite aux unités mêmes qui accompagnent les fractions.

Soit à additionner les trois nombres fractionnaires $8+\frac{2}{3}$, $18+\frac{4}{5}$ et $12+\frac{3}{4}$. J'effectue l'opération de la manière suivante:

$$
\begin{array}{r}
8+\frac{2}{3}=\frac{40}{60} \\
18+\frac{4}{5}=\frac{48}{60} \\
12+\frac{3}{4}=\frac{45}{60} \\
\hline
40+\frac{13}{60}
\end{array}
$$

Après avoir réduit les fractions au même dénominateur, je trouve les fractions correspondantes $\frac{40}{60}+\frac{48}{60}+\frac{45}{60}$; je fais la somme des numérateurs, et je la divise par le

dénominateur commun : j'obtiens deux unités que je porte
à la colonne des unités, et j'écris la fraction résultante
$\frac{15}{60}$ sous les fractions proposées. Les trois nombres fractionnaires additionnés forment donc $40+\frac{13}{60}$ unités.

EXEMPLE:

Un voyageur a fait le premier jour de marche $8+\frac{1}{2}$
lieues, le second $9^l+\frac{3}{4}$, le troisième $9^l+\frac{2}{5}$ et le quatrième
$10^l+\frac{3}{7}$; on demande combien de lieues a faites ce voyageur.

$$\textit{Opération.} \quad \begin{aligned} 8 + \tfrac{1}{2} &= \tfrac{140}{280} \\ 9 + \tfrac{3}{4} &= \tfrac{210}{280} \\ 9 + \tfrac{2}{5} &= \tfrac{112}{280} \\ 10 + \tfrac{3}{7} &= \tfrac{120}{280} \\ \hline 38^l &+ \tfrac{11}{140} \end{aligned}$$

En suivant la règle donnée ci-dessus, on trouve que
les quatre nombres fractionnaires additionnés forment
$38+\frac{11}{140}$; ce voyageur a donc fait $38+\frac{11}{140}$ lieues.

EXEMPLE:

$$\begin{aligned} 15 + \tfrac{2}{3} &= \tfrac{8}{12} \\ 18 + \tfrac{5}{6} &= \tfrac{10}{12} \\ 12 + \tfrac{1}{2} &= \tfrac{6}{12} \\ \hline 47 &+ \tfrac{0}{0} \end{aligned}$$

DE LA SOUSTRACTION DES FRACTIONS.

D. Comment se fait la soustraction des fractions?

R. Après avoir réduit les fractions au même dénominateur, on soustrait le numérateur de la fraction inférieure du numérateur de la fraction supérieure, et l'on
donne au reste le dénominateur commun.

D. Pourquoi ne fait-on la soustraction que des numérateurs?

R. Parce que les numérateurs expriment seuls le nombre de parties renfermées dans les fractions.

On se propose de soustraire la fraction $\frac{3}{4}$ de la fraction $\frac{7}{8}$. Je dispose l'opération comme on le voit ci-dessous.

$$\frac{7}{8} - \frac{3}{4}$$
$$\frac{28}{32} - \frac{24}{32} = \frac{4}{32} = \frac{1}{8}$$

La différence qui existe entre la fraction $\frac{7}{8}$ et la fraction $\frac{3}{4}$ est donc de $\frac{1}{8}$.

EXEMPLE :

Oter la fraction $\frac{2}{3}$ de la fraction $\frac{9}{10}$.

$$\frac{9}{10} - \frac{2}{3}$$
$$\frac{27}{30} - \frac{20}{30} = \frac{7}{30}$$

Mais si les fractions à soustraire ont le même dénominateur, il faut alors soustraire le numérateur de la plus faible du numérateur de la plus forte, et donner à la différence le dénominateur commun.

EXEMPLE :

Oter la fraction $\frac{3}{8}$ de la fraction $\frac{7}{8}$.

$$\frac{7}{8} - \frac{3}{8} = \frac{4}{8} = \frac{1}{2}$$

Il existe donc une demi-unité de différence entre les fractions $\frac{7}{8}$ et $\frac{3}{8}$.

D. Comment se fait la soustraction de deux nombres fractionnaires?

R. Il faut d'abord soustraire les fractions qui accompagnent les nombres entiers, et soustraire ensuite les nombres entiers eux-mêmes.

EXEMPLE:

On veut connaître la différence qui existe entre les nombres fractionnaires $12 + \frac{7}{8}$ et $4 + \frac{3}{4}$. Je dispose l'opération comme on le voit ci-dessous,

$$12 + \frac{7}{8} = \frac{28}{32}$$
$$- \quad 4 + \frac{3}{4} = \frac{24}{32}$$
$$\overline{\qquad 8 + \frac{1}{8} \qquad}$$

La différence entre ces deux nombres est donc de $8 + \frac{1}{8}$

EXEMPLE:

Un marchand de drap a vendu $12 + \frac{2}{5}$ aunes d'une pièce qui en contenait $36^a + \frac{5}{6}$; on demande ce qui reste de cette pièce.

$$36^a + \frac{5}{6} = \frac{25}{30}$$
$$- \quad 12 + \frac{2}{5} = \frac{12}{30}$$
$$\overline{\qquad 24 + \frac{13}{30} \qquad}$$

Ce marchand possède donc encore $24^a + \frac{13}{30}$.

D. Que faudrait-il faire si la fraction à soustraire était plus grande que celle dont il faut la soustraire?

R. Il faudrait emprunter une unité sur le nombre entier supérieur, qu'on réduirait en même espèce que le dénominateur commun; à cette unité réduite on ajouterait le numérateur de la fraction supérieure; de cette somme on ôterait le numérateur de la fraction inférieure, et au reste on donnerait le dénominateur commun. Le nombre entier sur lequel on aurait emprunté serait considéré comme moindre d'une unité.

EXEMPLE:

$$24 + \tfrac{2}{3} = \tfrac{16}{24}$$
$$- \quad 4 + \tfrac{7}{8} = \tfrac{21}{24}$$

$$19 + \tfrac{19}{24}$$

Après avoir réduit les fractions au même dénominateur, je vois qu'il n'est pas possible d'en faire la soustraction; j'emprunte donc une unité sur le nombre entier supérieur 24, que je réduis en même espèce que le dénominateur commun, et conséquemment en 24me, et qui vaut $\tfrac{24}{24}$, auxquels j'ajoute 16, numérateur de la fraction supérieure, dont je trouve 40; j'ôte ensuite le numérateur 21 de cette somme, je trouve 19, et par conséquent $\tfrac{19}{24}$ pour reste. Le nombre entier supérieur doit donc être diminué d'une unité; et effectuant la soustraction, je trouve $19+\tfrac{19}{24}$ pour différence des nombres soustraits.

EXEMPLE:

Une personne avait $56+\tfrac{4}{7}$ toises d'ouvrage à faire, mais elle en a déjà fait $36'+\tfrac{11}{12}$; on demande combien il lui en reste encore de toises à faire.

$$56 + \tfrac{4}{7} = \tfrac{48}{84}$$
$$- 36 + \tfrac{11}{12} = \tfrac{77}{84}$$

$$19 + \tfrac{55}{84}$$

En suivant la méthode précédente nous trouvons que cette personne a encore à faire $19+\tfrac{55}{84}$ toises.

D. Que faut-il faire pour soustraire un nombre fractionnaire d'un nombre entier?

R. Il faut emprunter une unité sur le nombre entier

supérieur, qu'il faut ensuite réduire en même espèce que le dénominateur de la fraction inférieure ; l'opération, à ce point, est réduite à soustraire les deux fractions l'une de l'autre.

De 24 unités on veut ôter $8+\frac{3}{4}$ unités.

$$24$$
$$- \ 8+\tfrac{3}{4}$$
$$\overline{\qquad 15+\tfrac{1}{4}\qquad}$$

J'emprunte sur 24 une unité que je réduis en même espèce que le dénominateur de la fraction, et conséquemment en quarts ; puis ôtant $\frac{3}{4}$ de $\frac{4}{4}$, il reste $\frac{1}{4}$. Je soustrais ensuite les nombres entiers, et je trouve $15+\frac{1}{4}$ pour différence.

EXEMPLE :

De 59 unités on veut ôter $48+\frac{2}{3}$ unités.

$$59$$
$$- \ 58+\tfrac{2}{3}$$
$$\overline{\qquad 10+\tfrac{6}{8}\times\tfrac{3}{4}\qquad}$$

On trouve, en agissant comme ci-dessus, $10+\frac{x}{4}$ de différence entre les nombres soustraits.

DE LA MULTIPLICATION DES FRACTIONS.

D. Comment se fait la multiplication des fractions ?

R. Elle se fait en multipliant numérateur par numérateur, et dénominateur par dénominateur.

Par exemple : Pour multiplier $\frac{2}{3}$ par $\frac{4}{5}$, je multiplie les deux numérateurs l'un par l'autre, et je trouve 8 pour produit ; je multiplie ensuite l'un par l'autre les dénominateurs, et j'obtiens conséquemment $\frac{8}{15}$ pour produit.

EXEMPLE :

On se propose de multiplier $\frac{9}{10}$ par $\frac{5}{8}$.

$$\frac{9}{10} + \frac{5}{8} = \frac{45}{80} = \frac{9}{16} \text{ pour produit.}$$

Soit à multiplier $\frac{1}{4}$ par $\frac{1}{4}$.

$$\frac{1}{4} \times \frac{1}{4} = \frac{1}{16} \text{ pour produit.}$$

D. Comment se fait la multiplication d'un nombre entier par une fraction, ou d'une fraction par un nombre entier ?

R. Elle se fait en multipliant le nombre entier par le numérateur de la fraction, et donner au produit pour dénominateur, celui de la fraction, ou, s'il est possible, diviser le numérateur par le dénominateur pour extraire les unités que pourrait renfermer la fraction.

EXEMPLE :

On se propose de multiplier 40 par $\frac{4}{5}$.

$$40 \times \frac{4}{5} = \frac{160}{5} = 32 \text{ pour produit.}$$

Pour faire cette opération, je multiplie le nombre entier par le numérateur de la fraction, et je trouve 160 auquel je donne 5 pour dénominateur, et conséquemment $\frac{160}{5}$; et effectuant la division, je trouve 32 unités pour produit général.

EXEMPLE :

Soit à multiplier $\frac{4}{5}$ par 12.

$$\frac{4}{5} \times 12 = \frac{48}{5} = 9 + \frac{3}{5}$$

En multipliant $\frac{4}{5}$ par 12, on ne répète le multiplicande que 12 fois $\frac{4}{5}$ d'unité; le produit doit donc être moindre que le plus grand facteur de la multiplication : d'où l'on conclut « qu'en multipliant une quantité quelconque par une fraction moindre que l'unité, on obtient toujours un produit moindre que le multiplicande. »

De même, s'il s'agissait de multiplier 8 par $\frac{5}{40}$, on aurait $8 \times \frac{5}{40} = \frac{40}{40} = 1$ unité pour produit.

*D. Comment se fait la réduction d'un nombre frac-
tionnaire en fraction?*

R. Il faut multiplier le nombre entier par le dénominateur de la fraction, ajouter au produit le numérateur, et donner à la somme le dénominateur de la fraction.

Soit à réduire en fraction le nombre fractionnaire
$8 + \frac{3}{4}$; je multiplie 8 par le dénominateur 4, au produit
32 j'ajoute 3, et à la somme 35 je donne 4 pour dénominateur : le nombre fractionnaire réduit est donc
sous la forme $\frac{35}{4}$.

*D. Comment se fait la multiplication d'un nombre
entier par un nombre fractionnaire?*

R. Il faut réduire le nombre fractionnaire en fraction,
et opérer ensuite comme si l'on avait un nombre entier
à multiplier par une fraction; l'opération est ramenée
au cas précédent.

Soit à multiplier 8 unités par $4 + \frac{5}{6}$ unités.

$$8 \times 4 \tfrac{5}{6}$$
$$8 \times \frac{29}{6} = \frac{232}{6} = 38 + \frac{2}{3}$$

Ainsi le produit de 8 multiplié par $4 + \frac{5}{6}$, est de $38 + \frac{2}{3}$.

Il en est de même de la multiplication d'un nombre
fractionnaire par un nombre entier.

EXEMPLE:

Soit à multiplier $35 + \frac{4}{7}$ par 12.

$$35 + \frac{4}{7} \times 12$$
$$\frac{249}{7} \times 12 = \frac{2988}{7} = 426 + \frac{6}{7}$$

Après avoir réduit le nombre fractionnaire en fraction, l'opération est ramenée à la multiplication d'une fraction par un nombre entier.

D. Comment se fait la multiplication d'un nombre fractionnaire par une fraction, ou d'une fraction par un nombre fractionnaire?

R. Il faut réduire le nombre fractionnaire en fraction, et alors l'opération est réduite à multiplier deux fractions l'une par l'autre.

EXEMPLE:

Soit à multiplier $18+\frac{7}{8}$ par $\frac{3}{5}$.

$$18+\frac{7}{8}\times\frac{3}{5}$$
$$\frac{151}{8}\times\frac{3}{5}=\frac{453}{40}=11+\frac{13}{40}.$$

Ainsi, le produit de $18+\frac{7}{8}$ par $\frac{3}{5}$ est de $11+\frac{13}{40}$.

EXEMPLE:

Qu'il soit proposé de multiplier $\frac{11}{12}$ par $4+\frac{3}{7}$.

$$\frac{11}{12}\times4+\frac{3}{7}$$
$$\frac{11}{12}\times\frac{31}{7}=\frac{341}{84}=4+\frac{5}{84}.$$

D. Comment se fait la multiplication de deux nombres fractionnaires?

R. Elle se fait en réduisant les nombres fractionnaires en fractions, et en les multipliant l'une par l'autre; l'opération, à ce point, est ramenée au premier cas.

EXEMPLE:

On demande le produit de $45+\frac{3}{4}$ par $15+\frac{2}{3}$.

$$45+\frac{3}{4}\times15+\frac{2}{3}$$
$$\frac{183}{4}\times\frac{47}{3}=\frac{8601}{12}=716+\frac{3}{4}.$$

Après avoir réduit les deux nombres fractionnaires en fractions, et avoir multiplié les fractions résultantes l'une par l'autre, je trouve pour produit de cette multiplication $\frac{8601}{12}$ ou $716+\frac{3}{4}$ unités.

Quel est le produit de $19 + \frac{1}{4}$ par $7 + \frac{2}{5}$?

$$19 + \tfrac{1}{4} \times 7 + \tfrac{2}{5}$$

$$\tfrac{77}{4} \times \tfrac{37}{5} = \tfrac{2849}{20} = 142 + \tfrac{9}{20}.$$

On trouve donc, en suivant la méthode précédente, que le produit de $19 + \frac{1}{4}$ par $7 + \frac{2}{5}$ est de $142 + \frac{9}{20}$.

DE LA DIVISION DES FRACTIONS.

D. Comment se fait la division de deux fractions?

R. Elle se fait en renversant les deux termes de la fraction qui doit servir de diviseur, et en multipliant cette fraction ainsi renversée par la fraction dividende: l'opération est ramenée à la multiplication de deux fractions.

Par exemple: Si l'on avait à diviser $\frac{5}{8}$ par $\frac{3}{4}$, on résoudrait l'opération de la manière suivante.

$$\tfrac{5}{8} : \tfrac{3}{4} = \tfrac{5}{8} \times \tfrac{4}{3} = \tfrac{20}{24} = \tfrac{5}{6}.$$

Le quotient de $\frac{5}{8}$ divisé par $\frac{3}{4}$, est donc de $\frac{5}{6}$.

Soit proposé de diviser $\frac{20}{25}$ par $\frac{15}{20}$.

$$\tfrac{20}{25} : \tfrac{15}{20} = \tfrac{20}{25} \times \tfrac{20}{15} = \tfrac{400}{375} = 1 + \tfrac{1}{15} \text{ pour quotient.}$$

D. Comment se fait la division d'une fraction par un nombre entier?

R. Pour faire cette opération, il faut multiplier le dénominateur de la fraction par le nombre entier, et donner au produit le numérateur de la fraction; ou, s'il est possible, diviser le numérateur par le nombre entier, et le quotient sera le numérateur du dénominateur qu'a la fraction.

Exemples :

Soit à diviser $\frac{7}{8}$ par 8.

$$\frac{7}{8} : 8 = \frac{7}{64}.$$

Je multiplie le dénominateur 8 par le nombre entier
8, ce qui me donne 64 ; à ce produit je donne 7 pour
numérateur, et par conséquent $\frac{7}{64}$ pour quotient.

$$\frac{5}{6} : 4 = \frac{5}{24}.$$

En suivant la règle donnée ci-dessus, on trouve que
le quotient de $\frac{5}{6}$ divisée par 4 est $\frac{5}{24}$.

Exemples :

Quel est le quotient de $\frac{40}{50}$ divisée par 6 ?

$$\frac{48}{60} : 6 = \frac{8}{50} = \frac{4}{26}$$ pour quotient.

Pour vérifier cette opération, je suis la règle générale
donnée ci-dessus, et je trouve

$$\frac{48}{60} : 6 = \frac{48}{300},$$ ou, en simplifiant la fraction, $\frac{4}{25}$.

En suivant cette règle, on trouverait pareillement que
le quotient de $\frac{12}{15}$ divisée par 3 est de $\frac{4}{15}$.

*D. Comment se fait la division d'un nombre entier
par une fraction ?*

R. Pour faire cette opération, il suffit de multiplier
le nombre entier par le numérateur de la fraction diviseur renversée, et de donner au produit pour dénominateur, le dénominateur de la fraction ; ou diviser le
numérateur par le dénominateur, si l'on veut extraire
les unités que renferme la fraction.

Exemples :

On demande le quotient de 8 unités divisées par $\frac{3}{4}$.

$$8 : \frac{3}{4} = 8 \times \frac{4}{3} = \frac{32}{3}$$ ou $10 + \frac{2}{3}$.

Le quotient de cette division est donc de $10 + \frac{2}{3}$ unités.

Soit à déterminer le quotient de 20 unités divisées
par $\frac{5}{6}$.

8

$20 : \frac{5}{6} = 20 \times \frac{6}{5} = \frac{120}{5}$ ou 24 unités pour quotient.

D. Comment se fait la division d'un nombre entier par un nombre fractionnaire ?

R. Pour faire cette opération, il faut réduire le nombre fractionnaire en fraction, et multiplier ensuite le nombre entier par la fraction résultante renversée; l'opération est alors ramenée à la multiplication d'un nombre entier par une fraction.

EXEMPLES :

On propose de diviser 12 unités par $2+\frac{3}{4}$.

$12 : 2+\frac{3}{4}$

$12 : \frac{11}{4} = 12 \times \frac{4}{11} = \frac{48}{11}$ ou $4+\frac{4}{11}$ pour quotient.

Quel est le quotient de 56 unités par $5+\frac{3}{7}$ unités ?

$56 : 5+\frac{3}{7}$

$56 : \frac{38}{7} = 56 \times \frac{7}{38} = \frac{392}{38}$ ou $10 + \frac{6}{19}$ unités pour quotient.

Je réduis le nombre fractionnaire en fraction, qui est conséquemment sous l'expression $\frac{38}{7}$; je multiplie ensuite le nombre entier 56 par la fraction $\frac{38}{7}$ renversée, dont j'obtiens $\frac{392}{38}$ pour quotient, ou $10+\frac{6}{19}$ unités.

D. Comment se fait la division d'un nombre fractionnaire par un nombre entier ?

R. Il faut réduire le nombre fractionnaire en fraction, et opérer ensuite comme si l'on avait à diviser une fraction par un nombre entier.

EXEMPLES :

Soit à diviser $15+\frac{7}{8}$ par 3.

$15+\frac{7}{8} : 3$

$\frac{127}{8} : 3 = \frac{127}{24} = 5+\frac{7}{24}$ pour quotient.

On demande le quotient de $30+\frac{1}{0}$ par 4.

$$30+\tfrac{1}{2}:4$$
$$\tfrac{61}{2}:4=\tfrac{61}{8}=7+\tfrac{5}{8}.$$

D. Comment se fait la division d'un nombre fractionnaire par une fraction?

R. Il faut réduire le nombre fractionnaire en fraction,
et opérer ensuite comme au premier cas de la division.

EXEMPLES:

Soit à diviser $4+\tfrac{2}{3}$ par $\tfrac{4}{5}$.

$$4+\tfrac{2}{3}:\tfrac{4}{5}$$
$$\tfrac{14}{3}:\tfrac{4}{5}=\tfrac{14}{3}\times\tfrac{5}{4}=\tfrac{70}{12}\ \text{ou}\ 5+\tfrac{5}{6}\ \text{pour quotient.}$$

Quel est le quotient de $49+\tfrac{11}{12}$ divisé par $\tfrac{2}{7}$?

$$49+\tfrac{11}{12}:\tfrac{2}{7}$$
$$\tfrac{599}{12}:\tfrac{2}{7}=\tfrac{599}{12}\times\tfrac{7}{2}=\tfrac{4193}{24}=174+\tfrac{17}{24}\ \text{pour quotient.}$$

Remarque. En divisant un nombre quelconque par
une fraction, le quotient sera toujours plus grand que le
dividende. Il est clair que, suivant que le diviseur vaut
plus, moins ou autant que le dividende, le quotient
vaut aussi plus, moins ou autant que ce même dividende.

D. Comment se fait la division de deux nombres
fractionnaires?

R. Il faut réduire les deux nombres fractionnaires en
fractions, et l'opération est ensuite réduite à diviser une
fraction par une fraction.

EXEMPLES:

Déterminer en unités le quotient de $48+\tfrac{3}{4}$ par $3+\tfrac{2}{5}$.

$$48+\tfrac{3}{4}:3+\tfrac{2}{5}$$
$$\tfrac{195}{4}:\tfrac{17}{5}=\tfrac{195}{4}\times\tfrac{5}{17}=\tfrac{975}{68}\ \text{ou}\ 14+\tfrac{23}{68}\ \text{pour quotient.}$$

On demande le quotient de $20+\tfrac{1}{2}$ par $4+\tfrac{1}{4}$.

$$20+\tfrac{1}{2}:4+\tfrac{1}{4}$$
$$\tfrac{41}{2}:\tfrac{17}{4}=\tfrac{41}{2}\times\tfrac{4}{17}=\tfrac{164}{34}\ \text{ou}\ 4+\tfrac{14}{17}\ \text{pour quotient.}$$

8*

QUELQUES APPLICATIONS AUX RÈGLES PRÉCÉDENTES.

Quel est le prix de $6+\frac{3}{4}$ mètres, à raison de 120 francs les $8+\frac{1}{2}$ mètres?

Solution. Il est incontestable qu'on doit trouver le prix du mètre en divisant 120 francs par $8^{m}+\frac{1}{2}$; donc, $120^{f}:8^{m}+\frac{1}{2}=14+\frac{2}{17}$, prix du mètre. Puisque le mètre coûte $14+\frac{2}{17}$, et que l'on demande le prix de $6^{m}+\frac{3}{4}$, donc $14^{f}+\frac{2}{17}\times6^{m}+\frac{3}{4}=95^{f}+\frac{5}{17}$.

Quels sont, en heures, les $\frac{3}{4}$ du jour?

Solution. On sait que le jour est composé de 24 heures, c'est conséquemment de ces 24 heures qu'il faut prendre les $\frac{3}{4}$; l'opération se réduit à multiplier 24 par 3 et à diviser le produit par 4; $24\times\frac{3}{4}=\frac{72}{4}=18$.

Les $\frac{3}{4}$ du jour sont donc de 18 heures.

$\frac{3}{4}$ d'aune de drap bleu ont coûté $15^{f}+\frac{4}{5}$; que coûteront $3^{a}+\frac{2}{3}$ du même drap?

Solution. Il faut d'abord chercher le prix de l'aune; $15^{f}+\frac{4}{5}:\frac{3}{4}=21^{f}+\frac{1}{15}$ que coûte l'aune. Et puisqu'on demande le prix de $3^{a}+\frac{2}{3}$, donc $21^{f}+\frac{1}{15}\times3^{a}+\frac{2}{3}=77^{f}+\frac{11}{45}$.

Les $3^{a}+\frac{2}{3}$ coûteront donc $77^{f}+\frac{11}{45}$.

Quels sont les $\frac{4}{5}$ de 40 francs?

Solution. On pourrait d'abord prendre le $\frac{1}{5}$ de 40 et multiplier le quotient par 4; donc $40\times\frac{1}{5}=8\times4=32$; mais il est plus facile, dans toutes les opérations de cette nature, de multiplier le nombre entier par le numérateur de la fraction et de diviser ensuite le produit par le dénominateur; $40\times\frac{3}{4}=\frac{120}{4}=30$.

Si l'on avait pris d'abord le quart de 40, comme on en a pris le cinquième, on aurait trouvé 10 pour quotient, qu'on aurait ensuite multiplié par 3, ce qui aurait donné 30 pour résultat.

D'après ces opérations, on peut conclure que le numérateur d'une fraction peut être considéré comme le reste d'une division dont le diviseur aurait été exprimé par le dénominateur de la fraction : elles nous conduisent naturellement aux fractions de fractions.

DES FRACTIONS DE FRACTIONS.

D. Qu'appelle-t-on fractions de fractions ?

R. On appelle ainsi une ou plusieurs parties d'une autre fraction, séparées les unes des autres par l'article de, des, comme les $\frac{2}{3}$ des $\frac{4}{6}$ des $\frac{3}{4}$ de 18.

D. Quelle est la méthode pour évaluer les fractions de fractions ?

R. Pour évaluer ces fractions, il faut multiplier les numérateurs l'un par l'autre et par le nombre entier, s'il y en a un, et donner au produit pour dénominateur, le produit des dénominateurs multipliés l'un par l'autre; ou s'il est possible, diviser le numérateur de la fraction résultante par le dénominateur, si l'on veut extraire les unités renfermées dans la fraction.

EXEMPLE :

On demande la valeur des $\frac{3}{4}$ des $\frac{5}{6}$ des $\frac{7}{8}$ de 80 francs.

Solution. Il faut donc multiplier les numérateurs l'un par l'autre et le produit par le nombre entier; $3 \times 5 \times 7 \times 80 = 8400$ pour numérateur; multipliant ensuite les dénominateurs l'un par l'autre $4 \times 6 \times 8 = 192$ pour dénominateur, et conséquemment $\frac{8400}{192}$ pour réponse. En extrayant les unités que renferme cette fraction, on trouve $43 + \frac{3}{4}$.

Les $\frac{3}{4}$ des $\frac{5}{6}$ des $\frac{7}{8}$ de 80 francs sont donc de $43+\frac{3}{4}$ francs.

Exemple :

Quels sont les $\frac{3}{4}$ des $\frac{2}{3}$ des $\frac{7}{8}$ de 15 francs ?

Solution. Il est évident que pour prendre les $\frac{3}{4}$ des $\frac{2}{3}$ des $\frac{7}{8}$ de 15, il faut d'abord connaître les $\frac{7}{8}$ de 15 pour en prendre les $\frac{2}{3}$; donc les $\frac{7}{8}$ de $15=\frac{105}{8}$ ou $13+\frac{1}{8}$. Maintenant que l'on connaît les $\frac{7}{8}$ de 15 francs, on peut en prendre les $\frac{2}{3}$; donc les $\frac{2}{3}$ de $13+\frac{1}{8}=\frac{210}{24}$ ou $8+\frac{3}{4}$, dont les $\frac{3}{4}$ sont de $8+\frac{3}{4}=\frac{650}{96}=6+\frac{9}{16}$.

Ainsi, les $\frac{3}{4}$ des $\frac{2}{3}$ des $\frac{7}{8}$ de 15 francs sont donc de $6^{f}+\frac{9}{16}$.

Exemple :

On demande la valeur du $\frac{1}{4}$ du $\frac{1}{8}$ des $\frac{11}{12}$ de 50.

Solution. Seconde méthode. Les $\frac{11}{12}$ de $50=\frac{550}{12}$; le $\frac{1}{8}$ de $\frac{550}{12}=\frac{550}{96}$; le $\frac{1}{4}$ de $\frac{550}{96}=\frac{550}{384}$ ou $1+\frac{83}{192}$.

La valeur des fractions données est donc de $1+\frac{83}{192}$.

Première méthode. Le $\frac{1}{4}$ du $\frac{1}{8}$ des $\frac{11}{12}$ de $50=1\times1\times11\times50=550$ pour numérateur; $4\times8\times12=384$ pour dénominateur, et conséquemment $\frac{550}{384}$ pour résultat, ou $1+\frac{83}{192}$.

DE LA RÉDUCTION DES FRACTIONS ET NOMBRES FRACTIONNAIRES EN NOMBRES DÉCIMAUX, etc., ET RÉCIPROQUEMENT.

D. Comment se fait la réduction des fractions ordinaires en fractions décimales ?

R. Elle se fait en ajoutant autant de zéros à la droite du numérateur de la fraction que l'on veut avoir de décimales au quotient, et en le divisant ensuite par le dénominateur.

Quelle sera la fraction ordinaire $\frac{4}{8}$ réduite en fractions
décimales ?

$$4\,0\,0 \;\left|\; \frac{8}{0,5\,0}\right.$$
$$0\ 0$$

J'ajoute deux zéros à la suite du numérateur 4, et je
le divise ensuite par le dénominateur 8.

Je conclus de là que la fraction ordinaire $\frac{4}{8}$ vaut en
décimales la fraction 0,50.

On demande de réduire la fraction ordinaire $\frac{3}{4}$ en
fraction décimale, approchée du quotient à un centième
près.

Comme on demande d'approcher du quotient à un
centième près, j'ajoute deux zéros à la suite du numérateur, et je le divise ensuite par le dénominateur.

$$3\,0\,0 \;\left|\; \frac{4}{0,7\,5}\right.$$
$$2\,0$$
$$0$$

La fraction $\frac{3}{4}$ est donc maintenant sous la forme décimale 0,75 qui lui est équivalente.

On demande de réduire la fraction ordinaire $\frac{5}{6}$ en
fraction décimale, et d'approcher du quotient à moins
d'un millième près.

Puisqu'on demande d'approcher du quotient à moins
d'un millième près, j'ajoute trois zéros à la suite du numérateur, et je le divise ensuite par le dénominateur.

$$5\,0\,0\,0 \;\left|\; \frac{6}{0,8\,3\,3}\right.$$
$$2\,0$$
$$2\,0$$
$$2$$

La raison par laquelle on connaît qu'on est approché du quotient à moins d'un millième près, c'est qu'au lieu du chiffre 3 de la fraction décimale, il n'aurait pas été possible de mettre 4 sans mettre trop ; la fraction décimale est donc approchée de la véritable à moins d'un millième près.

Remarque. Si le dénominateur d'une fraction ordinaire était l'unité suivie de quelques zéros, on la réduirait en décimales, en écrivant le numérateur tel qu'il se trouverait, et l'on en séparerait sur la droite par une virgule, autant de chiffres qu'il y aurait de zéros à la suite du dénominateur.

Par exemple: $\frac{25}{100}$ valent donc en fraction décimale 0,25, en séparant deux chiffres sur la droite du numérateur ; $\frac{42}{1000}$ valent, par la même raison, 0,042, en séparant trois chiffres.

Pour réduire un nombre fractionnaire en nombre décimal, il faut réduire les unités en fraction, et ajouter à la suite du numérateur autant de zéros qu'on veut avoir de décimales au quotient, et le diviser ensuite par le dénominateur.

EXEMPLES :

Pour réduire le nombre fractionnaire $8 + \frac{3}{4}$ en nombre décimal, et approcher du quotient à un centième près, je réduis les 8 unités en quarts, ce qui donne $\frac{35}{4}$; j'ajoute ensuite deux zéros à la suite du numérateur, et je le divise par le dénominateur. Je trouve pour quotient 875 ; mais ayant ajouté deux zéros au numérateur, je sépare deux chiffres sur la droite du quotient, et je trouve 8,75.

On demande de réduire le nombre fractionnaire

$10 + \frac{7}{8}$ en nombre décimal, et d'approcher du quotient à moins d'un millième près.

Après avoir réduit le nombre fractionnaire en fraction, j'ajoute trois zéros à la suite du numérateur, et j'effectue la division comme on le voit ci-dessous.

$$87000 \quad \left|\; \frac{8}{10,875} \right.$$
$$070$$
$$60$$
$$40$$

Le nombre décimal demandé est donc 10,875.

D. Comment se fait la réduction d'un nombre décimal en fraction ordinaire?

R. Il suffit de supprimer la virgule, et de donner au résultat, pour dénominateur, l'unité suivie d'autant de zéros qu'il y a de décimales dans le nombre proposé.

EXEMPLES:

Soit à réduire le nombre décimal 48,25 en fraction.

$$\frac{4825}{100}$$

La fraction ci-dessus représente donc le nombre décimal 48,25, et en simplifiant, elle lui est encore égale, et se réduit à $\frac{193}{4}$.

Soit à réduire le nombre fractionnaire 34,854 en fraction.

En suivant la règle donnée ci-dessus, je trouve

$$\frac{34854}{1000}$$

ou la fraction simplifiée $\frac{17427}{500}$.

De même, pour réduire 0,48 en fraction ordinaire, je change la virgule en unité, et je donne, pour déno-

minateur, cette unité suivie d'autant de zéros qu'il y a
de chiffres décimaux à la fraction décimale. La fraction
décimale se trouverait donc transformée en une fraction
ordinaire $\frac{48}{100}$, ou en simplifiant $\frac{12}{25}$.

La fraction décimale 0,25 se trouverait donc, par le
même moyen, transformée en une fraction ordinaire $\frac{1}{4}$.

Si l'on voulait réduire une fraction décimale en une
fraction ordinaire à moins d'un dénominateur donné
près, il faudrait multiplier la fraction décimale par ce
même dénominateur, et donner au produit le dénominateur proposé.

Soit à réduire la fraction décimale 0,75 en quarts ;
je multiplie 0,75 par 4, ce qui me donne 3 auquel je
donne 4 pour dénominateur, et conséquemment $\frac{3}{4}$.

Pareillement, si l'on voulait réduire 0,50 en sixièmes,
je multiplierais la fraction décimale 0,50 par 6, au produit 3 je donnerais 6 pour dénominateur, et j'aurais par
conséquent $\frac{3}{6}$ pour la valeur demandée.

De même, la fraction 0,60 en cinquièmes donne $\frac{3}{5}$
pour réponse.

Observation. Il est à remarquer que dans ces opérations comme dans celles où il y a des chiffres décimaux
d'un ordre moindre que celui dont on a besoin, on est
forcé de négliger leurs chiffres ; mais, dans ce cas, pour
connaître la moindre erreur possible, on doit se servir
de la convention suivante : Si le chiffre qui suit celui
auquel on s'arrête est moindre que 5, il faut le supprimer avec tous les chiffres qui le suivent ; s'il est au contraire plus grand, il faut ajouter 1 au chiffre conservé
et dernier.

DES FRACTIONS PÉRIODIQUES.

D. Qu'appelle-t-on fraction périodique ?

R. On appelle fraction périodique, toute fraction décimale dont plusieurs chiffres se répètent sans cesse dans le même ordre. L'ensemble des chiffres qui se répètent dans un même ordre, forme la période de la fraction périodique.

Par exemple : 0,282828 est une fraction périodique, qui ne peut jamais être un quotient exact ; 28 forme la période de cette fraction décimale.

Toute fraction ordinaire qui ne peut être exactement réduite en décimales, conduit à une fraction périodique. En effet, la division ne pouvant être faite exactement une fois qu'on a un reste déjà obtenu, à côté duquel mettant un zéro, on a donc un même dividende, qui, nécessairement donne le même chiffre au quotient : ce que démontre la réduction suivante de la fraction $\frac{17}{37}$ en décimales, approchée du quotient à moins d'un millionième près.

$$
\begin{array}{l|l}
1\,7\,0\,0\,0\,0\,0\,0 & \overline{\dfrac{3\,7}{0,4\,5\,9\,4\,5\,9}} \\
\quad 2\,2\,0 & \\
\quad\ 3\,5\,0 & \\
\quad\ \ 1\,7\,0 & \\
\quad\ \ \ 2\,2\,0 & \\
\quad\ \ \ \ 3\,5\,0 & \\
\quad\ \ \ \ \ 1\,7 & \\
\end{array}
$$

La fraction ordinaire $\frac{17}{37}$ se réduit donc en décimales à la fraction 0,459459, approchée du vrai quotient à moins d'un millionième près. On voit, d'après cette opération, que si l'on ajoutait encore à la suite du reste 17

autant de zéros qu'on le voudrait, on aurait toujours au
quotient cette série de chiffres 459, etc., sans jamais
pouvoir obtenir un quotient exact.

De même $\frac{1}{9}$ conduit à une fraction périodique, et se
réduit en décimales à la fraction 0,1111, etc.

$$
10000 \;\Big|\; \frac{9}{0,1111}
$$
$$
10
$$
$$
10
$$
$$
10
$$
$$
1
$$

De ces fractions résulte le principe suivant :

Pour réduire une fraction périodique en fraction ordinaire, lorsque la période commence immédiatement
après la virgule, il faut donner à cette période, pour
dénominateur, un nombre composé d'autant de 9 qu'elle
a de chiffres, et l'on aura la fraction ordinaire équivalant à la fraction décimale proposée.

Exemples :

La fraction 0,666, etc., se réduit à la fraction $\frac{2}{3}$.

Comme la période commence immédiatement après
la virgule, et qu'elle n'est composée que d'un chiffre,
je lui donne 9 pour dénominateur, et par conséquent
$\frac{6}{9}$ ou $\frac{2}{3}$.

De même, la fraction périodique 0,272727, etc., se
réduit à la fraction ordinaire $\frac{27}{99}$ ou $\frac{3}{11}$.

La fraction 0,3636... se réduit à $\frac{4}{11}$.

Remarque. Si la période ne commence pas immédiatement après la virgule, comme à la fraction 0,423636...
il suffit, pour l'y faire commencer, de rendre dix, cent,
mille, etc., fois plus grande la fraction dont il s'agit ;

ce qui donnerait donc ici 100 fois $0,423636\ldots = 42 + \frac{36}{99}$ ou $\frac{466}{11}$. Mais puisque cette fraction est cent fois trop grande, la vraie fraction périodique vaudra donc la précédente divisée par 100; elle est donc $\frac{466}{1100}$ ou $\frac{233}{550}$.

De même, si l'on avait la période $0,9166\ldots$, il suffit de rendre cette fraction cent fois plus grande, et l'on a $91 + \frac{6}{9}$, en ajoutant 9 pour dénominateur, la période n'étant composée que d'un chiffre : on a, par conséquent, la fraction $\frac{275}{3}$ qui est cent fois trop grande; la vraie fraction vaut donc cette dernière divisée par 100, ou $\frac{275}{300}$ qui est encore égale à la dernière expression $\frac{11}{12}$.

Il en est de même pour toute fraction périodique qui ne commence pas immédiatement après la virgule.

PROBLÈMES ANALYTIQUES SUR LES FRACTIONS.

1er PROBLÈME.

Une personne dépense $7^f + \frac{1}{2}$ en $\frac{3}{4}$ de jour; combien dépensera-t-elle en $6^j + \frac{3}{5}$?

Solution. Si je connaissais la dépense journalière de cette personne, je la multiplierais par $6^j + \frac{3}{5}$, et j'obtiendrais ainsi la réponse de ce problème; donc, $7 + \frac{1}{2} : \frac{3}{4} = 10^f$ qu'elle dépense par jour. Il suffit maintenant de multiplier 10 par $6_j + \frac{3}{5} = 66$ francs.

Réponse : 66 francs.

2me PROBLÈME.

$\frac{3}{4}$ de mètre d'un drap coûtent 45^f; combien coûteront $4^m + \frac{5}{6}$ du même drap?

Solution. Il faut d'abord chercher le prix du mètre; $45^f : \frac{3}{4} = 60^f$. Puisque le mètre de ce drap coûte 60^f, et qu'on demande le prix de $4^m + \frac{5}{6}$, il est évident que ces

$4^m + \frac{5}{6}$ coûteront 6o fois $4^m + \frac{5}{6}$; donc $6o^f \times 4^m + \frac{5}{6} = 29o^f$.

Réponse : 290 francs.

3me Problème.

$\frac{5}{6}$ de litre de vin coûtent $1^f + \frac{3}{4}$; combien paiera-t-on une pièce qui en contient $28o^l + \frac{1}{2}$?

Solution. Cherchons ce que coûte le litre; $1^f + \frac{3}{4} : \frac{5}{6} = 2^f + \frac{1}{10}$ que coûte le litre. L'opération est donc réduite à multiplier le prix du litre par le nombre de litres que contient cette pièce; donc $2^f + \frac{1}{10} \times 28o^l + \frac{1}{2} = 589^f + \frac{1}{20}$.

Réponse. $589^f + \frac{1}{20}$.

4me Problème.

Combien faudra-t-il de jours à un ouvrier pour faire $58o^m + \frac{2}{12}$ d'ouvrage, sachant qu'il fait $2^m + \frac{9}{10}$ en $\frac{2}{5}$ de jour.

Solution. Puisque cet ouvrier fait $2^m + \frac{9}{10}$ en $\frac{2}{5}$ de jour, il est clair qu'en un jour ou $\frac{5}{5}$, il en doit faire davantage $2^m + \frac{9}{10} : \frac{2}{5} = 7^m + \frac{1}{4}$ qu'il fait par jour. Puisque cet ouvrier fait $7^m + \frac{1}{4}$ en un jour, et qu'on demande combien il sera de temps pour faire $58o^m \frac{2}{12}$, il est évident qu'autant de fois que $7^m + \frac{1}{4}$ seront contenus dans $58o^m + \frac{2}{12}$, autant il lui faudra de jours; $58o^m + \frac{2}{12} : 7^m + \frac{1}{4} = 8o^j + \frac{2}{87}$.

Réponse : $8o^j + \frac{2}{87}$.

5me Problème.

On emploie $8o^m + \frac{3}{4}$ de papier à $\frac{5}{8}$ de mètre de large pour tapisser une chambre; combien faudra-t-il de papier à $\frac{2}{3}$ de mètre de large pour faire le même office?

Solution. On demande dans ce problème du papier à $\frac{2}{3}$ de large, il est clair qu'il en faudra moins à $\frac{2}{3}$ qu'à $\frac{5}{8}$, puisque la largeur du papier à $\frac{2}{3}$ de mètre est plus grande que celle du papier à $\frac{5}{8}$; donc $8o^m + \frac{3}{4} \times \frac{5}{8} = \frac{1613}{32} : \frac{2}{3} = 75^m + \frac{45}{64}$.

Réponse : $75^m + \frac{45}{64}$.

6me PROBLÈME.

Les $\frac{2}{3}$ des $\frac{3}{4}$ du jour sont écoulés; quelle heure est-il?

Solution. Le jour étant composé de 24 heures, ce sont conséquemment les $\frac{2}{3}$ des $\frac{3}{4}$ de 24 heures qui sont écoulés; l'opération se réduit donc à prendre les $\frac{2}{3}$ des $\frac{3}{4}$ de 24 heures, $=\frac{144}{12}=12$ heures; $24^h-12^h=12$ heures.

Réponse: Il est midi.

7me PROBLÈME.

Un oncle laisse par testament 66800 francs à cinq neveux âgés respectivement de 36 ans, 30 ans, 24 ans, 16 ans et 15 ans. Ils doivent se partager cette somme d'après les conditions que, si l'un a un certain nombre de fois plus d'âge que l'autre, il recevra aussi le même nombre de fois moins : on demande ce que chaque neveu recevra.

Solution. Supposons que l'aîné des neveux reçoive un franc ou $\frac{36}{36}$; le deuxième recevra donc $\frac{36}{30}$, d'après la question, le troisième $\frac{36}{24}$, le quatrième $\frac{36}{16}$, et le cinquième $\frac{36}{15}$. Il faut maintenant réduire ces fractions au même dénominateur, qu'on trouve sous la plus simple expression de $\frac{20}{20}+\frac{24}{20}+\frac{30}{20}+\frac{45}{20}+\frac{48}{20}=\frac{197}{20}$, somme des parties proportionnelles que doit avoir chaque neveu. Ces $\frac{167}{20}$ représentent donc les $\frac{167}{20}$ de la part de l'aîné, ou 8000 francs; le deuxième aura donc $66800^f\times\frac{24}{20}$, sa somme proportionnelle, $:\frac{167}{20}=9600$ francs; le troisième aura, par la même raison, $66800^f\times\frac{30}{20}:\frac{167}{20}=12000$ francs; le quatrième aura donc $66800^f\times\frac{45}{20}:\frac{167}{20}=18000$ francs; et enfin le cinquième aura $66800^f\times\frac{48}{20}:\frac{167}{20}=19200$ francs.

Réponse: Le 1er 8000^f, le 2me 9600^f, le 3me 12000^f, le 4me 18000^f et le 5me 19200^f.

8me PROBLÈME.

Un rentier laisse les $\frac{2}{5}$ de son bien à son fils, les $\frac{4}{15}$ à sa domestique et 9000 francs à sa femme ; on demande quelle était la richesse de cette personne, et ce que chacun a dû recevoir ?

Solution. Si je connaissais la richesse de cette personne, j'en prendrais les $\frac{2}{5}$ pour le fils, les $\frac{4}{15}$ pour la domestique et il faudrait que le reste fût égal à 9000 fr. qu'a la femme ; je vérifierais ainsi l'opération. Supposons que ce rentier n'ait que 1 franc ; son fils en doit donc avoir les $\frac{2}{5}$ et sa domestique les $\frac{4}{15}$; et ces deux fractions réduites au même dénominateur et additionnées, font $\frac{10}{15}$ ou $\frac{2}{3}$, tandis qu'elles devraient former l'unité supposée : il y a donc une différence de $\frac{2}{3}$ à l'unité représentée par $\frac{3}{3}$, différence proportionnelle aux 9000 francs de la femme, puisque cette dernière doit recevoir cette somme après que le fils aura pris les $\frac{2}{5}$ de la somme et la domestique les $\frac{4}{15}$; donc, $9000^f : \frac{1}{3} = 27000$ francs, richesse du rentier. On pourrait maintenant demander ce que reçoit chaque personne ; l'opération se réduirait conséquemment à prendre les $\frac{2}{5}$ de 27000^f pour le fils, $=10800^f$, et les $\frac{4}{15}$ pour la domestique, $= 7200$; $10800 + 7200 + 9000 = 27000$ francs pour preuve.

Réponse : 27000 francs.

9mo PROBLÈME.

On partage une certaine somme entre quatre personnes ; on en donne à chacune les $\frac{2}{3}$ de ce que reçoit la précédente, et la quatrième reçoit 320 francs de moins que la troisième. Quelle est la part de chaque personne ?

Solution. Supposons que la première personne ait 1 franc ; la deuxième en aura donc les $\frac{2}{3}$, la troisième les $\frac{2}{3}$ de la deuxième ou les $\frac{2}{3}$ de $\frac{2}{3} = \frac{4}{9}$, et la quatrième les $\frac{2}{3}$ de $\frac{4}{9} = \frac{8}{21}$. Il faut maintenant réduire les fractions au même dénominateur : $1+\frac{2}{3}+\frac{4}{9}+\frac{8}{27}=\frac{27}{27}+\frac{18}{27}+\frac{12}{27}+\frac{8}{27}$. Puisque la quatrième personne reçoit 320 francs de moins que la troisième, ils valent donc la différence proportionnelle qui existe entre les fractions représentant la part de de chaque personne, c'est-à-dire entre $\frac{12}{27}$ et $\frac{8}{27}=\frac{4}{27}$. Et puisque 320^f valent en fraction $\frac{4}{27}$, l'unité que nous avons supposée à la première personne vaudra aussi 320 fois la fraction $\frac{4}{27}$ proportionnellement à $\frac{27}{27}$; donc 320 : $\frac{4}{27}$ $= 2160$ francs que doit conséquemment recevoir la première personne. Connaissant la part de la première personne, il suffit d'en prendre les $\frac{2}{3}$ pour avoir celle de la deuxième ; $2160\times\frac{2}{3}=1440$ francs ; $1440\times\frac{2}{3}=960$ francs, part de la troisième. Pour déterminer la part de la quatrième, sachant qu'elle doit recevoir 320^f de moins que la troisième, 960^f—320^f=640 francs que cette dernière doit recevoir.

Réponse : La 1re 2160^f, la 2me 1440^f, la 3e 960 et la 4e 640^f.

10me PROBLÈME.

Les $\frac{15}{16}$ d'un nombre diminué de ses $\frac{4}{5}$ donnent 40 ; quel est ce nombre ?

Solution. Si je connaissais ce nombre, j'en prendrais les $\frac{15}{16}$, puis les $\frac{4}{5}$, et il faudrait que la différence entre ces deux produits fût 40 : je vérifierais par là la question. Supposons donc que ce nombre soit 1, dont les $\frac{15}{16}$ sont $\frac{15}{16}$ et dont les $\frac{4}{5}$ sont $\frac{4}{5}$. On voit de là que la différence qui existe entre ces deux fractions est relative à 40, comme l'unité supposée l'est au nombre inconnu ; donc $\frac{15}{16}-\frac{4}{5}=\frac{11}{80}$. Avec un peu d'attention on peut parvenir à la solution de ce problème : si $\frac{11}{80}$ se réduisent à

9

40, à combien se réduiront $\frac{80}{80}$ ou l'unité ? $40 \times 1 : \frac{11}{80} =$ 290 + $\frac{10}{11}$, nombre demandé.

Réponse : 290 + $\frac{10}{11}$.

<h2 style="text-align:center">11me PROBLÈME.</h2>

60 mètres de drap ayant $\frac{5}{4}$ de large ont coûté 1800^f + $\frac{4}{5}$; combien coûteront 120^m + $\frac{7}{8}$ à $\frac{3}{4}$ de large, même qualité?

Solution. Il faut d'abord carrer le drap, et chercher ensuite le prix du mètre; $60^m \times \frac{5}{4} = \frac{300}{4}$; $1800^f + \frac{4}{5} : \frac{300}{4}$ $= 24^f + \frac{4}{375}$. Puisque le mètre du premier drap coûte $24^f + \frac{4}{375}$, et que l'on demande le prix de $120^m + \frac{7}{8}$, n'ayant que $\frac{3}{4}$ de large, l'opération est donc réduite à la multiplication de $24^f + \frac{4}{375} \times 120^m + \frac{7}{8} \times \frac{3}{4} = 2176^f,717$, que coûteront les $120^m + \frac{7}{8}$ à $\frac{3}{4}$ de large.

Réponse : 2176^f,717.

<h2 style="text-align:center">12me PROBLÈME.</h2>

On emploie $8^m + \frac{2}{3}$ de drap à $\frac{3}{4}$ de large pour garnir un billard; combien faudra-t-il d'un autre drap à $\frac{2}{3}$ de large pour faire le même office?

Solution. Il est certain qu'il faudra du second drap proportionnément à sa largeur, et plus la largeur sera grande, moins il en faudra; moins cette largeur sera grande, plus il faudra de drap. Il faut donc carrer le drap et diviser ensuite le produit par la largeur du second drap; $8^m + \frac{2}{3} \times \frac{3}{4} : \frac{2}{3} = 9^m + \frac{3}{4}$.

Réponse : $9^m + \frac{3}{4}$.

<h2 style="text-align:center">13me PROBLÈME.</h2>

Une personne va au marché avec un panier de pommes; elle en vend d'abord le $\frac{1}{3}$, en jette 25 qui étaient pourries, et il lui en reste encore le $\frac{1}{4}$. On demande combien cette personne avait de pommes dans son panier?

Réponse : 60.

14me PROBLÊME.

On se propose de partager le nombre 350 en quatre parties telles, que la deuxième partie soit les $\frac{3}{4}$ de la troisième, la troisième les $\frac{4}{5}$ de la quatrième, et la première les $\frac{2}{3}$ de la deuxième. Quelles sont ces parties?

Réponse: La 1re 50, la 2me 75, la 3me 100 et la 4me 125.

15me PROBLÊME.

Un domestique dépense les $\frac{8}{14}$ de ses gages, et gagne à un de ses camarades les $\frac{10}{12}$ de ce qui lui reste. Cela fait, il entre en société, dépense 40 francs et possède encore 81 francs. On demande combien lui donnait par an le maître chez qui il était.

Réponse: 154 francs.

16me PROBLÊME.

Un canal reçoit d'une fontaine $\frac{4}{5}$ d'hectolitre d'eau en $\frac{2}{3}$ de minute, et en perd $\frac{8}{9}$ en $\frac{4}{5}$ de minute; on demande dans combien de minutes ce canal sera vide, sachant qu'il contient 20^h+$\frac{4}{15}$.

Réponse: 228 minutes.

17me PROBLÊME.

Combien de temps faudra-t-il à un commissionnaire pour faire 25+$\frac{1}{2}$ lieues? On sait qu'il marche 9 heures par jour, et qu'il lui faut 1 heure pour faire $\frac{54}{90}$ de lieue.

Réponse: 7+$\frac{1}{2}$ jours.

18me PROBLÊME.

Le $\frac{1}{6}$, le $\frac{1}{4}$, le $\frac{1}{8}$ et le $\frac{1}{3}$ d'un nombre ajoutés à 40 donnent 120; quel est ce nombre?

Réponse: 91+$\frac{3}{7}$.

9*

19me PROBLÊME.

Les $\frac{2}{3}$ des $\frac{3}{4}$ des $\frac{5}{6}$ d'un nombre valent 40 ; quel est ce nombre ?

Réponse : 96.

20me PROBLÊME.

Partager le nombre 8600 en 4 parties telles, que la première partie soit les $\frac{2}{3}$ de la deuxième, la deuxième les $\frac{4}{5}$ de la troisième et la quatrième les $\frac{17}{20}$ de la somme des trois parties précédentes : on demande quelles sont ces parties.

Réponse : La 1re 1062$+\frac{142}{259}$, la 2me 1593$+\frac{213}{259}$, la 3me 1992$+\frac{72}{259}$ et la 4me 3951$+\frac{91}{259}$.

21me PROBLÊME.

Quelqu'un demande à un berger combien il a de moutons, il répond : Le $\frac{1}{4}$ de mon troupeau est allé paître dans les campagnes d'Enna, en Sicile ; le $\frac{1}{8}$ est allé boire dans le Tibre ; le $\frac{1}{5}$ est sur les bords de la Seine, et ce tas est composé de 204 moutons. On demande combien ce berger avait de moutons dans son troupeau.

Réponse : 480 moutons.

22me PROBLÊME.

Les $\frac{2}{3}$ des $\frac{3}{5}$ d'un nombre valent 720 ; que vaudront les $\frac{7}{9}$?

Réponse : 1400.

23me PROBLÊME.

Deux ouvriers partent tous les jours à 5 heures du matin pour aller faire un ouvrage de 4955 mètres, à 6 lieues de la demeure du premier ouvrier, et à 4 lieues de celle du second. Le premier ouvrier parcourt 1$+\frac{1}{2}$ lieue par heure et fait 2$^{m}+\frac{1}{2}$ en $\frac{3}{4}$ d'heure ; le second parcourt 1$+\frac{1}{3}$ lieue en 1 heure et fait 3$^{m}+\frac{1}{4}$ en 2 heures :

ils quittent l'ouvrage tous les jours à 6 heures du soir et se reposent de midi à 1 heure. On demande combien il faudra de temps à ces deux ouvriers pour faire ensemble l'ouvrage proposé.

Réponse : 120 jours.

24ᵐᵉ PROBLÈME.

Un propriétaire emploie 450 ouvriers à la construction d'un bâtiment; la moitié de ces ouvriers ont reçu $\frac{5}{6}$ de franc pour 2 heures de travail; le $\frac{1}{3}$ ont reçu 43800 francs, et le reste des ouvriers ont reçu les $\frac{3}{4}$ de la journée des premiers ouvriers : cet ouvrage a duré 200 jours. On demande combien le propriétaire a dépensé pour faire construire son bâtiment, et combien chaque ouvrier a dû recevoir par jour, sachant que tous les ouvriers travaillaient également $8+\frac{1}{2}$ heures par jour.

Réponse : Le propriétaire a dépensé $243018^{f}+\frac{3}{4}$; les premiers ouvriers ont reçu $3^{f}+\frac{13}{24}$, les deuxièmes $1^{f}+\frac{23}{50}$ et les troisièmes $2^{f}+\frac{21}{32}$.

25ᵐᵉ PROBLÈME.

Un particulier qui aime beaucoup à jouer, perd les $\frac{15}{16}$ de son argent, gagne ensuite les $\frac{8}{9}$ de ce qui lui reste, et possède encore 120 francs. On demande combien avait ce joueur avant de se mettre au jeu.

Réponse : $1002^{f}+\frac{6}{17}$.

DES NOMBRES COMPLEXES.

Le calcul des nombres complexes, ou anciennes mesures, ne devrait plus être en usage, puisque maintenant toutes les nouvelles mesures sont uniformes par toute la France; mais, comme beaucoup de personnes les pratiquent encore, nous croyons devoir en exposer les plus usitées, comme une matière indispensable de notre arithmétique.

D. Quelles sont les mesures composant l'ancien système ?

R. Elles sont la toise, la livre marc, le quintal, la livre tournois, le jour, le muid de vin, le muid de blé, qui n'est presque plus en usage.

D. Quelles sont les subdivisions de ces mesures?

R. La toise vaut 6 pieds, le pied vaut 12 pouces, le pouce 12 lignes, et la ligne 12 points.

Le marc vaut 8 onces, la livre marc vaut 16 onces, l'once vaut 8 gros, le gros 3 deniers, et le denier 24 grains, ou le gros 72 grains.

Le quintal vaut 100 livres.

Le millier vaut 1000 livres.

La livre tournois vaut 20 sous, et le sou 12 deniers.

Le jour vaut 24 heures, l'heure 60 minutes, la minute 60 secondes, la seconde 60 tierces, etc.

Le muid de Paris, pour la mesure des liquides, vaut 288 pintes, la pinte vaut 2 chopines, la chopine 4 roquilles.

Le muid de blé, ou setier, vaut 12 boisseaux, et le boisseau vaut 16 litrons.

D. Qu'appelle-t-on nombre complexe?

R. C'est un nombre qui est composé d'unités entières et de fractions d'unité, qui deviennent un certain nombre de fois moindres que l'unité principale, ou que l'unité d'espèce inférieure qui précède celle dont il s'agit.

Par exemple : 4^t—5^p—8^p—9^l—11^{pt} est un nombre complexe. Les unités de la plus forte espèce sont nommées

unités principales, et les unités de la moindre espèce
sont nommées unités de sous-espèces.

*D. Comment se fait la réduction d'un nombre com-
plexe en fraction ordinaire ?*

R. Il faut réduire toutes les unités, tant principales
que de sous-espèces, en unités de la moindre contenue
dans le nombre proposé pour numérateur; chercher
ensuite combien il faut d'unités de la moindre valeur
contenue dans le nombre pour former une unité principale, et donner au numérateur trouvé, pour dénominateur, le nombre qui marque combien il faut d'unités de
cette dernière espèce pour former l'unité principale que
l'on considère.

EXEMPLE :

Soit proposé de convertir le nombre complexe 8^t—4^p
—6^p—8^l—10^{pt} en une fraction équivalant au nombre
complexe donné.

Pour faire cette opération, je dis : la toise vaut 6 pieds,
les 8 toises valent donc 48 pieds, plus les 4 pieds du
nombre, ou 52 pieds; le pied vaut 12 pouces, les 52
pieds valent donc 624 pouces, plus les 6 pouces du nombre, ou 630 pouces; le pouce vaut 12 lignes, les 630
pouces valent donc 7560 lignes, plus les 8 lignes du
nombre, ou 7568 lignes, la ligne vaut 12 points, conséquemment ces 7568 lignes valent $7568 \times 12 = 90816 + 10$
du nombre $= 90826$ points pour numérateur. Il faut,
par le même moyen, trouver le dénominateur : la toise
vaut 6 pieds, le pied 12 pouces, la toise vaut donc 72
pouces; le pouce vaut 12 lignes, la toise vaut donc 864
lignes; la ligne vaut 12 points, ces 864 lignes valent donc
10368 points. Le nombre complexe réduit en fraction est
donc devenu $\frac{90826}{10368}$.

EXEMPLE:

Soit proposé de convertir le nombre complexe 5^L—8°—6^G—2^D—20^{gr} en une fraction qui soit équivalente à un nombre complexe.

Je dis : la livre vaut 16 onces, $5 \times 16 = 80 + 8$ onces du nombre $= 88$ onces ; l'once vaut 8 gros, $88 \times 8 = 704 + 6$ gros du nombre $= 710$ gros ; le gros vaut 3 deniers, $710 \times 3 = 2130 + 2$ du nombre $= 2132$ deniers ; le denier vaut 24 grains, $2132 \times 24 = 51168 + 20$ du nombre $= 51188$ grains pour numérateur. Nous aurons le dénominateur, en cherchant le nombre de grains qu'il fau pour former une livre. La livre vaut 16 onces, l'once vaut 8 gros, $16 \times 8 = 128^O \times 3^G = 384^D \times 24^{gr} = 9216$ grains pour dénominateur.

Le nombre complexe réduit en fraction vaut donc $\frac{51188}{9216}$.

EXEMPLE:

S'il s'agissait de convertir en nombre fractionnaire le nombre complexe 45^L—12°—6^G—2^D—18^{gr}, je laisserais les 45 unités principales, et je dirais ensuite : l'once vaut 8 gros, 12 onces vaudront donc 8 fois 12 ou 96 gros, plus les 6 gros du nombre $= 102$ gros ; le gros vaut 3 deniers, les 102 gros vaudront donc 102 fois $3 = 306 + 2$ du nombre $= 308$ deniers ; le denier vaut 24 grains, les 308 deniers vaudront donc $308 \times 24 = 7392 + 18$ du nombre $= 7410$ grains pour numérateur. Après avoir tenu un raisonnement semblable à celui de l'exemple précédent, je trouve pour dénominateur 9216 grains.

Le nombre complexe réduit en nombre fractionnaire vaut donc $45 + \frac{7410}{9216}$.

EXEMPLE :

Soit à convertir le nombre complexe 8^j—12^h—$20'$— $30''$ en nombre fractionnaire.

Je laisse les 8 jours, et je dis : l'heure vaut 60 minutes, les 12 heures valent $60 \times 12 = 720$ minutes, plus les 20 minutes du nombre $= 740$ minutes ; la minute vaut 60 secondes, les 740 minutes valent $740 \times 60 =$ 44400 plus 30 secondes du nombre $= 44430$ secondes pour numérateur. Cherchant ensuite combien il faut de secondes pour faire un jour, on trouve $24^h \times 60' = 1440$ $\times 60' = 86400$ secondes pour dénominateur.

Ainsi le nombre complexe ci-dessus est donc sous la forme fractionnaire $8^j + \frac{44430}{86400}$.

D. Comment se fait la réduction d'une fraction en nombre complexe ?

R. Il suffit de diviser le numérateur par le dénominateur et de convertir chaque reste en unités de l'ordre qui suit immédiatement.

EXEMPLES :

Pour convertir en nombre complexe la fraction $\frac{5}{6}$ de jour, je divise le numérateur 5 par le dénominateur 6, et je trouve 0 aux jours ; et comme l'heure est l'unité qui suit immédiatement le jour, je réduis cette fraction en heures, en multipliant le numérateur 5 par 24, et je divise le produit 120^h par 6 : j'obtiens 0^j—20^h. Ainsi la fraction $\frac{5}{6}$ vaut donc 0^j—20^h.

On trouve de même que la fraction $\frac{7}{8}$ de toise vaut en nombre complexe 0^t—5^P—3^P.

Effectivement, en considérant la fraction $\frac{7}{8}$, je conclus qu'elle ne renferme pas de toise, car son numérateur est moindre que son dénominateur ; et comme le pied

est l'unité qui suit immédiatement la toise, je réduis
cette fraction en pieds, en multipliant le numérateur 7
par 6, nombre qui marque combien il faut de pieds pour
former une toise, je trouve 42 que je divise par le dénominateur 8, et je trouve 5 pieds pour quotient, et 2
pour reste ; et comme le pied vaut 12 pouces, je réduis
ces deux pieds en pouces que je trouve valoir 24 p, dont
le quotient est 3 pouces.

Ainsi le nombre complexe 0ᵗ—5ᵖ—3ᵖ représente la
fraction ordinaire $\frac{7}{8}$ de toise.

D'après ce procédé et ceux que nous avons vus à la
transformation des fractions, on pourra toujours évaluer
une fraction, c'est-à-dire trouver en mesures connues
et reçues, un nombre employé égal à une fraction, ou
une fraction égale à un nombre.

Les changements qu'on peut faire sur les nombres
et sur les fractions, et que nous devons connaître maintenant, sont ceux-ci : On peut faire paraître une fraction ou un nombre fractionnaire sous la forme décimale ;

On peut faire paraître une fraction décimale ou un
nombre décimal sous la forme fractionnaire ;

Enfin, si la fraction est sous la forme décimale ou
fractionnaire, on la peut faire paraître sous la forme
complexe, et réciproquement.

Pour passer aux opérations fondamentales des nombres complexes, il est nécessaire de se bien pénétrer de
ces transformations ; car, comme nous le verrons à la
multiplication et à la division, il n'est pas toujours possible d'opérer sans cette dernière réduction.

DE L'ADDITION DES NOMBRES COMPLEXES.

D. Comment se fait l'addition des nombres complexes ?

R. Elle se fait comme celle des nombres entiers, excepté qu'il faut avoir égard aux nombres d'unités qu'il faut d'espèce inférieure pour former une unité d'espèce supérieure qui précède celle qu'on a additionnée.

Si la somme d'une colonne ne renfermait pas d'unité supérieure, il faudrait l'écrire telle qu'elle se trouverait sous la colonne additionnée ; mais si cette somme renfermait des unités supérieures précédant immédiatement celles qu'on aurait additionnées, il faudrait les retenir pour les joindre à la colonne suivante qui renferme aussi des unités de même nature.

EXEMPLE :

$$13^L - 15^Q - 6^G = 2^D - 20^{gr}$$
$$14 - 12 - 7 - 1 - 18$$
$$10 - 11 - 5 - 2 - 19$$
$$7 - 13 - 4 - 1 - 15$$
$$\overline{47^L - 6^Q - 1^G - 0^D - 0^{gr}}$$
$$13 - 3 - 3 - 3 - 0$$

En commençant par la droite, je dis : 20 et 18 font 38, et 19 font 57, et 15 font 72 : je divise 72 par 24, et je trouve que 72 grains valent 3 deniers et qu'il ne reste rien ; j'écris o sous la colonne des grains, et je porte 3 deniers à la colonne des deniers.

Je dis à la colonne des deniers : 3 de retenue et 2 font 5, et 1 font 6, et 2 font 8, et 1 font 9 ; je cherche également combien 9 deniers valent de gros, unité qui précède immédiatement le denier, et je trouve 3 et o pour reste que j'écris sous la colonne des deniers.

A la colonne des gros, je dis : 3 de retenue et 6 font 9, et 7 font 16, et 5 font 21, et 4 font 25 ; je cherche ensuite combien 25 gros font d'onces, unité qui précède immédiatement le gros, et je trouve 3 onces et 1 gros pour reste que j'écris sous la colonne des gros.

Je passe à la colonne des onces : 3 de retenue et 15 font 18, et 12 font 30, et 11 font 41, et 13 font 54 ; je trouve que 54 onces valent 3 livres, en divisant par 16, et qu'il reste 6 onces que j'écris sous la colonne des onces.

J'additionne les livres avec les 3 de retenue, et je trouve 47 livres.

La somme des quatre nombres complexes additionnés est donc 47^L—6°—1^G—0^D—0^{gr}.

La preuve de l'addition des nombres complexes se fait comme celle des nombres entiers, avec l'attention cependant de réduire chaque reste en unités de l'ordre immédiatement inférieur, et d'ajouter à ce reste réduit la somme ou excédant qui se trouve sous la colonne suivante.

En commençant par les unités principales, je dis : 1 et 1 font 2, et 1 font 3 ôté de 4, il reste 1.

Passant à la colonne des unités je dis : 3 et 4 font 7, et o font 7, et 7 font 14 ôté de 17, il reste 3 que j'écris sous cette colonne.

Je réduis donc ces 3 livres en onces, unité inférieure qui suit immédiatement la livre : ces 3 livres valent donc 48 onces, plus les 6 onces de la somme font 54 ; je re-tiens ce nombre de mémoire ou je l'écris à part.

Je passe à la colonne des onces et je dis : 15 et 12 font 27, et 11 font 38, et 13 font 51 ôté de 54, il reste 3 que j'écris sous la colonne des onces, et que je réduis immédiatement en gros auxquels j'ajoute l'excédant 1 de la somme, je trouve 25 que je retiens de mémoire.

A la colonne des gros je dis : 6 et 7 font 13, et 5 font 18, et 4 font 22 ôté de 25, il reste 3 que j'écris sous la colonne des gros, et que je réduis ensuite en deniers dont je trouve 9 pour somme ; et comme à la colonne des deniers il se trouve 0, je retiens 9 de mémoire.

A la colonne des deniers je dis : 2 et 1 font 3, et 2 font 5, et 1 font 6 ôté de 9, il reste 3 que j'écris sous la colonne des deniers, et que je réduis ensuite en grains dont je trouve 72 grains ; et comme à la colonne des grains il se trouve 0, je retiens 72 de mémoire.

Enfin à la colonne des grains je dis : 20 et 18 font 38, et 19 font 57, et 15 font 72 ôté de 72, il ne reste rien, et j'écris 0 sous cette colonne.

Comme il ne reste rien à la dernière colonne, je conclus de là que l'opération est bien faite.

Cette opération, comme toutes les opérations de cette nature, aurait pu être faite avec plus de simplicité, c'est-à-dire qu'au lieu d'avoir additionné ensemble les deux chiffres de chaque colonne, on aurait pu additionner les unités et les dixaines comme des nombres entiers, et de la somme extraire les unités de l'ordre supérieur qui précède, écrire également l'excédant sous la colonne additionnée, et ainsi de suite.

EXEMPLE :

$$40^t - 4^P - 5^P - 8^l - 9^{pt}$$
$$50 - 5 - 10 - 9 - 10$$
$$90 - 3 - 11 - 10 - 7$$

$$182 - 2 - 4 - 5 - 2$$

$$02 - 2 - 2 - 2 - 0$$

Pour faire cette opération, j'additionne la colonne des points dont je trouve 26 points; je divise cette somme par 12 pour extraire les lignes qui y sont renfermées, et je trouve 2 lignes et 2 points pour reste que j'écris sous la colonne des points.

J'additionne ensuite la colonne des lignes, en ajoutant les deux lignes de retenue, je trouve 29 lignes renfermant 2 pouces et 5 lignes que j'écris sous la colonne des lignes.

J'additionne de même la colonne des pouces, en ajoutant à la somme les 2 pouces de retenue, il vient 28 pouces, renfermant 2 pieds et 4 pouces que j'écris sous la colonne des pouces.

J'ajoute de même la colonne des pieds, en joignant à la somme les 2 pieds de retenue, il vient 14 pieds qui renferment 2 toises et 2 pieds que j'écris sous la colonne des pieds.

Enfin j'ajoute la colonne des toises, en joignant à la somme les deux toises de retenue, je trouve 182 toises.

Les trois nombres complexes additionnés donnent donc $182^t - 2^P - 4^P - 5^l - 2^{pt}$.

Pour faire la preuve de cette opération, je dis 4 et 5 font 9, et 9 font 18 ôté de 18, il ne reste rien; j'écris o sous cette colonne.

A la colonne des unités, je dis o ôté de 2 il reste 2 que j'écris dessous. Je réduis ces deux toises en pieds auxquels j'ajoute la somme 2, je trouve 14 pieds.

Ajoutant la colonne des pieds et retranchant la somme 12 de 14, il reste 2 pieds que j'écris sous cette colonne.

Je réduis ces 2 pieds en pouces auxquels j'ajoute la somme 4, je trouve 28 pouces.

Ajoutant la colonne des pouces et retranchant la somme 26 de 28, il reste 2 pouces que j'écris sous cette colonne.

Je réduis ensuite ces 2 pouces en lignes auxquelles j'ajoute la somme 5, je trouve 29 lignes.

Ajoutant ensuite la colonne des lignes et retranchant la somme 27 de 29, il reste 2 lignes que j'écris sous cette colonne. Je réduis donc ces deux lignes en points auxquels j'ajoute la somme 2, j'obtiens 26 points.

Ajoutant enfin la colonne des points et retranchant la somme 26 de 26, il reste o que j'écris sous cette colonne.

On conclut de là que l'addition précédente est bien faite.

EXEMPLE :

$$24^j - 18^h - 24' - 30''$$
$$45 - 15 - 20 - 15$$
$$18 - 14 - 17 - 34$$
$$\overline{89^j - \ 0^h - \ 2' - 19''}$$
$$\overline{12 - \ 1 - \ 1 - \ 0}$$

DE LA SOUSTRACTION DES NOMBRES COMPLEXES.

D. Comment se fait la soustraction des nombres complexes?

R. Elle se fait comme celle des nombres entiers.

EXEMPLE :

Soit proposé de soustraire le nombre complexe 42^t—4^P—10^P—8^l—9^{Pt} du nombre 60^t—5^P—11^P—10^l—11^{Pt}.

J'effectue l'opération comme on le voit ci-dessous.

$$60^t—5^P—11^P—10^l—11^{Pt}$$
$$42—4—10—8—9$$
$$\overline{}$$
$$18^t—1^P—1^P—2^l—2^{Pt}$$
$$60—5—11—10—11$$

En commençant par la droite, je dis : 9 ôté de 11 il reste 2 que j'écris sous cette colonne.

Passant à la colonne des lignes, 8 ôté de 10 il reste 2 que j'écris sous cette colonne.

A la colonne des pouces, 10 ôté de 11 il reste 1 que j'écris sous la colonne des pouces.

A la colonne des pieds, 4 ôté de 5 il reste 1 que j'écris sous cette colonne.

Enfin à la colonne des toises, 42 ôté de 60 il reste 18 que j'écris sous la colonne des toises.

Je trouve donc pour différence des deux nombres soustraits 18^t—1^P—1^P—2^l—20^{Pt}.

La preuve de cette opération se fait comme celle des nombres entiers, en ajoutant le nombre inférieur avec la différence, et en extrayant ensuite les unités supérieures que chaque somme pourrait contenir, pour les joindre à la colonne immédiatement supérieure renfermant des unités de même ordre.

D. Mais si le chiffre qu'on doit soustraire était plus fort que celui dont il faut le soustraire, que faudrait-il faire?

R. Il faudrait ajouter au chiffre trop faible une unité de l'ordre immédiatement supérieur et réduite en même espèce que celle dont il s'agit; après quoi l'opération est ramenée au cas précédent.

Exemple :

$$3 \; 0^j - 1 \; 2^h - 20' - 4 \; 0''$$
$$1 \; 5 - 1 \; 0 - 2 \; 5 - 4 \; 8$$

$$1 \; 5^j - \quad 1^h - 5 \; 4' - 5 \; 2''$$

$$3 \; 0^j - 1 \; 2^h - 2 \; 0' - 4 \; 0''$$

En commençant par la droite, je dis : 48 ôté de 40 ne se peut; j'emprunte sur 20' une unité qui vaut 60 secondes, et 40 font 100 secondes, 48 ôté de 100 il reste 52 secondes, que j'écris sous cette colonne.

A la colonne des unités, je dis : 25 ôté de 19 (car l'emprunt a diminué 20 d'une unité) ne se peut; j'emprunte 1 heure qui vaut 60 minutes, et 19 font 79 moins 25 = 54 minutes que j'écris sous la colonne.

A la colonne des heures je dis : 10 ôté de 11 il reste 1 que j'écris au-dessous.

Enfin je soustrais les jours et je trouve conséquemment $15^j - 1^h - 54' - 52''$ pour différence des nombres soustraits.

D. Mais si le chiffre sur lequel on doit emprunter était un o, que faudrait-il faire ?

R. L'emprunt se ferait alors sur le premier chiffre significatif qui suivrait le o ; mais il ne faudrait conserver qu'une unité de l'ordre immédiatement supérieur, en déposant l'emprunt sur le o : on réduirait ensuite cette unité en même espèce que les chiffres de la colonne dont il s'agit, et l'on continuerait ainsi la soustraction.

E x e m p l e :

$$5\,2^{L}\!\!-\!\!0^{0}\!\!-\!\!0^{G}\!\!-\!\!2^{D}\!\!-\!\!2\,0^{gr}$$
$$3\,0\;-\!8\;-\!4\;-\!1\;-\!1\,8$$
$$\overline{2\,1^{L}\!\!-\!\!7^{0}\!\!-\!\!4^{G}\!\!-\!\!1^{D}\!\!-\!\!2^{gr}}$$
$$\overline{5\,2^{L}\!\!-\!\!0^{0}\!\!-\!\!0^{G}\!\!-\!\!2^{D}\!\!-\!\!2\,0^{gr}}$$

En commençant par la droite, je dis : 18 ôté de 20, il reste 2 que j'écris sous la colonne.

A la colonne des deniers, 1 ôté de 2, il reste 1 que j'écris sous la colonne.

Je passe à la colonne des gros, en disant : 4 ôté de o ne se peut ; j'emprunte une livre qui vaut 16 onces, et comme il n'y en a point à la colonne des onces, sur laquelle j'aurais emprunté s'il y en avait eu, j'y dépose 15 onces de cet emprunt, et j'en porte une réduite à la colonne des gros ; je dis donc 4 ôté de 8, il reste 4 que j'écris sous cette colonne.

Il reste donc 15 onces à la colonne des onces, provenant de l'emprunt que j'ai fait pour les gros ; je dis 8 ôté de 15, il reste 7 que j'écris sous cette colonne.

Je soustrais ensuite les livres, en diminuant 52 d'une unité, comme l'ayant empruntée pour les onces et pour les gros, je trouve 21 pour différence.

Je trouve conséquemment pour différence des deux nombres $21^{L}\!\!-\!\!7^{0}\!\!-\!\!4^{G}\!\!-\!\!1^{D}\!\!-\!\!2^{gr}$.

EXEMPLE :

$$4\,0^j{-}16^h{-}\ 0'{-}\ 0''{-}\ 0'''$$
$$1\,5{-}\ 8{-}\ 4{-}\ 6{-}_2\,0$$

$$2\,5^j{-}\ 7^h{-}5\,5'{-}53''{-}4\,0'''$$

$$4\,0^j{-}16^h{-}\ 0'{-}\ 0''{-}\ 0'''$$

DE LA MULTIPLICATION DES NOMBRES COMPLEXES.

D. N'y a-t-il pas plusieurs cas qu'il importe de bien distinguer dans la multiplication des nombres complexes ?

R. Il y en a trois principaux :

1° Le multiplicande peut être complexe et le multiplicateur incomplexe ;

2° Le multiplicateur peut être complexe et le multiplicande incomplexe ;

3° Enfin le multiplicande et le multiplicateur peuvent être complexes.

D. Comment se fait la multiplication d'un nombre complexe par un nombre incomplexe ?

R. Il faut multiplier les unités principales du multiplicande par le dénominateur ; décomposer ensuite les unités de sous-espèces du multiplicande en parties aliquotes de l'unité principale, et les évaluer sur le multiplicateur, mais en unités de même nature.

On entend par parties aliquotes d'un nombre, d'autres nombres contenus exactement dans le premier : tels sont les nombres 1, 2, 3, 4, 6, qui sont réellement parties aliquotes de 12. Nous avons déjà dit ce qu'on

10*

entend par parties aliquotes; nous ne le répétons ici
qu'afin de ne rien laisser désirer.

EXEMPLE:

Un ouvrier fait 24^t—4^P—8^p—6^l d'ouvrage par jour;
combien 15 ouvriers de même force feront-ils du même
ouvrage ?

$$2\,4^t\text{—}4^P\text{—}8^p\text{—}6^l$$
$$1\,5\ \text{ouv.}$$

$$1\,2\,0$$
$$2\,4$$

Pour 3 pieds la $\frac{1}{2}$.	7—3^P	
Pour 1 pied le $\frac{1}{3}$.	2—3	
Pour 6 pouces la $\frac{1}{2}$.	1—1 —6^p	
Pour 2 pouces le $\frac{1}{3}$.	0—2 —6	
Pour 6 lignes le $\frac{1}{2}$.	0—0 —7 —6^l	

$$3\,7\,1^t\text{—}4^P\text{—}7^p\text{—}6^l$$

Après avoir multiplié les unités principales du multiplicande par le multiplicateur, je décompose les unités
des sous-espèces du multiplicande en parties aliquotes de
l'unité principale qui précède immédiatement. Je considère donc 4 pieds par rapport à la toise, et je vois que
ce nombre n'est pas partie aliquote de 6 pieds; je le
décompose en 3 et 1, et je dis : 3 par rapport à 6, c'est
la moitié; la moitié de 15 est de 7 pour 14, il reste 1
toise qui vaut 6 pieds, la moitié de 6 est de 3 pieds
que je pose sur la droite de 7 toises.

Pour 1 pied nous prendrons le $\frac{1}{3}$ du produit que nous
ont donné 3 pieds; le $\frac{1}{3}$ de 7 est de 2 pour 6, il reste 1
toise qui vaut 6 pieds, et 3 font 9 dont le tiers est 3.

Sur ce produit de 1 pied j'évalue 8 pouces, en les décomposant en parties aliquotes de 12 pouces; 8 par rapport à 12 n'est pas partie de ce nombre, je le décompose en 6 et 2, et prends pour 6 la moitié de ce que m'a donné 1 pied; la moitié de 2 est 1, la moitié de 3 est 1 pour 2, il reste 1 pied qui vaut 12 pouces, la moitié de 12 est de 6 pouces, que j'écris sur la droite des pieds. J'évalue ensuite 2 pouces sur le produit que m'ont donné 6 pouces, en disant : 2 par rapport à 6 c'est le tiers; le tiers de 1 toise n'est pas, je la réduis en pieds auxquels j'ajoute le pied de la colonne, dont le tiers est 2 pieds; il reste 1 pied qui vaut 12 pouces, et 6 font 18 pouces, dont le tiers est 6 pouces que j'écris à la colonnes des pouces. Sur le produit de 2 pouces j'évalue 6 lignes, en disant : 6 par rapport à 2 pouces valant 24 lignes, c'est le quart; je prends le quart de 0 aux toises qui est de 0, le quart de 2 pieds n'est pas, il reste 2 que je réduis en pouces, au produit 24 j'ajoute 6, dont le quart est 7 pour 28, il reste 2 pouces qui valent 24 lignes, dont le quart est 6 lignes.

Comme il n'y a plus de parties à évaluer, je fais l'addition des produits partiels et je trouve conséquemment pour produit total 371^t—4^p—7^p—6^l que feraient les 15 ouvriers en un jour.

Cette opération pourrait être faite en prenant 15 fois chaque unité du multiplicande, en extrayant successivement les unités supérieures qu'un produit pourrait renfermer, et en écrivant ensuite l'excédant de chaque quotient sous la colonne du nombre multiplié.

$$2\,4^t\text{---}4^p\text{---}8^p\text{---}6^l$$
$$1\,5$$

$$\overline{3\,7\,1^t\text{---}4^p\text{---}7^p\text{---}6^l}$$

Pour faire cette opération, je multiplie 6 lignes par 15, et divisant le produit 90^l par 12 lignes, je trouve 7 pouces, et il reste 6 lignes que j'écris à la colonne des lignes.

Je multiplie ensuite 8 pouces par 15, au produit 120 j'ajoute 7, et divisant ensuite 127 pouces par 12 pouces j'obtiens 10 pour quotient, et 7 pour reste que j'écris à la colonne des pouces.

Je multiplie 4 pieds par 15, au produit 60 j'ajoute 10 pieds extraits de la colonne des pouces, et divisant 70 pieds par 6 pieds, j'obtiens 11 toises et 4 pieds que j'écris à la colonne des pieds.

Enfin je multiplie 24 toises par 15, au produit 360 toises j'ajoute 11 toises extraites de la colonne des pieds, et je trouve conséquemment 371 toises, 4 pieds, 7 pouces et 6 lignes comme au produit de l'exemple par les parties aliquotes.

Exemple :

La livre de poivre coûte 2^f---12^s---6^d ; que coûteront 24 livres ?

$$2^f\text{---}1\,2^s\text{---}6^d$$
$$2\,4^L$$

$$\overline{4\,8}$$

Pour 10 sous la $\frac{1}{2}$ . . .	1 2
Pour 2 sous le $\frac{1}{5}$·· . . .	2 — 8
Pour 6 deniers le $\frac{1}{4}$ . .	0 —1 2

$$\overline{6\,3^f\text{---}\,0^s}$$

Je multiplie les unités principales du multiplicande par le multiplicateur ; je décompose ensuite les 12 sous en parties aliquotes du franc valant 20 sous, et j'ai les parties 10 et 2 ; 10 par rapport à 20 c'est la moitié, la moitié de 24 est de 12, que j'écris sous les francs ; 2 par rapport à 10 c'est le $\frac{1}{5}$, le cinquième de 12 est de 2 pour 10, il reste 2 francs qui valent 40 sous, dont le $\frac{1}{5}$ est de 8 sous que j'écris sur la droite des francs.

Je compare 6 deniers à 2 sous, et je vois qu'ils en sont le quart ; je prends conséquemment le quart du dernier produit, que je trouve valoir 0 aux francs et 12 sous.

Je fais ensuite l'addition des produits partiels et je trouve 63 francs pour produit total, que coûteraient donc les 24 livres de poivre.

D. Que faudrait-il faire si la partie aliquote à évaluer était trop petite à l'égard de l'unité principale ou de la partie à laquelle on la rapporte?

R. Il faudrait simplifier le calcul ; prendre une partie intermédiaire pour avoir un produit auxiliaire dont on déduirait la valeur de la partie aliquote trouvée ; on barrerait ensuite les chiffres du produit auxiliaire, qui ne doivent pas faire partie du produit total.

EXEMPLE :

Le mètre de drap coûte 34^f—10^s—2^d, que coûteront 60 mètres ?

$$3\,4^f{-}1\,0^s{-}2^d$$
$$6\,0^m$$

$$\overline{}$$

	2 0 4 0
Pour 10^s la $\frac{1}{2}$ . .	3 0
Pour 1^s le $\frac{1}{10}$ . .	3
Pour 2^d le $\frac{1}{6}$ . .	0—1 0^s

$$\overline{}$$

$$2\,0\,7\,0^f{-}1\,0^s$$

Les 60 mètres à 34^f—10^s—2^d coûteront donc 2070^f —10^s.

Pour faire cette opération, je multiplie les unités principales l'une par l'autre ; je compare ensuite les 10^s du multiplicande au franc, et je vois qu'ils sont la moitié ; je prends alors la moitié du multiplicateur 60. Je simplifie le calcul, comme on l'a dit ci-dessus, et je prends une partie intermédiaire aliquote à mon dernier produit ; j'ai pris pour 10^s la moitié, c'est donc sur ce produit que je dois m'arrêter, et prendre, pour plus de simplicité, le $\frac{1}{10}$ de ce que m'ont donné 10 sous ; le dixième de 30^f est de 3^f, que je barre comme ci-dessus.

Le dernier produit représentant 12 deniers, puisque c'est le produit de 1 sou, je compare 2^d à 12^d, et je vois qu'ils sont le $\frac{1}{6}$; le sixième de 3^f n'est pas, il reste 0 sous ce nombre, je réduis ces 3 francs en sous, dont le $\frac{1}{6}$ est de 10 sous que j'écris sur la droite des francs.

D. Comment se fait la multiplication d'un nombre incomplexe par un nombre complexe ?

R. Après avoir multiplié les unités principales du multiplicande par celles du multiplicateur, il faut décomposer les unités de sous-espèces du multiplicateur en parties

aliquotes de l'unité principale qui précède ou de la partie
évaluée, et estimer ces parties sur le multiplicande.

E X E M P L E :

$4\,8^t$

$1\,9^f\!-\!1\,1^s\!-\!9^d$

$4\,3\,2$

$4\,8$

Pour 10 s. la $\frac{1}{2}$. . . .	$2\;4$
Pour 1^s le $\frac{1}{10}$.	$2 - 8^s$
Pour 6^d la $\frac{1}{2}$	$1 - 4$
Pour 3^d la $\frac{1}{2}$	$0 - 12$

$9\,4\,0^f\!-\!4^s$

Je multiplie les unités principales du multiplicande
par celles du multiplicateur ; je décompose ensuite les
unités de sous-espèces du multiplicateur en parties aliquotes de l'unité principale, et je les évalue en disant :
11^s à l'égard de 20^s ne sont pas partie aliquote ; je les
décompose en 10 et 1, et prends pour 10^s la moitié du
multiplicande, qui est de 24 ; pour 1^s je prends le $\frac{1}{10}$ de
ce que m'ont donné 10^s, et je trouve $2^f\!-\!8^s$ que j'écris
tant sous les francs que sous les sous.

Comme le dernier produit est celui d'un sou représentant 12 deniers, et que 9^d n'en sont pas partie aliquote, je les décompose en 6 et 3 ; je prends pour 6 la
moitié du dernier produit, qui est de $1^f\!-\!4^s$; et pour 3
la moitié également de ce qu'ont donné 6, qui est de
$0^f\!-\!12^s$ que j'écris à la colonne des sous.

Je fais la somme des produits partiels et je trouve 940^f
-4^s pour produit total.

Exemple :

La livre d'une marchandise coûte 12^f—15^s—6^d; que coûteront 60 livres ?

$$6\,0^l$$
$$1\,2^f\text{—}1\,5^s\text{—}6^d$$

$$\overline{}$$

$$1\,2\,0$$
$$6\,0$$

Pour 10^s la $\frac{1}{2}$.	$3\,0$
Pour 5^s la $\frac{1}{2}$	$1\,5$
Pour 6^d le $\frac{1}{10}$	1 —10^s
Pour 2^d le $\frac{1}{3}$.	0 —10

$$\overline{7\,6\,7^f\text{—}0^s}$$

Les deux termes de cette opération auraient dû être l'un à la place de l'autre ; mais il importe peu dans quel ordre on multiplie, dès que la nature du produit est déterminée.

Exemple :

La toise d'un certain ouvrage coûte 20 francs ; que coûteront 45^t—5^p—8^p ?

$$2\,0^f$$
$$4\,5^t\text{— }5^p\text{—}8^p$$

$$\overline{}$$

$$1\,0\,0$$
$$8\,0$$

Pour 3^p la $\frac{1}{2}$	$1\,0$
Pour 1^p le $\frac{1}{3}$	3 — 6^s—8^d
Pour 1^p le $\frac{1}{3}$	3 — 6—8
Pour 6^p la $\frac{1}{2}$	1 —13—4
Pour 2^p le $\frac{1}{3}$	0 —11 —1 $+\frac{4}{12}$

$$\overline{9\,1\,8^f\text{—}17^s\text{—}9^d+\tfrac{4}{12}}$$

Après avoir multiplié l'une par l'autre les unités principales des deux termes, je décompose les unités inférieures du multiplicateur, et je les évalue en disant : 5^p à l'égard de la toise n'est pas partie aliquote ; je les décompose en 3, 1 et 1, et je prends pour 3 pieds la moitié du multiplicande 20 qui est 10^f, que je pose sous les francs. Je compare ensuite 1 pied à 3 pieds, et je vois qu'il en est le tiers ; je prends le tiers de ce que m'ont donné 3 pieds et je trouve $3^f{-}6^s{-}8^d$, que je pose à la colonne respective de chaque unité. Comme il me reste 1 pied à évaluer, son produit devra donc être semblable au produit précédent, puisque c'est aussi le produit d'un pied ; j'écris donc $3^f{-}6^s{-}8^d$ sous le produit précédent.

Ayant à évaluer 8 pouces sur le produit de 1 pied, je vois qu'ils n'en sont pas partie aliquote ; je les décompose en 6^p et 2_p et prends pour 6_p la moitié de ce que m'a donné 1 pied : je trouve pour produit $1^f{-}13^s{-}4^d$. J'évalue ensuite 2^p, qui sont par rapport à 6 le tiers, et je trouve $0^f{-}11^s{-}1^d+\frac{4}{12}$.

D. Comment se fait la multiplication de deux nombres complexes ?

R. Il faut multiplier les unités principales du multiplicande par celles du multiplicateur ; décomposer les unités de sous-espèces du multiplicande en parties aliquotes de l'unité principale ou des unités inférieures qui précèdent, et les évaluer ensuite sur les unités principales du multiplicateur seulement : décomposer ensuite les unités inférieures du multiplicateur en parties aliquotes de l'unité qui précède, et évaluer ces parties sur la totalité du multiplicande.

EXEMPLE:

$$2\,0^f\!\!-\!1\,6^s$$
$$4\,0^t\!\!-\!4^p\!\!-\!7^p\!-\!8^l$$

$$8\,0\,0$$

Pour 10^s la $\frac{1}{2}$	$2\,0$
Pour 5^s la $\frac{1}{2}$	$1\,0$
Pour 1^s le $\frac{1}{5}$	2
Pour 3^p la $\frac{1}{2}$	$1\,0 - 8$
Pour 1^p le $\frac{1}{3}$	$3 - 9 - 4^d$
Pour 6^p la $\frac{1}{2}$	$1 - 14 - 8$
Pour 1^p le $\frac{1}{6}$	$0 - 5 - 9 + \frac{4}{12}$
Pour 6^l la $\frac{1}{2}$	$0 - 2 - 10 + \frac{8}{12}$
Pour 2^l le $\frac{1}{3}$	$0 - 0 - 11 + \frac{6}{12}$

$$8\,4\,8^f - 1^s - 7^d + \tfrac{6}{12}$$

Après avoir multiplié les unités principales les unes par les autres, je compare les 16 sous du multiplicande par rapport au franc ou à 20 sous, et je vois qu'ils ne sont pas partie aliquote; je les décompose en 10, 5 et 1, et prends pour 10 sous la moitié des unités principales du multiplicateur; je trouve 20^f que j'écris sous les francs. Pour 5 sous je prends la moitié du dernier produit, je trouve 10^f que je pose à la colonne des francs. Pour 1 sou je prends le cinquième du dernier produit, je trouve 2 francs que j'écris sous les francs.

Je passe ensuite aux unités inférieures du multiplicateur, en les comparant à l'unité qui précède; je trouve que 4 pieds ne sont pas partie aliquote de la toise, je les décompose en 3 et 1, et je prends pour 3 pieds la moitié de la totalité du multiplicande: je trouve pour produit 10^f—8^s. Il reste donc 1 pied à évaluer, qui est, à l'égard du dernier produit ou 3 pieds, le tiers; je prends le tiers de 10^f—8^s, et je trouve pour produit 3^f—9^s—4^d.

Je passe aux pouces. Le dernier produit partiel étant celui d'un pied ou 12 pouces, je décompose les 7 pouces du multiplicateur en parties aliquotes de 12, qui sont 6 et 1, et je prends pour 6 pouces la moitié de 3^f—9^s—4^d, qui est de 1^f—14^s—8^d; de ce produit je prends pour un pouce le sixième, et je trouve 0^f—5^s—9^d+$\frac{4}{12}$, que j'écris sous le produit précédent.

Je passe ensuite aux lignes. Le dernier produit partiel étant celui de 1 pouce ou 12 lignes, je décompose les 8 lignes en parties aliquotes de 12 lignes, qui sont 6 et 2, et je prends pour 6 lignes la moitié du dernier produit; je trouve conséquemment 0^f—2^s—10^d+$\frac{8}{12}$; de ce produit je prends pour 2 lignes le tiers, et je trouve 0^f—0^s—11^d+$\frac{6}{12}$.

Je fais ensuite la somme des produits partiels, et je trouve 848^f—1^s—7^d+$\frac{6}{12}$, à un douzième près.

La toise de maçonnerie coûte 3^f—15^s; que coûteront 8^t—3^P?

$$3^f—1\,5^s$$
$$8^t—\ 3^P$$

Pour 10^s la $\frac{1}{2}$ 2 4
Pour 5^s la $\frac{1}{2}$ 4
Pour 3^P la $\frac{1}{2}$ 2
$$1—1\,7^s—6^d$$
$$3\,1^f—1\,7^s—6^d$$

ARITHMÉTIQUE.

EXEMPLE :

$$2\ 0^f — 1\ 2^s — 10^d$$
$$4\ 5\ 7^L — 1\ 4^O — 6^G — 2^D — 20^{gr}$$

	$9\ 1\ 4\ 0$
Pour 10^s la $\frac{1}{2}$	$2\ 2\ 8 — 1\ 0^s$
Pour 2^s le $\frac{1}{5}$	$4\ 5 — 1\ 4$
Pour 8^d le $\frac{1}{3}$	$1\ 5 — 4 — 8^d$
Pour 2^d le $\frac{1}{4}$	$3 — 1\ 6 — 2$
Pour 8° la $\frac{1}{2}$	$1\ 0 — 6 — 5$
Pour 4° la $\frac{1}{2}$	$5 — 3 — 2 + \frac{6}{12}$
Pour 2^O la $\frac{1}{2}$	$2 — 1\ 1 — 7 + \frac{3}{12}$
Pour 4^G le $\frac{1}{4}$	$0 — 1\ 2 — 10 + \frac{10}{12}$
Pour 2^G la $\frac{1}{2}$	$0 — 6 — 5 + \frac{5}{12}$
Pour 2^D le $\frac{1}{3}$	$0 — 2 — 1 + \frac{9}{12}$
Pour 12^{gr} le $\frac{1}{4}$	$0 — 0 — 6 + \frac{5}{12}$
Pour 6^{gr} la $\frac{1}{2}$	$0 — 0 — 3 + \frac{2}{12}$
Pour 2^{gr} le $\frac{1}{3}$	$0 — 0 — 1 + \frac{1}{12}$

$$9\ 4\ 5\ 2^f — 8^s — 5^d + \frac{5}{12}$$

Toute multiplication de nombres complexes peut être ramenée à une multiplication de fractions, c'est-à-dire, réduire les deux facteurs en fractions et les multiplier ensuite l'une par l'autre. Le résultat d'une opération sera toujours beaucoup plus juste en convertissant les deux facteurs en fractions, qu'en la faisant par les parties aliquotes; d'abord, il le sera davantage, si l'on fait paraître les fractions en douzièmes, en vingt-quatrièmes, etc.; car on est quelquefois forcé de négliger 1, 2, 3, etc., douzièmes, et réciproquement, on est aussi obligé de forcer du même nombre, selon les parties qu'on a à évaluer. Si cependant on veut conserver toutes les fractions telles qu'elles se trouvent, on aura l'opération exacte; mais comme il faut quelquefois beaucoup de temps pour ré-duire des fractions au même dénominateur, et qu'un douzième de grain, par exemple, est très-peu de chose, la marche la plus facile, pour faire une multiplication par parties aliquotes, c'est de faire paraître toutes les fractions à évaluer en douzièmes : c'est ce qu'on a fait à l'exemple précédent, et l'on n'a trouvé, pour toute erreur d'une multiplication aussi compliquée, que $\frac{41}{102}$ de denier.

DE LA DIVISION DES NOMBRES COMPLEXES.

D. Qu'y a-t-il à remarquer sur la division des nom-bres complexes?

R. Que le dividende peut être complexe ou incom-plexe; il peut ne pas être de même nature que le quotient, ainsi que le diviseur, et enfin les deux facteurs peuvent être de même nature et le quotient de nature différente.

Quelle que puisse être la division qu'on ait à faire, la nature de chaque facteur sera toujours connue, et celle du quotient sera déterminée par l'énoncé du problème.

D. Comment se fait la division d'un nombre complexe par un incomplexe?

R. Pour faire cette opération, il faut diviser les unités principales du dividende par le diviseur; convertir chaque reste en unités de l'ordre immédiatement inférieur, et continuer ainsi jusqu'à la dernière unité contenue dans le dividende.

EXEMPLE:

La toise coûte 18^f; combien fera-t-on faire du même ouvrage pour 112^f—15^s—8^d?

$$\begin{array}{c|c} 1\,1\,2^f{-}15^s{-}8^d & \dfrac{1\ 8^f}{8^t{-}5^p{-}3^p} \\ \hline \end{array}$$

$$
\begin{array}{r}
4 \\
2\ 0 \\
\hline
8\ 0 \\
1\ 5 \\
\hline
9\ 5 \\
5 \\
1\ 2 \\
\hline
6\ 0 \\
8 \\
\hline
6\ 8
\end{array}
$$

Reste 1 4

Je divise les unités principales du dividende par le diviseur, et je trouve 6 toises pour quotient. Il reste 4^f que je multiplie par 20 pour avoir des sous ; au produit 80 j'ajoute les 15 sous du dividende et je trouve 95 sous, que je divise par 18, dont j'obtiens 5 pieds et 5 pour reste. Je réduis ces 5 sous en deniers, au produit 60 j'ajoute les 8 deniers du dividende, et je le divise ensuite par 18, dont j'obtiens 3 pouces et $\frac{1\,4}{1\,8}$.

Ainsi, on aura $6^t{-}5^p{-}3^p+\frac{1\,4}{1\,8}$ pour $1\,1\,2^f{-}15^s{-}8^d$.

Exemple :

26 livres de café coûtent $84^f{-}12^s{-}2^d$; on demande à combien revient la livre.

La marche à suivre pour résoudre ce problème est la même que celle que nous avons suivie pour résoudre le précédent.

$$8\,4^f-1\,2^s-2^d \;\Big|\; \frac{2\,6^L}{3^f-5^s-1^d}$$

$$6$$
$$2\,0^s$$
$$\overline{\qquad\qquad}$$
$$1\,2\,0$$
$$1\,2$$
$$\overline{\qquad\qquad}$$
$$1\,3\,2$$
$$2$$
$$1\,2^d$$
$$\overline{\qquad\qquad}$$
$$2\,4$$
$$2$$
$$\overline{\qquad\qquad}$$
$$2\,6$$
$$0$$

Exemple:

Le mètre d'une certaine étoffe coûte 4^f; on demande combien on en aura pour $150^f-8^s-4^d$.

Pour faire cette opération, il faut réduire les deux facteurs en fractions et les diviser l'une par l'autre. Je réduis $150^f-8^s-4^d$ en deniers, et je trouve 36100 deniers pour numérateur; je cherche ensuite ce que vaut le franc en deniers pour dénominateur, et je trouve $\frac{36100}{240}$ pour dividende. Je réduis également 4^f en deniers, et donnant à 960, nombre de deniers que valent les 4^f, 240 pour dénominateur, j'ai $\frac{960}{240}$ pour diviseur. L'opération se réduit conséquemment à diviser deux fractions l'une par l'autre; $\frac{36100}{240}:\frac{960}{240}=37^m+\frac{29}{48}$ pour réponse.

D. Comment se fait la division d'un nombre incomplexe par un nombre complexe?

11

R. Il faut changer le diviseur en fraction, et opérer ensuite comme si l'on avait un nombre entier à diviser par une fraction.

EXEMPLE :

240^t—5^P—8^s coûtent 4800 francs, combien coûte la toise ?

D'après l'énoncé de la question, je vois que 4800^f est le dividende, et 240^t—5^P—8^p le diviseur. Cela est basé sur ce que, devant trouver des francs au quotient, le dividende en doit être composé, à moins que les deux termes ne soient de même nature.

Je réduis 240^t—5^P—8^p en pouces, ce qui me donne 17348 pouces pour numérateur, et donnant 72 pouces pour dénominateur, nombre qui marque combien il y a de pouces dans une toise, je trouve $\frac{17348}{72}$. Je divise ensuite 4800^f par $\frac{17348}{72}$, j'obtiens 19^f—18^s—5^d.

EXEMPLE :

La livre de café coûte 4^f—15^s—6^d ; combien en aura-t-on de livres pour 800 francs ?

Le nombre complexe 4^f—15^s—6^d réduit en fraction est $\frac{1146}{240}$. L'opération se réduit maintenant à diviser 800^f par $\frac{1146}{240}$.

```
                 | 1 1 4 6
192000 |————————————————
          1 6 7ᴸ—8ᴼ—5ᴳ—0ᴰ—1ᵍʳ
   7740
    8640
      618
        1 6 onces.
    ————————
     3708
     618
     9888
       720
         8 gros.
     ————————
     5760
       30
        3 deniers.
     ————————
        90
        24 grains.
     ————————
       360
     180
     ————————
     2160
Reste 1014
```

Exemple:

La livre d'une certaine marchandise coûte 2ᶠ—10ᵗ; combien en aura-t-on de livres pour 300 francs ?

Il faut réduire le nombre complexe en fraction et diviser 300ᶠ par la fraction résultante.

```
     300
      20 | 50
    ————————————
    6000 | 120 livres.
    100
    ————
    000
```

D. Comment se fait la division de deux nombres complexes ?

11*

R. Il faut réduire les deux facteurs en fractions ét les diviser ensuite l'une par l'autre. Mais si les deux facteurs sont de même nature, il faut les réduire en unité de la moindre espèce contenue dans l'un ou l'autre nombre, et les diviser ensuite l'un par l'autre sans avoir égard au dénominateur.

EXEMPLE :

La toise d'un certain ouvrage coûte 10^f—5^s—4^d; combien aura-t-on de toises pour 7450^f—10^s—6^d?

Pour faire cette opération, je réduis 10^f—5^s—4^d en deniers, et je trouve 2464 deniers pour diviseur. Je réduis également 7450^f—10^s—6^d en deniers, je trouve 1788126 deniers pour dividende; et divisant ensuite ces deux termes l'un par l'autre, je trouve 725^t—4^p—2^p—$5^!$—3^{pt} pour quotient, à un dixième de point près.

EXEMPLE :

5^t—4^p—8^p d'ouvrage coûtent 420^f—10^s—8^d; que coûte la toise?

Je réduis également les deux facteurs en fractions, et je trouve 7266816 deniers à diviser par 99840 pouces.

$$
\begin{array}{r|l}
7266816 & 99840 \\
278016 & \overline{72^f—15^s—8^d} \\
78336 &
\end{array}
$$

20 sous.

$$
\begin{array}{r}
1566720 \\
568320 \\
69120
\end{array}
$$

12 deniers.

$$
\begin{array}{r}
138240 \\
69120 \\
\hline
829440 \\
\end{array}
$$

Reste 30720

On demande combien l'on aurait de livres de sucre pour 90^f—10^s, si la livre coûtait 1^f—5^s.

$$
\begin{array}{r|l}
1\,8\,1\,0 & -2\,5 \\
6\,0 & \overline{7\,2^L-6^0+\frac{2}{5}} \\
1\,0 & \\
1\,6 & \\
\hline
1\,6\,0 & \\
1\,0 & \\
\end{array}
$$

PROBLÊMES ANALYTIQUES SUR LES NOMBRES COMPLEXES.

1er PROBLÊME.

3 ouvriers gagnent 7^f—16^s—8^d par jour ; combien ces mêmes ouvriers gagneront-ils en 45_j—18^h—$40'$?

Solution. On voit, d'après l'énoncé de ce problême, qu'il suffit de multiplier ces deux nombres l'un par l'autre ; le produit sera la réponse : 7^f—16^s—$8^d \times 45^j$—18^h—$40' = 358^f$—11^s—10^d. Nous ne porterons jamais, dans toutes ces opérations, la fraction de la plus simple unité d'une réponse quelconque.

Réponse : 358^f—11^s—10^d.

2me PROBLÊME.

Une personne dépense 4^f—13^s—10^d en $\frac{3}{4}$ de jour ; combien cette personne dépensera-t-elle en 365^j—14^h—$45'$?

Solution. Pour faire cette opération, il faut d'abord chercher ce que dépense cette personne par jour, quoiqu'on puisse cependant chercher tout de suite ce qu'elle dépense dans le temps marqué. Il faut, comme on l'a vu à la théorie, réduire le nombre complexe 4^f—13^s—10^d

en fraction, et il vient $\frac{1126}{240} : \frac{3}{4} = 6^f - 5^s - 1^d$, dépense journalière. Or, si cette personne dépense $6^f - 5^s - 1^d$ par jour, elle devra donc dépenser $365^j - 14_h - 45'$ fois $6^f - 5^s - 1^d$; ce qui se réduit à multiplier $6^f - 5^s - 1^d \times 365^j - 14^h - 45' = 2286^f - 12^s - 3^d$.

Réponse : $2286^f - 12^s - 3^d$.

3me P R O B L Ê M E.

Pendant combien de temps pourra-t-on nourrir 3oo hommes avec $40000^L - 14^O - 7^G$ de pain, sachant que chaque homme en mange $150^L - 12^O - 6^G$ en $100^j - 20_h - 40'$?

Solution. Cherchons d'abord ce que chaque homme mange de pain par jour. Puisqu'un homme consomme $150^L - 12^O - 6^G$ en $100^j - 20^h - 40'$, il est évident qu'il en consommera la $100^j - 20^h - 40'$ partie par jour; donc $150^L - 12^O - 6^G : 100^j - 20^h - 40' = 1^L - 7^O - 7^G - 1^D$ qu'il mange par jour. Puisqu'il y a 3oo hommes, $1^L - 7^O - 7^G - 1^D \times 3oo^b = 448^L - 7^O$ que consommeront les 3oo hommes par jour. L'opération se réduit donc maintenant à trouver le temps que mettront ces mêmes hommes pour consommer $40000^L - 14^O - 7^G$ de pain, sachant qu'ils mangent par jour $448^L - 7^O$: il est évident qu'autant de fois que ce nombre sera contenu dans $40000^L - 14^O - 7^G$, autant il leur faudra de temps; donc, $40000^L - 14^O - 7^G : 448^L - 7^O = 89^j - 4^h - 49'$, temps qu'il leur faudra.

Réponse : $89^j - 4^h - 49'$.

4me P R O B L Ê M E.

A combien reviendrait un plancher qui a 4o pieds de long sur 3o de large, si la toise carrée coûtait $12^f - 15^s$?

Solution. Il faut d'abord trouver la valeur du plancher en pieds carrés; $40^P \times 30^P = 1200$ pieds carrés que contient le plancher. Puisque la toise carrée vaut 36 pieds carrés, il est nécessaire de savoir combien ce plancher en contient; $1200^P : 36^P = 33^t - 12^P$ carrés contenus dans le plancher. Et puisque la toise carrée coûte $12^f - 15^s$, et que le plancher en contient $33^t - 12^P$, $12^f - 15^s \times 33^t - 12^P = 425$ francs que coûterait le plancher.

Réponse : 425 francs.

5me PROBLÈME.

Un tonneau de vin contenant 45 hectolitres coûte $850^f - 15^s - 6^d$; combien coûte le litre?

Solution. Pour faire cette opération, il faut d'abord chercher ce que coûte l'hectolitre. Si les 45 hectolitres coûtent $850^f - 15^s - 6^d$, il est certain que la 45me partie de ce nombre sera le prix de l'hectolitre; $850^f - 15^s - 6^d : 45^h = 18^f - 18^s - 1^d$ que coûte l'hectolitre; et puisqu'on demande le prix du litre qui est 100 fois moindre que l'hectolitre, $18^f - 18^s - 1^d : 100 = 3^s - 9^d$.

Réponse : $3^s - 9^d$.

6me PROBLÈME.

Pendant combien de temps pourra-t-on faire travailler 50 hommes employés à un certain ouvrage, avec $8050^f - 15^s - 8^d$? On sait que la journée de chaque homme est de $2^f - 12^s$.

Solution. Cherchons ce que gagnent les 50 hommes par jour; $2^f - 12^s \times 50^h = 130$ francs que gagnent par jour les 50 ouvriers. Or, si l'on donne 130^f par jour à ces hommes, et qu'on ait à leur donner la somme de $8050^f - 15^s - 8^d$, il est clair que cette somme renferme le temps

qu'ils mettront, eu égard à ce qu'ils gagnent par jour;
8050^f—15^s—8^d : 130^f=61^j—22^h—$17'$ qu'ils mettront
pour gagner la somme proposée.

Réponse : 61^j—22^h—$17'$.

7me PROBLÊME.

200 ouvriers ayant travaillé à une fortification qui a
duré 1380 jours, ont reçu 950080^f—15^s; on demande
quelle a été la journée de chaque homme, sachant qu'ils
n'ont pas travaillé les dimanches.

Solution. Il faut d'abord chercher combien il y avait
de dimanches dans le temps qu'ils ont mis pour faire
l'ouvrage. Comme chaque six jours il y en a un, autant
de fois que 6 seront contenus dans les jours de travail,
autant nous trouverons de dimanches; 1380^j : 6^j=230
dimanches, qu'il faut conséquemment ôter de 1380^j=
1150 jours de travail. Comme il y avait 200 ouvriers
travaillant donc pendant 1150 jours, cet ouvrage a nécessité $1150^j \times 200^{ouv.}$=230000 journées de travail. Et
puisqu'ils ont reçu 950080^f—15^s, il est certain que la
230000 partie de ce nombre sera la journée de chaque
homme; 950080^f—15^s : 230000^j=4^f—2^s—7^d qu'a dû
recevoir chaque ouvrier.

Réponse : 4^f—2^s—7^d.

8me PROBLÊME.

Une personne disait : Si j'avais le $\frac{1}{4}$ et le $\frac{1}{6}$ de mon
âge en moins, j'aurais 40^a—8^m—10^j. On demande quel
était l'âge de cette personne.

Solution. En supposant que cette personne ait 1 an,
son âge devait donc être diminué du $\frac{1}{4}$ et du $\frac{1}{6}$ ou de
$\frac{5}{12}$; ces $\frac{5}{12}$ valent donc 40^a—8^m—10^j. Ainsi son vrai

âge devra donc être augmenté de $\frac{7}{12}$, c'est-à-dire que, connaissant la valeur de $\frac{5}{12}$, on demande la valeur de $\frac{12}{12}$, ou l'âge de cette personne représenté par 1 an; donc, 40^a—8^m—10^j : $\frac{5}{12}$ = 97^a—8^m, âge que devait avoir cette personne.

Réponse : 97^a—8^m.

9me PROBLÈME.

Combien pourra-t-on avoir de toises d'ouvrage pour 6800^f—15^s, sachant que la toise coûte 9^f—12^s—6^d ?

Solution. On voit, par les données de ce problème, qu'il suffit de diviser 6800^f—15^s par 9^f—12^s—6^d; donc 6800^f—15^s : 9^f—12^s—6^d = 706^t—3^P—5^P—1^l.

Réponse : 706^t—3^P—5^P—1^l.

10me PROBLÈME.

Un domestique s'était plaint à son maître de ce qu'il ne gagnait pas assez. Celui-ci, homme très-charitable, lui dit : Si je suis content de ton service à la fin de l'année, j'augmenterai tes gages du $\frac{1}{4}$ des $\frac{2}{3}$ de ce que tu gagnes. Le domestique ne comprenant pas le parler de son maître, crut qu'il se moquait de lui; cependant le temps s'est écoulé et le maître tient sa parole, parce que son domestique avait répondu à son attente, et lui donne 800^f—16^s—6^d. On demande ce que gagnait le domestique avant l'augmentation de ses gages.

Réponse : 667^f—7^s—1^d.

11me PROBLÈME.

Un marchand achette d'un fond de boutique $54 + \frac{31}{32}$ quintaux de café, et dont il revend ensuite 18_q—62^L—8^a; on demande quel est le prix de ce qui lui reste, sachant que le quintal vaut 4 louis 21^f—6^s—8^d.

Réponse : 177^l—16^f—6^s—8^d.

12me Problème.

$2+\frac{3}{4}$ mètres à $\frac{5}{12}$ de large d'une certaine toile coûtent $11^f—15^s—8^d+\frac{4}{7}$; quel doit être le prix de $5^m+\frac{2}{3}$ à $\frac{7}{12}$ de large? On sait que la qualité de la seconde toile est les $\frac{5}{7}$ de la première.

Réponse : $24^f—5^s—8^d$.

13me Problème.

Quelqu'un disait : J'ai une certaine somme telle, que si j'avais encore $20^f—18^s—6^d$, je pourrais acheter $30^m+\frac{5}{6}$ de drap à $15^f—10^s$ le mètre. On demande quelle était la somme que possédait cette personne.

Réponse : $456^f—13^s—10^d$.

14me Problème.

Combien faudra-t-il de temps à un ouvrier pour faire un ouvrage dont il a reçu $800^f—15^s—9^d$, sachant qu'il en fait $2^s—4^p$ par jour, et que la toise lui est payée $3^f—10^s$?

Réponse : $85^j—19^h—10'$.

15me Problème.

Dans une manufacture on emploie 4 hommes à un certain ouvrage, et qui en font respectivement le premier $1^t—2^p$ par jour, le deuxième 1^t, le troisième $2^p—6^p$ et le quatrième $1^p—6^p$: on demande ce que le manufacturier débourse par jour, sachant que la toise leur est payée $3^f—10^s$.

Réponse : $10^f—10^s$.

16me Problème.

Un ouvrier disait : Si j'avais fait $30^t—4^p—8_p$, j'aurais reçu $400^f—15^s—6^d$, au lieu que je n'ai reçu que

300^f—12^s : on demande combien cet ouvrier a fait de toises de cet ouvrage.

Réponse : 23^t—0^P—6^P—2^t.

17me Problème.

Une personne achette 800^m+$\frac{5}{4}$ de drap qu'elle revend ensuite ; à ce marché elle gagne, et avec le gain elle achette ensuite 45^m+$\frac{4}{5}$ de basin à 4^f—10^s le mètre : de sorte que si elle en eût acheté 4^m+$\frac{1}{2}$ de plus, elle aurait eu tant en achat qu'en gain 1623 1^f—18^s. Combien cette personne avait-elle payé le mètre ?

Réponse : 19^f—19^s—9^d.

18me Problème.

Une personne vend 300$_L$—12^o de sucre pour 481^f—4^s ; on demande ce qu'a coûté la livre.

Réponse : 1^f—12^s.

19me Problème.

Les intérêts d'un certain capital sont annuellement de 319^f—7^s—8^d ; un débiteur est en retard de les payer depuis 3^a—10^m—18^j : à combien s'élèvent-ils alors ?

Réponse : à 1240^f—5^s—5^d.

20me Problème.

Pendant combien de temps pourrait subsister une famille qui aurait 8570^L—12^o de farine, et dont la consommation serait de 6^L—8^o de pain par jour ? On sait que la livre de farine donne 2+$\frac{1}{2}$ livres de pain.

Réponse : 2396^j—10^h.

21me Problème.

On sait que le pied cube d'eau distillée pèse 70 livres ; quel est le poids d'un pouce cube de cette eau ? (Dans un pied cube il y a 1728 pouces cubes.)

Réponse : 0^L—0°—5^G—0^D—13^{gr}.

22ᵐᵉ PROBLÊME.

Le pied cube de marbre blanc pèse 198^L—10°—0^G—2^D—17^{gr}; on demande quel serait le poids d'une toise cube du même marbre. (La toise cube vaut 216 pieds cubes.)

Réponse: 42904^L—8°—3^G.

23ᵐᵉ PROBLÊME.

Le mètre d'un certain drap coûte 20^f—15^s; on demande ce que coûte le reste d'une pièce de même qualité contenant 500 mètres, et dont on a vendu pour 850^f—12^s.

Réponse: 9524^f—8^s.

24ᵐᵉ PROBLÊME.

Une personne disait: J'ai acheté ce matin un panier de pommes pour 7^f—16^s; j'avais fait mon compte qu'en les vendant 3 pour 2 sous, j'aurais gagné 52^s; et ce soir, que je les ai toutes vendues à ce prix, je compte mon argent, et au lieu d'avoir gagné les 52 sous, je les perds. On demande combien il y avait de pommes dans le panier, et combien cette personne aurait dû vendre chacune pour gagner ce qu'elle croyait.

Réponse: 156 pommes qu'elle aurait dû vendre 1^s—4^d chacune.

25ᵐᵉ PROBLÊME.

Une dame interrogée sur son âge, ne voulait pas d'abord répondre; mais poussée à bout, elle dit froidement: La $\frac{1}{2}$, le $\frac{1}{4}$ et le $\frac{1}{6}$ de mon âge, plus 4 ans et 1 jour, font juste l'âge que j'aurai dans 1^a—11^m—15^j: quel âge avait alors cette personne?

Réponse: 24^a—6^m—12^j.

26ᵐᵉ PROBLÊME.

Dans une répartition faite pour distribuer des secours

aux indigents d'une paroisse, il se trouve que 36 personnes y ont droit, et qu'on leur donne une somme de 310^f—9^s. On demande ce qu'ils ont reçu chacun, sachant qu'il y avait 4 femmes de plus que d'hommes, et qu'il y avait autant d'enfants que d'hommes et de femmes; que les hommes ont reçu chacun 2^f—10^s de plus que les femmes, et celles-ci 1^f—10^s de plus que les enfants.

Réponse: Il y avait 7 hommes qui ont reçu chacun 11^f—7^s—9^d, 11 femmes qui ont reçu 8^f—17^s—9^d et 18 enfants qui ont reçu 7^f—7^s—9^d.

COMPARAISON DES NOUVELLES MESURES EN ANCIENNES, ET RÉCIPROQUEMENT.

La comparaison des nouvelles mesures en anciennes, et réciproquement des anciennes mesures en nouvelles, est le rapport qui existe entre l'une et l'autre. Pour trouver le rapport existant entre deux mesures, il faut réduire chacune en unités de la moindre espèce, diviser ensuite la plus forte par la plus faible, le quotient indiquera le rapport qu'il y a entre les mesures que l'on compare.

Cette comparaison est d'une nécessité indispensable pour les négociants, marchands, etc., puisqu'en achetant leurs marchandises en kilogrammes, par exemple, et la revendant à la livre marc, il est nécessaire qu'ils connaissent le rapport qu'il y a entre le kilogramme et la livre: il en est de même des autres mesures synonimes comparées deux à deux.

Indépendamment des tables qui se trouvent à la fin de ce traité, nous allons donner ici quelques exemples qui feront connaître l'utilité de cette comparaison et la manière de se servir des tables

Exemple:

Si l'on demandait le rapport existant entre l'aune de Paris et le mètre, il faudrait réduire 3^P—7^P—10^l—10^{Pt}, valeur de l'aune, en lignes, ce qui me donnerait 526 lignes, et les 10 points en millièmes de ligne, j'aurais conséquemment $526^l,833$; réduisant ensuite le mètre en lignes j'aurais $443^l,296$, et divisant $526^l,833$ par $443^l,296$ je trouverais $1^m,188445$ pour quotient.

Réciproquement, si l'on demandait la valeur du mètre en aune de Paris, on n'aurait qu'à diviser $443^l,296$, valeur du mètre, par $526^l,833$, valeur de l'aune, et l'on aurait pour quotient $0^a,841435$, mètre en aune de Paris.

Exemple:

Quelle est la valeur de la toise en mètres?

Solution. La toise vaut 6 pieds ou 864 lignes; il faut donc diviser cette valeur par ce que vaut le mètre en lignes ou $443^l,296$, et l'on aura $1^m,949036$.

Réciproquement, si l'on demandait la valeur du mètre en toise, il faudrait diviser $443^l,296$ par 864^l, et l'on trouverait pour quotient $0,513068$.

PROBLÊMES ANALYTIQUES SUR LA COMPARAISON DES MESURES.

Ier Problême.

L'aune d'une certaine étoffe coûte 20 francs, combien coûtera le mètre?

Solution. Il est visible, d'après les données de la question, que si le mètre était la moitié, le tiers, le quart, de l'aune, il coûterait aussi la moitié, le tiers, le quart de 20 francs. Ainsi, en prenant dans la table 4me la valeur du mètre en aune, qui est de $0,84144$, et multipliant ensuite 20 francs par cette fraction décimale, on trouve 16^f,8288, prix du mètre.

Ainsi, un négociant qui achetterait de l'étoffe à 20^f l'aune, par exemple, devrait la revendre 16^f,8288 le mètre, en supposant qu'il ne veuille gagner rien au marché. En outre, s'il voulait faire une augmentation, cette réduction lui fournirait les moyens proportionnels qu'il devrait suivre, afin de ne pas excéder les prix qu'il se propose, ou en vigueur chez d'autres personnes de même état.

Réponse : 16^f,8288.

2me PROBLÊME.

La livre d'une certaine marchandise coûte 3^f—17^s—9^d; on demande ce que coûtera le kilogramme de la même marchandise?

Solution : Pour faire cette opération, je commence par réduire les francs en livres tournois, au moyen de la table première et de la table deuxième, et je trouve :

$$3^f = 3^{tt},0375$$
$$17^s = 0^{tt},8602$$
$$9^d = 0^{tt},0379$$
$$\overline{ 3^{tt},9356}$$

Et multipliant 3^{tt},9356 par la valeur 2^L,04288 du kilogramme en livres, on trouve 8^{tt},06, à un centième près.

Réponse : 8^{tt},06.

3me PROBLÊME.

Combien 82 mètres valent-ils d'aunes de Paris?

Solution : La table 4me donne 0^a,84144, valeur du mètre en aune; et multipliant ensuite 82^m par 0^a,84144 on trouve 68^a,998.

Réponse : 68^a,998.

4ᵐᵉ PROBLÈME.

Combien $64^a + \frac{3}{4}$ valent-elles de mètres?

Réponse : $76^m,95$.

5ᵐᵉ PROBLÈME.

Quelle est la valeur de 840 livres tournois en francs ?

Réponse : $829^f,50$.

6ᵐᵉ PROBLÈME.

Quelle est la valeur de 548^f en livres tournois?

Réponse : $554^{tt},85$.

7ᵐᵉ PROBLÈME.

On demande combien 80 aunes de Paris valent de mètres.

Réponse : $95^m,076$.

8ᵐᵉ PROBLÈME.

On demande combien 40^m valent d'aunes de Paris.

Réponse : $33^a,6576$.

9ᵐᵉ PROBLÈME.

Une personne a 5 pieds 8 pouces 9 lignes, on demande en mètres la taille de cette personne.

Réponse : $1^m,86106$.

10ᵐᵉ PROBLÈME.

La toise d'un certain ouvrage coûte 15^f; combien coûtera le mètre ?

Réponse : $7^f,696$.

11ᵐᵉ PROBLÈME.

Le mètre de maçonnerie coûte 8^f; que coûtera la toise?

Réponse : $15^f,592$.

12ᵐᵉ PROBLÈME.

Un tonneau contient 850 pintes de Paris; on demande combien il contient de litres?

Réponse : $791^l,605$.

13me PROBLÈME.

Un lingot pèse 58^L—6°—5^G, poids de marc; quel en est le poids en kilogrammes?

Réponse : $28^k,594$.

14me PROBLÈME.

Un morceau de bois a 24^P—6^P—8^l de long; on demande combien il coûtera, sachant que le mètre coûte 12 francs?

Réponse : $83^f,724$.

15me PROBLÈME.

Un lingot d'argent pèse $28^k,5941$; quel en est le poids en livres marc?

Réponse : $58^L,414$.

16me PROBLÈME.

Combien 809 mètres 73 centimètres font-ils de toises?

Réponse : $415^t,45$.

17me PROBLÈME.

Combien $372 + \frac{2}{3}$ aunes valent-elles de mètres?

Réponse : $442^m,895$.

18me PROBLÈME.

On demande combien $78^m,13$ valent d'aunes?

Réponse : $65^a,74$.

19me PROBLÈME.

Combien 40 toises valent-elles de mètres?

Réponse : $77^m,96$.

20e PROBLÈME.

24 mètres 50 centimètres ont coûté $450^f,80$; combien coûtera la toise?

Réponse : $35^f,87$.

Pour avoir des kilomètres, il faut multiplier les lieues ordinaires par $4,4444$.

12

Pour avoir des lieues ordinaires, il faut multiplier les kilomètres par 0,2250.

Pour avoir des mètres cubes, il faut multiplier les toises cubes par 7,41.

Pour avoir des toises cubes, il faut multiplier les mètres cubes par 0,135.

Pour avoir des mètres cubes, il faut multiplier les pieds cubes par la fraction 0,035.

Pour obtenir des pieds cubes, il faut multiplier les mètres cubes par 29,173.

Pour avoir des mètres cubes, il faut multiplier les pouces cubes par 0,0000199.

Pour avoir des pouces cubes, il faut multiplier les mètres cubes par 50412,42.

Pour avoir des mètres cubes, il faut multiplier les lignes cubes par 0,00000012.

Pour avoir des lignes cubes, il faut multiplier les mètres cubes par 87112655.

RACINE CARRÉE, EXTRACTION.

D. Qu'appelle-t-on carré d'un nombre ?

R. C'est le produit d'un nombre multiplié par lui-même.

Ainsi, le carré de 8 est de $8 \times 8 = 64$; le carré de 24 est $24 \times 24 = 576$. En général, le carré d'une quantité quelconque est le produit de cette quantité par elle-même, le cube est le produit du carré par cette même quantité, la racine 4me, ou quatrième puissance, le produit du cube par cette quantité.

D'où l'on conclut que les puissances successives d'un nombre quelconque au-dessus de l'unité, tendent vers l'infini ; tandis que celles d'une fraction proprement dite, ou moindre que l'unité, tendent vers 0.

Puisque le carré d'un nombre quelconque est ce nombre multiplié par lui-même, il s'ensuit que les carrés des neuf chiffres successifs sont :

$$1, 2, 3, 4, 5, 6, 7, 8, 9.$$
$$1, 4, 9, 16, 25, 36, 49, 64, 81.$$

D. De quoi se compose le carré d'un nombre?

R. Si ce nombre est composé de dixaines et d'unités, il renferme trois parties : 1° le carré des dixaines; 2° le double des dixaines par les unités; 3° le carré des unités.

Exemple: Le nombre 236^2 est donc égal à $(230+6)^2 =$ 52900, produit des dixaines, $+ 2760$, double des dixaines multiplié par les unités, $+ 36$, carré des unités, $=$ 55696, valeur égale à 236 élevé au carré.

D. Qu'appelle-t-on racine carrée?

R. La racine carrée d'un nombre quelconque, est un autre nombre qui, élevé au carré, reproduit le premier.

Ainsi, $\sqrt{49} = 7$; $\sqrt{25} = 5$; ces expressions s'énoncent : la racine carrée de 49 est 7 ; la racine carrée de 25 est 5. Le $\sqrt{}$ déformé reçoit dans son ouverture la puissance de la quantité; $\sqrt[3]{81}$, $\sqrt[4]{16}$ signifient racine cubique et racine 4me : on n'y met ordinairement aucun chiffre pour la racine carrée.

D'où l'on conclut qu'un nombre que l'on carre est à la fois multiplicande et multiplicateur; c'est par cette raison que l'on dit qu'un nombre est à sa 2me, 3me, 4me puissance, selon qu'il est multiplié 1, 2 et 3 fois par lui-même.

Le carré de l'unité suivie de zéros, est égal à cette unité suivie du double des mêmes zéros. Ainsi, le carré de 10 est $10 \times 10 = 100$; le carré de 100 est $100 \times 100 = $ 10000.

12*

*D. De combien de chiffres doit être composée la ra-
cine carrée d'un nombre quelconque?*

R. D'autant de chiffres qu'il y a de tranches dans ce
nombre.

Remarque. Une tranche ne doit être composée que
de deux chiffres, excepté la dernière de gauche, qui peut
n'être composée que d'un chiffre.

*D. Quelle règle faut-il suivre pour extraire la ra-
cine carrée d'un nombre entier?*

R. Il faut partager ce nombre en tranches de deux
chiffres chacune, en commençant par la droite ; extraire
d'abord la racine carrée du plus grand carré contenu
dans la première tranche, et ce nombre sera le premier
chiffre de la racine cherchée.

Soustraire ensuite le carré de cette racine de la tranche employée, et abaisser la tranche suivante à côté du
reste, dont on doit séparer le dernier chiffre à droite par
un point : diviser la partie à la gauche du point par le
double de la racine déjà obtenue, et le quotient exprimera le second chiffre de la racine.

On continuera ainsi jusqu'à la dernière tranche, dont
on cherchera la racine comme nous venons de le pres-
crire. Et si, après avoir abaissé toutes les tranches du
nombre proposé, on obtenait zéro pour reste, on pourrait en conclure que la racine du nombre est exacte, ou
que ce même nombre est un carré parfait.

Si, après avoir abaissé une tranche à côté d'un reste
déjà obtenu, la division ne pouvait être exécutée par le
double de la racine trouvée, il faudrait mettre un o à
la racine, et continuer ainsi à abaisser successivement
des tranches jusqu'à ce qu'elles continssent le double
de la racine.

Soit à extraire la racine carrée de 589824.

Pour faire cette opération, je partage ce nombre en tranches chacune de deux chiffres, et je vois que la racine sera composée de trois chiffres, car il y a trois tranches.

```
5 8. 9 8. 2 4 │ 7 6 8 racine carrée.
  9 9. 8       │ 7
  1 2 2 2. 4   │ 1 4 6 double.
      0        │ 1 5 2 8 double.
```

Je cherche le plus grand carré contenu dans la première tranche, et je vois qu'il est 49 dont la racine est 7 ; je soustrais donc 49 de 58, et je trouve 9 pour reste que j'écris au-dessous de la tranche employée. À côté de ce reste j'abaisse la tranche suivante 98, dont je sépare le dernier chiffre 8, et je divise ensuite 99 par le double de la racine 7 ; je dis : en 9, combien de fois 1 ? 6 fois. Multipliant cette racine par elle-même, par 4 et par 1, et retranchant le produit de 99.8, je trouve 122 pour reste. À côté de ce reste j'abaisse la tranche suivante 24, dont je sépare le dernier chiffre 4 ; je double ensuite la racine 76, il vient 152 ; je dis : en 12 combien de fois 1 ? 8 fois. Multipliant 8 par lui-même, par 2, par 5 et par 1, et retranchant le produit 12224 de 12224, je trouve 0 pour reste : j'en conclus que le nombre proposé est un carré parfait, et 768 une racine exacte.

Pour faire la preuve, il faut qu'en multipliant la racine par elle-même on reproduise le carré ; 768×768 =589824 pour preuve.

EXEMPLE:

Quelle est la racine carrée de 576 ?

```
5. 7 6  | 2 4
  1 7 6 |  2
    0 0      4 4
```

Après avoir partagé ce nombre en tranches, je cherche le plus grand carré contenu dans la tranche 5, il est
4 dont la racine est 2; je soustrais 4 de 5, il reste 1
que j'écris sous ce chiffre.

A côté du reste 1 j'abaisse la tranche 76, dont je sépare le dernier chiffre de droite; je double la racine 2,
et divisant 17 par 4, je trouve 4 pour racine sans reste.

La racine demandée est donc 24.

EXEMPLE:

Quelle est la racine carrée de 460151939025 ?

```
46. 0 1.5 1.9 3.9 0.2 5  | 6 7 8 3 4 5
 1 0 0.1                  | 6
   1 1 2 5.1              |   1 2 7
     4 6 7 9.3           |    1 3 4 8
       6 1 0 4 9.0       |     1 3 5 6 3
         6 7 8 3 4 2.5   |      1 3 5 6 6 4
                    0     |       1 3 5 6 6 8 5
```

Je cherche ici le plus grand carré contenu dans la
première tranche 46; il est 36 dont la racine est 6: je
soustrais 36 de 46, il reste 10 que j'écris au-dessous de
cette tranche.

A côté de ce reste j'abaisse la tranche suivante 01,
dont je sépare le dernier chiffre de droite; je divise la
partie à gauche 100 par le double de la racine 6, je trouve
7 pour deuxième chiffre de la racine, et 112 pour reste.

A la suite de ce reste j'abaisse la tranche 51, dont je sépare le chiffre 1 ; je divise ensuite la partie à gauche 1125 par le double de la racine 67, j'obtiens 8 pour troisième chiffre de la racine, et 467 pour reste.

A la suite de ce reste j'abaisse la tranche 93, dont je sépare le chiffre 3 ; je divise donc la partie 4679 par le double de la racine 678, j'obtiens 3 pour quatrième chiffre de la racine, et 6104 pour reste.

A côté de ce reste j'abaisse la tranche 90, dont je sépare toujours le dernier chiffre ; je divise la partie 61049 par 13566, double de la racine 6783, j'obtiens 4 pour cinquième chiffre de la racine, et 67834 pour reste.

Enfin, à côté de ce reste j'abaisse la tranche 25, j'en sépare ensuite le dernier chiffre, et divisant la partie 678342 par 135668, double de la racine 67834, je trouve 5 pour racine sans reste.

Je conclus de là que la racine demandée est 678345, et que le nombre 460151939025 est un carré parfait.

D. Qu'appelle-t-on nombres incommensurables ou irrationnels ?

R. Ce sont des nombres dont la racine ne peut être exactement assignée ; tels sont $\sqrt{7}$, $\sqrt{11}$, $\sqrt{14}$, et en général, tous les nombres qui ne sont pas des carrés parfaits.

D. Que doit-on remarquer en extrayant la racine carrée d'un nombre quelconque ?

R. 1° Que dans une division partielle on ne peut mettre plus de 9 à la racine ;

2° Qu'un chiffre mis à la racine carrée d'un nombre est trop grand, lorsque le carré des chiffres de la racine est plus grand que l'ensemble des tranches sur lesquelles on a déjà opéré ;

3° Qu'un chiffre mis à la racine est trop faible, rela-tivement au reste, qui doit toujours être moindre que le double des chiffres de la racine plus un;

4° Que tout nombre terminé par un nombre impair de zéros, ou par 2, 3, 7, 8, ne peut être un carré par-fait.

D. Si, en extrayant la racine carrée d'un nombre entier, on trouvait un reste, ne pourrait-on pas, à l'aide des décimales, approcher de cette racine?

R. On le pourrait en écrivant à la suite du reste, deux fois autant de zéros qu'on voudrait avoir de déci-males à la racine : alors, pour chaque deux zéros qu'on aurait ajoutés, il faudrait séparer un chiffre à la racine.

Exemple:

Soit à extraire la racine carrée de 45 à moins d'un centième près.

$$
\begin{array}{r|l}
4\,5.0\,0.0\,0 & 6,70 \\
\hline
9\,0.0 & 6 \\
1\,1\,0.0 & 127 \\
& 1\,3\,4\,0
\end{array}
$$

Après avoir extrait la racine carrée de 45, j'abaisse à côté du reste 9 la tranche suivante 00, dont je sépare le dernier chiffre de droite : je divise ensuite 90 par 12, double de la racine 6, j'obtiens 7 pour deuxième chiffre de la racine, et 11 pour reste.

A côté du reste 11 j'abaisse la tranche suivante 00, j'en sépare le dernier chiffre, je double ensuite la racine 67, et je vois que la partie 110 ne peut contenir le double 134, je mets 0 à la racine.

La racine demandée est donc 6,70, à un centième près.

EXEMPLE:

Soit à extraire la racine carrée de 4878 à un millième près.

```
48.7 8.0 0.0 0.0 0 | 69,842
   1 2 7.8          | 6
     1 1 7 0.0      | 129
         5 9 6 0.0  | 1388
           3 7 4 4 0.0 | 13964
     Reste 9 5 0 3 6   13968 2
```

Ainsi, la racine carrée de 4878 approchée de la véritable à moins d'un millième près est de 69,842.

D. Qu'y a-t-il à remarquer sur l'extraction de la racine carrée des fractions?

R. On y remarque trois cas généraux : 1° les deux termes d'une fraction peuvent être des carrés parfaits; 2° le dénominateur seul peut être un carré parfait; 3° le dénominateur peut être irrationnel.

1° Lorsque les termes d'une fraction sont des carrés parfaits, on extrait la racine du numérateur et celle du dénominateur, et la nouvelle fraction est la racine demandée. Ainsi, $\sqrt{\frac{49}{64}} = \frac{\sqrt{49}}{\sqrt{64}} = \frac{7}{8}$; $\sqrt{\frac{36}{81}} = \frac{\sqrt{36}}{\sqrt{81}} = \frac{6}{9}$.

2° Lorsque le dénominateur est seul un carré parfait, il faut chercher la racine carrée du numérateur aussi approximativement qu'on le voudra, et diviser ensuite cette racine par celle du dénominateur; le quotient sera la racine cherchée. Ainsi, pour déterminer la racine carrée de $\frac{21}{25}$, je cherche la racine de 21 à $\frac{1}{100}$ près, par exemple, et je divise le résultat 4,58 par 5, racine du dénominateur, j'ai $\frac{4,58}{5}$ ou $\frac{458}{500}$ pour la racine demandée, l'erreur étant moindre que $\frac{1}{500}$.

3° Lorsque le dénominateur est irrationnel, il faut

multiplier les deux termes de la fraction par le dénominateur ou par tout autre nombre remplissant le même
but, et opérer ensuite comme nous l'avons dit ci-dessus.
Ainsi, $\sqrt{\frac{3}{5}}=\sqrt{\frac{15}{25}}=\sqrt{\frac{15}{5}}=\frac{387}{500}$ à moins d'un centième
près.

Pour extraire la racine carrée d'un nombre fractionnaire, il faut le réduire en fraction, alors l'opération
sera ramenée à l'un ou à l'autre des cas précédents.

Si l'on demandait la racine carrée de $2+\frac{1}{4}$, par exemple, on aurait $\sqrt{2+\frac{1}{4}}=\sqrt{\frac{9}{4}}=\frac{3}{2}$ pour racine.

Pour extraire la racine carrée d'un nombre complexe,
à moins d'une unité inférieure donnée près, il faut réduire les unités principales et les unités inférieures en
unités carrées de l'ordre demandé, en extraire la racine
à une unité près, et exprimer ensuite en nombre complexe la racine trouvée.

Soit à extraire la racine carrée de $9^t - 16^P - 18^P$ carrés,
à moins d'une ligne près. On aura les égalités $1^t = 36$
pieds carrés, $1^P = 144$ pouces carrés, et $1^P = 144$ lignes carrées; et par suite $9^t \times 36^P = 324^P + 16^P = 340^P \times 144^P =$
$48960^P + 18^P = 48978^P \times 144^l = 7052832$ lignes carrées,
dont la racine est 2655 lignes, ou $3^t - 0^P - 5^P - 3^l$.

PROBLÈMES ANALYTIQUES SUR LA RACINE CARRÉE.

1ᵉʳ PROBLÈME.

Un terrain rectangulaire a 1421280 mètres carrés
de superficie; s'il était aussi large que long, il aurait
412252416 mètres carrés : on demande la largeur de ce
terrain?

Solution. Si je connaissais les dimensions de ce rec-

tangle, il faudrait qu'en multipliant un côté par le côté
opposé, je reproduisisse 1421280 mètres carrés.

Je cherche d'abord la racine qui a engendré 412252416
mètres, et je trouve 20304. Je dirai ensuite : si 412252416
mètres carrés donnent 20304 mètres carrés, quelle largeur donneront 1421280 mètres carrés? ou 412252416
: 20304 : : 1421280 : x=70 mètres.

Ainsi, le rectangle demandé aurait donc 20304 mètres
de longueur sur 70 de largeur. Effectivement, en multipliant un de ses côtés par le côté opposé, on trouve
1421280 mètres carrés.

2me PROBLÈME.

Un propriétaire a un jardin carré, dont un côté diffère
de 24 pieds en plus et en moins de la longueur et de la
largeur d'un terrain rectangulaire, ayant 621945 pieds
carrés de superficie. Ce propriétaire veut le faire entourer
d'un mur de 4 pieds de hauteur; on demande combien
il lui coûtera, sachant que la toise carrée lui coûte 6 fr.?

Solution. Puisque le terrain comparé au jardin a 24
pieds en plus et en moins, l'excédant en pieds carrés sera
donc de 24×24=576 pieds carrés, qu'il faut conséquemment ajouter à la superficie du terrain rectangulaire;
621945+576=622521^P carrés qu'a le jardin. Il est évident qu'en extrayant la racine carrée de ce nombre, on
doit déterminer un côté du jardin, qui est de 789 pieds
carrés. Et puisque le mur doit avoir 4 pieds de hauteur,
789×4=3156 pieds, qu'il faut diviser par 36 pieds
carrés, valeur de la toise carrée, =87^t+$\frac{2}{3}$ carrées que
contient un côté du mur. Et comme la toise carrée doit
être payée 6^f, les 87^t=$\frac{2}{3}$ coûteront 87^t+$\frac{2}{3}$×6^f=526^f que

coûte par conséquent un côté du mur : les quatre côtés coûteront donc $526^f \times 4 = 2104$ francs.

Réponse : 2104 francs.

3ᵐᵉ Problème.

Un capitaine a 2738 soldats qu'il veut disposer en bataillon rectangulaire, en proportion double, comme 2 est à 4 : on demande combien il y aura d'hommes sur chaque côté du rectangle ?

Solution. Pour résoudre ce problème, il faut d'abord diviser 2738 par 2, à cause de la proportion double qui existe dans son énoncé ; $2738:2=1369$, dont la racine carrée est 37, qui est aussi un côté du rectangle ; et pour trouver l'autre côté, $37 \times 2 = 74$.

Réponse : 37 et 74.

4ᵐᵉ Problème.

Un terrain rectangulaire a 1296 mètres de superficie ; s'il était aussi large que long, il aurait 6561 mètres carrés : quelles sont les dimensions de ce terrain ?

Réponse : 81 mètres de longueur sur 16 mètres de largeur.

5ᵐᵉ Problème.

Trouver un nombre qui, augmenté de sa racine carrée, donne 56 pour somme. Quel est ce nombre ?

Réponse : 49.

6ᵐᵉ Problème.

En multipliant un nombre par lui-même, on obtient 328329 pour produit ; quel produit obtiendrait-on en multipliant ce nombre par son tiers ?

Réponse : 109443.

7ᵐᵉ Problème.

On demande les deux côtés d'un rectangle qui a

92416 mètres de superficie, sachant que la largeur est le $\frac{1}{4}$ de la longueur.

Réponse : l'un a 1216 mètres et l'autre 76.

8me PROBLÊME.

Trouver un nombre qui, diminué de sa racine, donne 30 pour différence. Quel est ce nombre ?

Réponse : 36.

9me PROBLÊME.

Trouver un nombre dont la racine carrée, plus le $\frac{1}{4}$ de cette racine, ajoutés à ce même nombre, la somme soit 74. Quel est ce nombre ?

Réponse : 64.

10me PROBLÊME.

Un verger carré a 529 mètres carrés de superficie ; de combien de mètres est chaque côté ?

Réponse : 23 mètres.

11me PROBLÊME.

Décomposer 61 en deux parties dont les racines multipliées donnent 30 pour produit. Quelles sont ces parties ?

Réponse : 36 et 25.

12me PROBLÊME.

Trouver un nombre dont la racine multipliée par $\frac{1}{3}$, donne 108 pour produit. Quel est ce nombre ?

Réponse : 104976.

RACINE CUBIQUE, EXTRACTION.

D. Qu'appelle-t-on cube ?

R. On appelle cube un corps qui a ses six côtés égaux, tel qu'un dé à jouer.

D. Qu'est-ce que cuber un nombre ?

R. C'est multiplier ce nombre deux fois par lui-même. Ainsi, le cube de 6 est $6\times6=36\times6=216$; le cube de 24 est $24\times24\times24=13824$.

D. Qu'est-ce que cuber un corps?

R. C'est multiplier sa longueur par sa largeur, et le produit par son épaisseur.

Exemple. Quelle est la solidité d'un morceau de bois qui a 20 mètres de longueur sur $1^m,25$ de largeur et sur $0^m,95$ d'épaisseur?

Elle est $20^m\times1^m,25\times0^m,95=23^m,75$.

D. Qu'est-ce que la racine cubique d'un nombre?

R. C'est un autre nombre qui, élevé à la troisième puissance ou au cube, reproduit le premier. Ainsi, $\sqrt[3]{8}=2$; $\sqrt[3]{125}=5$.

D. De quoi se compose le cube d'un nombre?

R. Le cube d'un nombre composé de dixaines et d'unités, contient quatre parties : 1° le cube des dixaines; 2° le triple carré des dixaines multiplié par les unités; 3° le triple des dixaines multiplié par le carré des unités; 4° le cube des unités. Ainsi, $45^3=(40+5)^3=64000$, cube des dixaines, $+24000$, triple carré des dixaines multiplié par les unités, $+3000$, triple des dixaines multiplié par le carré des unités, $+125$, cube des unités, $=91125$, cube de 45 ; et ce nombre contient des unités, des dixaines, des centaines et des mille.

D. Quelle règle faut-il suivre pour extraire la racine cubique d'un nombre quelconque?

R. Il faut observer qu'on n'a besoin d'aucune méthode, si le nombre a moins de quatre chiffres (pour avoir la racine en nombre entier); car 1000 étant le cube de 10, tout nombre au-dessous de 1000, et par conséquent moindre de quatre chiffres, aura aussi pour racine un nombre moindre que 10, c'est-à-dire d'un chiffre. Ainsi, les nombres successifs 1, 2, 3, 4, 5, 6, 7, 8, 9 ont pour cubes 1, 8, 27, 64, 125, 216, 343, 512, 729.

D. De combien de chiffres doit être composée la racine cubique d'un nombre quelconque?

R. D'autant de chiffres que ce nombre renferme de tranches de trois chiffres chacune, en allant de droite à gauche, excepté cette dernière qui peut n'être composée que de deux ou même d'un seul chiffre.

D. Quel est le cube de l'unité suivie de zéros?

R. Il est égal à cette unité suivie du triple des mêmes zéros. Ainsi, le cube de 10 est 1000; le cube de 1000 est 1000000000.

D. Quelle règle faut-il suivre pour extraire la racine cubique d'un nombre qui contient deux ou un plus grand nombre de tranches?

R. Il faut d'abord extraire la racine cubique du plus grand cube contenu dans la première tranche; si le nombre proposé n'a que deux tranches, cette racine en exprimera les dixaines; s'il en a trois, elle représentera les centaines, etc. Il faut ensuite écrire cette racine à la droite du nombre proposé, en séparant l'un et l'autre par un trait : après avoir soustrait le cube de la tranche employée, abaisser la tranche suivante à côté de ce reste; sur la droite du nombre qui en résulte, séparer les deux derniers chiffres par un point, et diviser la partie de gauche par le triple carré de la racine obtenue, le quotient exprimera le second chiffre de la racine. Pour obtenir le troisième reste, on cube la racine entière, et l'on soustrait ce cube des deux tranches employées, à côté duquel on abaisse la tranche suivante dont on sépare les deux derniers chiffres de droite; et divisant la partie de gauche par le triple carré de la racine obtenue, on obtient au quotient le troisième chiffre de la racine.

EXEMPLE:

Soit proposé d'extraire la racine cubique de 13824.

$$
\begin{array}{c|l}
1\,3\,.\,8\,2\,4 & 2\,4 \\
8 & 1\,2 \text{ triple carré de 2.} \\
\hline
5\,8\,.\,2\,4 & \\
0 &
\end{array}
$$

Après avoir partagé ce nombre en tranches, je cherche le plus grand cube contenu dans la première tranche, qui est 8 dont la racine est 2; je soustrais 8 de 13, il reste 5 que j'écris sous la tranche employée.

A côté du reste 5 j'abaisse la tranche suivante 824, j'en sépare les deux derniers chiffres de droite; et divisant la partie 58 par 12, triple carré de la racine 2, j'obtiens 4 pour quotient, qui est aussi le second chiffre de la racine.

Pour vérifier la racine 24, et pour obtenir le reste s'il y en a un, je cube 24 et je retranche le produit 13824 des deux tranches employées, il reste o. Je conclus de là que 24 est la racine exacte de 13824.

D. Que doit-on remarquer en extrayant la racine cubique d'un nombre quelconque?

R. 1° Que dans une division partielle on ne peut mettre plus de 9 à la racine;

2° Qu'on a trop mis à la racine cubique d'un nombre, lorsque le cube des chiffres obtenus est plus grand que le nombre que comportent les tranches sur lesquelles on a déjà opéré;

3° Qu'on n'a pas mis assez à la racine cubique d'un nombre, à l'égard du reste qui doit toujours être moindre que le triple carré des chiffres trouvés à la racine, plus trois fois ces mêmes chiffres plus un ;

4° Que la racine d'un nombre quelconque qui n'est pas un cube parfait, est incommensurable.

EXEMPLE :

Soit proposé d'extraire la racine cubique de 12895213625.

```
1 2.8 9 5.2 1 3.6 2 5  | 2 3 4 5
   4 8.9 5             | 1 2 triple carré de 2.
      7 2 8 2. 1 3         1 5 8 7 triple carré de 23.
         8 2 3 0 9 6.2 5      1 6 4 2 6 8 tr. c. de 234
                    0
```

Après avoir fait des tranches de trois chiffres chacune, en allant de la droite vers la gauche, je cherche le plus grand cube contenu dans la première tranche, qui est 8, dont la racine est 2 ; je soustrais 8 de 12, il reste 4 que j'écris au-dessous de cette tranche.

A côté de ce reste j'abaisse la tranche suivante 895, dont je sépare les deux derniers chiffres 95 ; je divise la partie 48 par 12, triple carré de 2, j'obtiens 3 pour quotient, qui est aussi le second chiffre de la racine. Pour déterminer le reste de cette division, je cube la racine 23, et je soustrais le cube 12167 des deux tranches employées 12895, il reste 728 que j'écris au-dessous de la seconde tranche.

A côté du reste 728 j'abaisse la tranche 213, dont je sépare les deux derniers chiffres ; je divise la partie 7282 par 1587, triple carré de la racine 23, j'obtiens 4 pour quotient que j'écris à la suite de 23. Pour dé-

13

terminer le reste de cette division, je cube la racine 234, et je soustrais le cube 12812904 des trois tranches employées 12895213, il reste 82309 que j'écris sous la troisième tranche.

Enfin, à côté du reste 82309 j'abaisse la tranche 625, dont je sépare toujours les deux derniers chiffres; je divise la partie 823096 par 164268, triple carré de la racine 234, j'obtiens 5 pour quotient que j'écris à la suite de 234. Pour avoir le reste de cette division, je cube la racine 2345, et je soustrais le cube 12895213625 des quatre tranches employées, il ne reste rien : j'en conclus que 2345 est une racine exacte, et que 12895213625 est un cube parfait.

D. Ne pourrait-on pas approcher de la véritable racine d'un nombre entier incommensurable ?

R. On le pourrait, au moyen des décimales, en écrivant à la suite du reste autant de tranches de trois zéros que l'on voudrait avoir de décimales à la racine; extraire ensuite à une unité près la racine de ce reste converti, et séparer sur la droite de la racine le nombre de décimales demandé.

EXEMPLE :

Soit à extraire la racine cubique de 57, à un centième près.

```
5 7.0 0 0.0 0 0  |  3,8 4
3 0 0.0 0        |  2 7 triple carré de 3.
    2 1 2 8 0.0 0     4 3 3 2 triple carré de 3 8.
Reste  3 7 6 8 9 6
```

Ainsi, la racine cubique de 57, approchée à moins d'un centième près, est de 3,84.

D. Comment extrait-on la racine cubique d'une fraction décimale ?

R. Si la fraction décimale ne contient pas assez de chiffres pour donner des unités de l'ordre demandé, on les complètera en ajoutant à sa suite autant de zéros qu'il en faudra, en observant qu'une tranche de trois chiffres n'en produit qu'un à la racine : on extrait, à une unité près, la racine cubique du nombre entier résultant de la suppression de la virgule, et l'on sépare sur sa droite le nombre de décimales dont on est convenu. Ainsi, pour extraire la racine cubique de la fraction décimale 0,48, à un centième près, on a $\sqrt[3]{480.000}$ $=0,78$.

Si l'on demandait en décimales la racine cubique d'une fraction ordinaire, il faudrait la réduire en fraction décimale, et pousser l'approximation jusqu'à ce qu'on eût trouvé trois fois autant de chiffres décimaux qu'on veut en avoir à la racine, et opérer ensuite comme au cas précédent, Ainsi, $\sqrt[3]{\frac{8}{13}} = \sqrt[3]{0,615384} = 0,85$ d'un centième près.

D. Qu'y a-t-il à remarquer sur l'extraction de la racine cubique des fractions ordinaires ?

R. On y remarque trois cas généraux : 1° les deux termes d'une fraction peuvent être des cubes parfaits; 2° le dénominateur peut être seul un cube parfait; 3° le dénominateur peut n'être pas un cube parfait.

1° Lorsque les termes d'une fraction sont des cubes parfaits, on extrait la racine du numérateur et celle du dénominateur, et la nouvelle fraction est la racine demandée. Ainsi, $\sqrt[3]{\frac{64}{216}} = \frac{\sqrt[3]{64}}{\sqrt[3]{216}} = \frac{4}{6}$.

2° Lorsque le dénominateur est seul un cube parfait, il faut chercher la racine cubique du numérateur aussi approximativement qu'on le voudra, et diviser ensuite cette racine par celle du dénominateur ; le quotient sera la racine demandée. Ainsi, $\sqrt[3]{\frac{36}{216}} = \frac{3,30}{6} = \frac{530}{600}$, l'erreur étant moindre que $\frac{1}{600}$.

3° Lorsque le dénominateur est irrationnel, on le rend un cube parfait, en multipliant les deux termes de la fraction par le carré du dénominateur, ou par tout autre nombre moindre remplissant le même but ; l'opération est ensuite ramenée au second cas. Ainsi, $\sqrt[3]{\frac{1}{4}} = \sqrt[3]{\frac{16}{64}} = \sqrt[3]{\frac{16}{4}} = \frac{2,51}{4} = \frac{251}{400}$.

Pour extraire la racine cubique d'un nombre fractionnaire, il faut le réduire en fraction, alors l'opération sera ramenée à l'un ou à l'autre des cas précédents.

Si l'on demandait la racine cubique de $3 + \frac{3}{8}$, par exemple, on aurait $\sqrt[3]{3 + \frac{3}{8}} = \sqrt[3]{\frac{27}{8}} = \frac{3}{2}$ pour racine.

Pour extraire la racine cubique d'un nombre complexe, à moins d'une unité inférieure donnée près, il faut réduire les unités principales et les unités inférieures en unités cubes de l'ordre demandé, en extraire la racine cubique, et exprimer ensuite en nombre complexe la racine trouvée.

Soit à extraire la racine cubique de $4^t — 21^P — 36^P$ cubes à une ligne près. On aura les égalités $1^t = 216$ pieds cubes, $1^P = 1728$ pouces cubes, $1^P = 1728$ lignes cubes ; et ce nombre réduit en lignes cubes donnera $2.642.658.048$, dont la racine cubique est 1383 lignes ou $1^t — 3^P — 7 — 3^l$.

DES PROGRESSIONS.

D. Qu'appelle-t-on progression ?

R. C'est une suite de nombres dont chacun a le même rapport avec celui qui précède ou qui suit.

D. Quelles qualités peut avoir une progression?

R. Deux ; croissante ou décroissante.

D. Qu'appelle-t-on progression croissante et décroissante ?

R. La progression croissante est celle dont les termes vont dans le même ordre et toujours en augmentant ; et la progression décroissante est celle dont les termes vont dans le même ordre et toujours en diminuant.

D. Comment s'appellent le premier et le dernier terme d'une progression quelconque?

R. Ils se nomment extrêmes, et tous les autres termes insérés se nomment moyens.

D. Combien y a-t-il de sortes de progressions?

R. Il y en a de deux sortes : les progressions par différence ou arithmétiques, et les progressions par quotient ou géométriques.

DES PROGRESSIONS ARITHMÉTIQUES.

D. Qu'appelle-t-on progression arithmétique?

R. C'est une suite de nombres dont chacun surpasse celui qui le précède immédiatement, ou qui en est surpassé d'une même quantité.

D. Qu'appelle-t-on raison d'une progression ?

R. La raison d'une progression est la différence qui existe entre un terme qui précède ou qui suit celui dont il s'agit. Ainsi, $\div$ 6 . 9 . 12 . 15 .... est une progression

arithmétique croissante, dont la raison est $9-6=3$;
et $30.28.26.24....$ est une progression décroissante,
dont la raison est $28-30= -2$.

D. A quoi servent les deux points, séparés par une barre, qu'on interpose devant ces progressions ?

R. Ils servent à indiquer qu'en énonçant une progression, on doit répéter chaque terme, excepté le premier et le dernier. Ainsi, on énoncera la progression ci-dessus 6 est à 9, comme 9 est à 12, comme 12 est à 15 ; ou sans répétition, comme 6 est à 9 est à 12 est à 15.

D. A quoi est égal un terme quelconque d'une progression arithmétique croissante ?

R. Il est égal au premier terme, plus autant de fois la raison qu'il y a de termes avant celui que l'on demande.

D. A quoi sert ce principe ?

R. Il sert à déterminer un terme quelconque d'une progression, sans établir cette progression.

EXEMPLES:

Quel est le 12me terme de la progression $\div 5.9.13....$?
Le terme demandé est égal à $5+(12-1)\times4=49$.

Quel est le 23me terme de la progression $\div 7.10.13....$?

Le terme demandé est égal à $7+(23-1)\times3=73$.

D. A quoi est égal un terme quelconque d'une progression arithmétique décroissante ?

R. Il est égal au nombre des termes moins un multiplié par la raison et ôté du premier terme.

EXEMPLE:

Quel est le 11me terme de la progression décroissante $100.97.94....$?

Le terme demandé est égal à $100-(11-1)\times3=70$.

Quel est le 9me terme de la progression décroissante $16.14....$?

Le terme demandé est égal à $16-(9-1)\times2=0$.

D. A quoi est égale la somme des termes d'une progression, soit croissante soit décroissante?

R. Elle est égale à la somme des extrêmes multipliée par la demi-somme des termes de la progression.

Exemples:

Quelle est la somme des termes de la progression $\div 2.4.6....$ dont le dernier extrême est 30?

Elle est égale à $2+30\times4=128$.

Quelle est la somme des quinze premiers termes de la progression décroissante $860.850.840....$, dont le dernier terme est 720?

Elle est égale à $860+720\times7+\frac{1}{2}=11850$.

Quelle est la somme des 12 premiers termes de la progression décroissante $80.78.76....$?

Le premier terme de cette progression est 80 et le douzième est inconnu; $12-1=11\times2=22$; $80-22=58$ douzième terme. L'opération est conséquemment réduite à multiplier la somme des extrêmes par la demi-somme des termes de la progression; $80+58\times6=828$, somme des douze premiers termes de cette progression.

D. A quoi est égale la raison d'une progression arithmétique?

R. Elle est égale à la différence des deux quantités données, divisée par le nombre des moyens à insérer plus un.

Si l'on demandait d'insérer 8 moyens arithmétiques entre 4 et 11, je soustrairais 4 de 11, et je diviserais la différence 7 par les moyens augmentés d'un ; $7 : 9 =$ $\frac{7}{9}$ qui est par conséquent la raison de la progression. Ainsi, la progression s'établirait de cette manière : $\div 4 .$ $4+\frac{7}{9} . 5+\frac{5}{9} . 6+\frac{3}{9} . 7+\frac{1}{9} . 7+\frac{8}{9} . 8+\frac{6}{9} . 9+\frac{4}{9} . 10+\frac{2}{9} .$ $11.....$

Si l'on demandait d'insérer 5 moyens arithmétiques entre 3 et 6, on aurait $6-3 : 6 = \frac{3}{6}$ pour raison de cette progression, qu'on établirait ainsi : $\div 3 . 3+\frac{3}{6} . 4 . 4+\frac{3}{6} .$ $5 . 5+\frac{3}{6} . 6....$

Si l'on demandait que la progression fût décroissante, au lieu d'ajouter la raison aux moyens successifs, il faudrait l'en ôter au contraire ; car si l'on demandait d'insérer entre 10 et 4, 7 moyens arithmétiques, on aurait $10 . 9+\frac{2}{8} . 8+\frac{4}{8} . 7+\frac{6}{8} . 7 . 6+\frac{2}{8} . 5+\frac{4}{8} . 4+\frac{6}{8} . 4....$

D. A quoi est égale la moyenne arithmétique d'une progression ?

R. La moyenne arithmétique entre tous les termes d'une progression par différence, est égale à la moyenne arithmétique entre les deux termes extrêmes. Ainsi, la moyenne atithmétique entre tous les termes de la progression ci-dessus, serait, selon la formule, $x = \dfrac{10+4}{2} = 7$, d'où $x = 7$.

Soit proposé de déterminer la somme des premiers nombres impairs depuis 1 jusqu'à 241. Comme le premier terme est 1 et le dernier 241, $1+241 = 242$ qu'il faut multiplier par la moitié des termes de la progression ; $242 \times 60+\frac{1}{2} = 14641$, somme demandée.

On demande la somme des nombres pairs depuis 2 jusqu'à 126. La somme des extrêmes $2+126 \times 31+\frac{1}{2} =$ 4032.

DES PROGRESSIONS PAR QUOTIENT OU GÉOMÉTRIQUES.

D. Qu'appelle-t-on progression géométrique?

R. Une progression géométrique est une suite de termes dont chacun est égal à celui qui le précède, multiplié par un nombre constant appelé raison de la progression. Ainsi, $\div 4 : 8 : 16 : 32 : 64 : \ldots$ est une progression géométrique, puisqu'un terme qui en précède un autre, le contient exactement la raison de cette progression. Cette progression est appelée croissante, parce que tous les termes augmentent suivant un terme invariable appelé raison.

Et $\div 1458 : 486 : 162 : 54 : 18 : 6 : 2$ est une progression géométrique décroissante, dont la raison est 3.

D. A quoi sont destinés les quatre points que l'on interpose devant une progression géométrique?

R. Ils servent à marquer qu'en énonçant la progression, il faut en répéter chaque terme excepté le premier et le dernier, et à faire distinguer une progression géométrique d'une progression arithmétique.

D. A quoi est égal un terme quelconque d'une progression géométrique?

R. Il est égal au premier terme multiplié par une puissance de la raison, déterminée par le nombre des termes qui précèdent celui dont il s'agit.

Si l'on demandait le 10me terme de la progression géométrique croissante $\div 2 : 6 : 18 : \ldots$, il faudrait multiplier le premier terme de cette progression par la neuvième puissance de $3 \times 3 \times 3 \times 3 \ldots = 19683$; on aurait conséquemment $x = 19683 \times 2 = 39366$, d'où $x = 39366$.

On demande le 6me terme de la progression géométrique croissante ∻ 4 : 8 : 16 : . . . .

Le terme demandé sera donc égal au premier multiplié par la cinquième puissance de la raison 2.

En représentant par x le terme inconnu, nous aurons
$x = 4 \times 2 \times 2 \times 2 \times \ldots = 128$, terme demandé, d'où
l'on tire $x = 128$.

D. *A quoi est égal un terme quelconque d'une progression géométrique décroissante?*

R. Il est égal au premier terme divisé par la raison
élevée à une puissance déterminée par le nombre des
termes qui précèdent celui dont il s'agit.

Si l'on demandait le 5me terme de la progression décroissante ∻ 1458 : 486 : . . ., il faudrait diviser 1458
par la raison 3 élevée à sa 4me puissance : on aurait donc
$$x = \frac{1458}{3 \times 3 \times 3 \ldots} = 18, \text{ d'où } x = 18.$$

On demande le 6me terme de la progression géométrique décroissante ∻ 15360 : 3840 : . . . Le terme demandé est égal à $15360 : 4 \times 4 \times 4 \ldots = 15$. Ainsi,
le 6me terme de cette progression est 15.

D. *A quoi est égale la somme des termes d'une progression quelconque géométrique croissante?*

R. Elle est égale au produit du dernier terme multiplié par la raison, moins le premier terme divisé par la
raison diminuée de l'unité.

Quelle est la somme des termes de la progression ∻ 2
:6:18: 54 : 162 : 486 : 1458?

Il faut, d'après la théorie, multiplier le dernier terme
1458 par la raison $3 = 4374$; de ce produit il faut ôter
le premier terme $2 = 4372$, qu'il faut diviser par la rai-

son diminuée de l'unité; $4372 : 3—1 = 2186$, somme des termes de cette progression.

On demande la somme des termes de la progression $\div 3 : 6 : 12 : 24 : 48 : 96 : 192 : 384$. On aura la formule $x = \dfrac{384 \times 2 - 3}{2 - 1} = 765$, $x = 765$, somme demandée.

Si la progression est décroissante, il faut déterminer le dernier terme, et lui appliquer ensuite le principe précédent. Ainsi, si l'on demandait la somme des quatre premiers termes de la progression $\div 480 : 240 : \dots$, il faudrait déterminer le quatrième terme par les moyens connus, et appliquer ensuite à la progression les opérations indiquées ci-dessus. On aura donc $480 \times 2 = 960 - 60 = 900 : 2 - 1 = 900$, somme demandée.

On demande la somme des sept premiers termes de la progression géométrique décroissante $\div 234375 : 46875 : \dots$. Il faut, comme à l'exemple précédent, déterminer le dernier terme de la progression, qui est 15. Ainsi, on aura la formule $\dfrac{234375 \times 5 - 15}{5 - 1} = 292965$, somme demandée.

D. Comment obtient-on la raison d'une progression géométrique?

R. On l'obtient en extrayant du rapport des deux extrêmes la racine marquée par le nombre des moyens plus un.

Soit à insérer entre 4 et 64 trois moyens géométriques. Le rapport qui existe entre 4 et 64 est $\frac{64}{4}$ ou $64 : 4 = 16$. Le nombre des moyens à insérer est $3 + 1 = 4$; c'est donc la racine 4me de 16 qui sera la raison demandée. Nous l'obtiendrons en extrayant d'abord la racine carrée de

16, puis la racine carrée de cette racine. Or $\sqrt{16}=4$ et $\sqrt{4}=2$; donc la raison est 2. En faisant ensuite, soit des multiplications, soit des divisions successives, on aura $\div 4 : 8 : 16 : 32 : 64$. Ainsi, les moyens demandés sont 8, 16 et 32.

Si l'on demandait d'insérer 7 moyens entre les extrêmes 5 et 1280, on aurait $\frac{1280}{5}$ ou $\sqrt[8]{\frac{1280}{5}}=\sqrt[8]{256}=2$, raison de la progression. Les sept moyens demandés sont donc 10, 20, 40, 80, 160, 320 et 640.

PROBLÈMES ANALYTIQUES SUR LES PROGRESSIONS.

Iᵉʳ PROBLÈME.

Un jardinier doit planter une rangée de 150 arbres dont chacun doit être éloigné de son voisin de 4 mètres : on demande combien ce jardinier fera de chemin pour les planter, et combien il recevra, sachant qu'il doit mettre au pied de chaque arbre une brouettée de terre, prise sur le prolongement des arbres, et à 20 mètres du premier; et que chaque brouettée lui est payée $0^f,02$ de plus que la précédente, la première lui étant payée $0^f,04$.

Solution. Il faut d'abord chercher le chemin que fera le jardinier pour planter les arbres. Le fumier ou terreau étant à 20 mètres du premier arbre, il faut que le jardinier fasse 20 mètres pour arriver au pied de cet arbre; et y ayant déposé son fumier, il parcourt les mêmes 20 mètres pour revenir au lieu du départ : de sorte que pour le premier arbre il est obligé de parcourir 40 mètres. Pour planter le second arbre, éloigné du premier de 4 mètres, il faut de même que le jardinier fasse le chemin du premier arbre, plus deux fois la distance qui existe entre ces deux arbres, ou 8 mètres ; il parcourra par conséquent 48 mètres pour planter ce second arbre : de là la progression arithmétique croissante $\div$ 40 . 48 . 56...; et comme il y a 150 arbres à planter, cette progression contient aussi 150 termes. Nous avons dit précédemment que pour déterminer le dernier terme d'une progression arithmétique croissante, il faut multiplier la raison par le nombre des termes de la progression moins un, et ajouter au produit le premier terme ; 150—1 $\times$ 8 + 40 = 1232, dernier terme de la progression, et chemin que parcourra le jardinier pour planter le dernier arbre. Pour connaître les mètres parcourus pour planter les arbres, il faut sommer la progression $\div$ 40 . 48 .... 1232 ; donc, en nous rappelant le principe, 1232 + 40 $\times$ 150 : 2 = 95400 mètres, somme des termes de la progression, et mètres parcourus par le jardinier pour planter les arbres.

Il faut ensuite chercher ce que le jardinier recevra. Puisque pour chaque brouettée de fumier il reçoit 0^f,02 de plus que pour la précédente, et que pour la première il reçoit 0^f,04, nous aurons la progression arithmétique croissante $\div$ 0^f,04 . 0^f,06 .... dont le dernier terme est 3^f,02. Pour avoir la somme des termes de cette progression, 3^f,02 + 0^f,04 $\times$ 150 : 2 = 229^f,50.

Réponse : il parcourra 95400 mètres et recevra 229^f,50.

2me PROBLÈME.

Un propriétaire voulant faire creuser un puits de 600 pieds de profondeur, promet au maçon 24 francs pour le 600me pied. Mais parvenu au 280me, le maçon trouve une source qui l'empêche de finir l'ouvrage : on demande combien le propriétaire doit au maçon, sachant que la difficulté de l'ouvrage est proportionnée à la profondeur du puits.

Solution. Puisque le 600me pied est payé 24 francs, et que le prix d'un mètre quelconque dépend de la difficulté du terrain, le 280me sera donc payé proportionnément à 24 francs; $\div 600^P : 24^f :: 280^P : x = 11^f,20$, prix du 280me. Pour déterminer la raison d'une progression dont $11^f,20$ est le 280me terme, $280^P : 11^f,20 :: 279^P : x = 11^f,16$; et $11^f,20 - 11^f,16 = 0^f,04$, premier terme et raison de la progression. Ainsi, pour sommer cette progression $\div 0^f,04 . 0^f,08 \ldots$ dont $0^f,04$ est le premier terme et $11^f,20$ le dernier; nous aurons $11^f,20 + 0^f,04 \times 280 : 2 = 1573^f,60$.

Réponse : $1573^f,60$.

3me PROBLÊME.

Il y a dans une manufacture un ouvrier qui, par jour, fait 24 mètres d'ouvrage. Le premier mètre lui est payé 8 sous, le deuxième 14, le troisième 20, en augmentant toujours d'une quantité invariable jusqu'au 24me. Cet homme ayant travaillé deux ans dans cette maison, demande combien il lui est dû : on sait qu'on lui retient $5^f,50$ pour %, et que son ménage lui coûte $3^f,80$ par jour; on sait aussi qu'il ne travaillait pas les dimanches ni les fêtes, au nombre de 80 par an.

Solution. D'après les données du problême, nous serons conduits à la progression arithmétique croissante $\div 8 . 14 \ldots (24)$; et, déterminant le dernier terme et sommant à la fois, nous aurons $24 - 1 \times 6 + 8 = 146$, second extrême; $146 + 8 \times 24 : 2 = 1848$ sous ou $92^f,40$, gain d'une journée. Puisque cet ouvrier gagne $92^f,40$

par jour, son gain annuel sera aussi de 365 fois 92^f,40, moins 80 jours qu'il ne travaille pas ; 92^f,40 $\times$ 365^j—80^j= 26334 francs. Mais il travaille consécutivement pendant 2 ans ; donc, 26334^f $\times$ 2^a=52668 francs. Et comme on lui retient 5^f,50 pour cent pour frais d'entretien de ses machines, 100 : 5^f,50 : :52668^f : x=2896^f,74 de retenue, qu'il faut conséquemment ôter de son gain général ; 52668^f—2896^f,74=49771^f,26. Et maintenant puisqu'il dépense 3^f,80 par jour pour l'entretien de son ménage, 365^j $\times$ 3^f,80=1387 francs qu'il doublera au bout des deux ans, = 2774 francs, dépenses des deux ans. Si l'on demandait ce qu'il a de reste, 49771^f,26 — 2774^f = 46997^f,26.

Réponse : 52668 francs.

<h3 style="text-align:center">4me PROBLÈME.</h3>

Deux personnes jouent au piquet et mettent chacun 1 franc à jeu. En commençant la première partie, ils s'imposent la condition que celui qui perdra, doublera toujours l'argent qui se trouvera à jeu, et que l'autre ne touchera rien. Il arrive que l'un des joueurs perd les dix parties, nombre dont ils étaient convenus en commençant à jouer ; on demande combien il a perdu.

Solution. Puisque chaque joueur met 1 franc à jeu en commençant la première partie, il y a par conséquent 2^f ; et comme il y a un des joueurs qni perd cette partie, et qu'il est obligé de la doubler, il faut donc qu'il mette 4^f pour commencer la seconde partie. Mais les 2^f de la première partie restant à jeu, il y a conséquemment 6^f que le même joueur est également obligé de doubler pour la troisième partie. De là la progression géométrique croissante ÷ 2 : 6 : 18 : . . . . La raison de cette progression étant 3, et élevée à sa neuvième puissance elle est $19683\times$ $2 = 39366$, dernier terme de la progression, et somme qu'il y avait à jeu à la fin de la dixième partie. Et comme le gagnant n'a mis que 1^f et qu'il n'a rien retiré à cette dernière partie, il y a donc toute la perte plus le franc que le gagnant a mis; $39366^f - 1^f = 39365$ francs.

Réponse : 39365^f.

5me PROBLÊME.

On demande d'insérer 5 moyens proportionnels entre les nombres 7 et 28672.

Réponse : 28, 112, 448, 1792 et 7168.

6me PROBLÊME.

On demande combien de coups une horloge sonne en douze heures.

Réponse : 78.

7me PROBLÊME.

Quel est la somme des quinze premiers termes de la progression décroissante $\div 140 . 138 \ldots .$?

Réponse : 1890.

8me PROBLÊME.

Quel est le 100me terme de la progression $\div 2 . 4 .$ $6 \ldots .$?

Réponse : 200.

9me PROBLÊME.

Il y a dans un panier 120 pierres qu'on propose de placer sur une ligne droite, de manière qu'elles soient distantes de six pieds l'une de l'autre; mais à condition que celui qui les rangera, les prenne une à une pour les poser, puis, les ayant ainsi disposées, il faut qu'il les relève toutes une à une pour les remetre où il les a prises.

On demande combien ferait de chemin celui qui poserait ces pierres.

Réponse: 174240 pieds.

10ᵐᵉ PROBLÉME.

Quelle est la somme des sept premiers termes de la progression géométrique $\div$ 10 : 50 :...?

Réponse: 195310.

11ᵐᵉ PROBLÉME.

On demande le 23ᵐᵉ terme de la progression arithmétique $\div$ 7 . 10 ....

Réponse: 73.

12ᵐᵉ PROBLÉME.

Combien, entre les quantités 2 et 4, peut-on insérer de moyens arithmétiques, sachant que la raison est $\frac{2}{7}$?

Réponse : 6.

13ᵐᵉ PROBLÉME.

On demande d'insérer entre 4 et 16384 cinq moyens géométriques : quels sont-ils?

Réponse : 16, 64, 256, 1024 et 4096.

14ᵐᵉ PROBLÉME.

Un marchand a vendu 150 aunes d'étoffe, sous la condition qu'il recevra 1ᶠ de la première, 2ᶠ de la deuxième, 3ᶠ de la troisième, en augmentant toujours selon la progression naturelle, jusqu'à la 150ᵐᵉ aune. On demande combien ce marchand doit recevoir.

Réponse : 11325 francs.

15ᵐᵉ PROBLÉME.

On demande la somme des 24 premiers termes de la progression $\div$ 3 : 6 : ....

Réponse : 50331645.

14

DES RAPPORTS ET DES PROPORTIONS.

D. Qu'est-ce qu'un rapport ?

R. Le rapport entre deux quantités de même nature, est le résultat de cette comparaison entre ces deux nombres.

D. Combien y a-t-il de rapports ?

R. Il y en a de deux sortes : les rapports par différence ou arithmétiques, et les rapports par quotient ou géométriques.

Les rapports par différence ne sont d'aucun usage en arithmétique.

Soit à comparer deux longueurs 20 et 5, par exemple : le rapport par différence serait donc $20 - 5 = 15$, tandis que le rapport par quotient serait $20 : 5 = 4$; 15 serait un rapport par différence et 4 un rapport par quotient.

Il ne faut pas croire, d'après cet exposé, que le quotient d'une division quelconque soit indifféremment rapport ou quotient : pour qu'il soit rapport, il faut que les quantités dont on cherche le rapport soient de même nature ; et quotient, dans toutes les acceptions d'une division. Ainsi, un homme gagnant 3^f par jour, et son maître lui devant 72^f, déterminer le nombre de jours qu'il a travaillé, se réduit à diviser $72 : 3 = 24$ jours de travail, le quotient exprimant toujours un nombre de certaines choses.

D. Quels changements peut-on faire subir à un rapport sans en changer la valeur ?

R. Un rapport arithmétique ne change pas, lorsqu'on augmente ou qu'on diminue ses deux termes d'un même nombre. Par exemple, le rapport 8—3=5 sera toujours le même, si l'on augmente ou diminue chaque terme d'un même nombre, car lorsqu'on augmente ou diminue deux nombres, la différence entre ces nombres ne varie pas.

D. Qu'est-ce qu'une proportion ?

R. Une proportion est en général la réunion de deux rapports égaux. La différence de 8 à 3 étant égale à la différence de 15 à 10, ces deux rapports forment conséquemment une proportion arithmétique, qu'on écrit 8 . 3 : 15 . 10, et que l'on prononce 8 est à 3, comme 15 est à 10, le point signifiant est à et les deux points signifiant comme.

Dans toute proportion arithmétique, la somme des extrêmes est égale celle des moyens : le premier terme et le quatrième sont appelés extrêmes ; le 2ᵉ et le 3ᵉ sont appelés moyens. On appelle 1ᵉʳ antécédent et 1ᵉʳ conséquent les deux termes du premier rapport ; et 2ᵐᵉ antécédent et 2ᵐᵉ conséquent les termes du 2ᵐᵉ rapport.

Dans toute proportion, la raison du 1ᵉʳ rapport est égale à la raison du 2ᵐᵉ rapport : la différence des deux premiers termes est la raison de ce rapport ; et celle des deux autres termes est la raison du second rapport.

Lorsque quatre nombre forment deux à deux des sommes égales, ces nombres forment une proportion arithmétique ; car les unités formant les extrêmes sont égales aux unités formant les moyens.

Une proportion arithmétique n'est pas détruite, lorsque les transformations qu'on lui peut faire subir ne détruisent pas l'égalité entre la somme des extrêmes et celle des moyens.

Par exemple, la proportion 9 . 7 : 12 . 10, peut su-

14*

bir les huit transformations suivantes, sans altérer cette
proportion.

$$9 . \quad 7 : 12 . 10$$
$$7 . \quad 9 : 10 . 12$$
$$9 . 12 : \quad 7 . 10$$
$$7 . 10 : \quad 9 . 12$$
$$12 . \quad 9 : 10 . \quad 7$$
$$10 . 12 : \quad 7 . \quad 9$$
$$10 , \quad 7 : 12 . \quad 9$$
$$12 . 10 : \quad 9 . \quad 7$$

Mais, lorsque quatre nombres ne sont pas en proportion, la somme des extrêmes n'est pas égale à la
somme des moyens, et un terme d'un rapport ne surpasse pas l'autre terme du même rapport, d'un nombre
égal à la différence qui existe entre les termes de l'autre
rapport.

*D. Combien faut-il de nombres pour former une
proportion géométrique?*

R. Quatre nombres forment une proportion géométrique, lorsque le quotient du premier divisé par le
deuxième, est égal au quotient du troisième divisé par
le quatrième.

Par exemple: Les quatre nombres 12, 4, 18, 6 sont
en proportion géométrique, parce que, d'après ce qu'on
a dit, le quotient de 12 divisé par 4 est égal au quotient de 18 divisé par 6.

*D. De quels moyens se sert-on pour faire connaître
que quatre nombres sont en proportion géométrique?*

R. On se sert de deux points qui signifient est à : et
de quatre qui signifient comme : :, et l'on écrit ainsi la
proportion 12 : 4 : : 18 : 6.

Toute proportion géométrique renferme quatre termes, dont le premier et le quatrième se nomment extrêmes, et le deuxième et le troisième se nomment moyens.

Dans toute proportion géométrique, le produit des extrêmes est égal au produit des moyens.

Par exemple, la proportion 15 : 5 : : 24 : 8; le produit des extrêmes 15 et 8 multipliés donnent 120; et le produit des moyens 5 et 24 est également 120: on conclut de là que la proportion 15 : 5 : : 24 : 8 est posée selon ce qui a été dit ci-dessus.

De là on tire les conséquences suivantes : Que si l'on divise le produit des extrêmes par un des moyens, on trouve l'autre moyen au quotient; et que divisant réciproquement le produit des moyens par un extrême, on trouve l'autre extrême au quotient; que connaissant trois termes d'une proportion, on en peut trouver le quatrième; car dans une proportion, il ne peut manquer qu'un extrême ou qu'un moyen.

D. Quels changements peut-on faire subir à une proportion sans détruire sa valeur?

R. On ne détruit pas une proportion, lorsqu'on transpose ses extrêmes ou ses moyens, ou que l'on met les moyens à la place des extrêmes et les extrêmes à la place des moyens.

Ainsi, les quatre nombres 16, 4, 12, 3 en proportion, supporteront les huit transformations suivantes :

16 : 4 : : 12 . 3
16 : 12 : : 4 : 3
4 : 16 : : 3 : 12
4 : 3 : : 16 : 12

$$3 : 4 :: 12 : 16$$
$$3 : 12 :: 4 : 16$$
$$12 : 3 :: 16 : 4$$
$$12 : 16 :: 3 : 4$$

Les quatre premières proportions démontrent qu'une proportion quelconque n'est pas détruite, lorsqu'on transpose les moyens et les extrêmes; et les quatre autres proportions font voir qu'une proportion ne change pas, lorsqu'on met les extrêmes à la place des moyens, et les moyens à la place des extrêmes.

On peut encore, sans détruire une proportion, multiplier ou diviser les extrêmes et les moyens par un même nombre.

Lorsque quatre nombres sont en proportion, les carrés, les cubes, etc., sont aussi en proportions; et réciproquement, lorsque quatre nombres sont en proportion, les racines carrées, les racines cubiques, etc., des mêmes nombres, forment aussi des proportions.

De même, en multipliant les différents termes de plusieurs proportions, il en résulte d'autres proportions.

Par exemple, les proportions $2 : 4 :: 6 : 12$, $3 : 18 :: 2 : 12$, $10 : 20 :: 2 : 4$, on a les rapports $\frac{2}{4}$, $\frac{3}{18}$, $\frac{10}{20}$, qui sont respectivement égaux aux rapports $\frac{6}{12}$, $\frac{2}{12}$, $\frac{2}{4}$, et le produit des trois premiers rapports qui doit être égal au produit des trois autres. Effectivement, $\frac{2}{4} \times \frac{3}{18} \times \frac{10}{20} = \frac{60}{1440} = \frac{1}{24}$ pour premier produit; $\frac{6}{12} \times \frac{2}{12} \times \frac{2}{4} = \frac{24}{576} = \frac{1}{24}$: cette égalité nous conduit nécessairement à la proportion $2 \times 3 \times 10 : 4 \times 18 \times 20 :: 6 \times 2 \times 2 : 12 \times 12 \times 4$. Ainsi, on en déduit la proportion $60 : 1440 :: 24 : 576$, dont le produit des extrêmes 34560 est égal au produit des moyens.

Dans toute proportion, la somme des antécédents est à la somme des conséquents, comme la différence des antécédents est à la différence des conséquents ; ou, la somme ou la différence des antécédents est à la somme ou à la différence des conséquents, comme un antécédent est à son conséquent.

Dans toute proportion, la somme de deux termes est à la somme des deux autres, comme la différence de deux termes est à la différence des deux autres.

Le premier antécédent multiplié ou divisé par un nombre est à son conséquent, comme le second antécédent multiplié ou divisé par un même nombre est à son conséquent.

Lorsqu'il s'agit d'insérer une moyenne géométrique entre deux nombres, il faut multiplier ces nombres l'un par l'autre, et extraire la racine carrée du produit ; cette racine sera la moyenne géométrique demandée.

DES RÈGLES DE TROIS.

D. Qu'appelle-t-on règles de trois ?

R. On appelle règles de trois, l'opération par laquelle connaissant trois quantités, on en peut déterminer une quatrième.

D. Combien y a-t-il de sortes de règles de trois ?

R. Il y en a de quatre sortes :

1° La règle de trois simple et directe ;

2° La règle de trois simple et inverse ;

3° La règle de trois composée directe ;

4° La règle de trois composée inverse.

Dans toute règle de trois simple, il y a deux quantités d'espèce différente ; deux quantités principales et deux quantités relatives.

D. Quelles sont les deux quantités principales dans une règle de trois ?

R. Les quantités principales sont deux quantités de même espèce connues dans la question.

D. Quelles sont les quantités relatives ?

R. Les quantités relatives sont deux quantités de même espèce, mais dont l'une seule est connue et l'autre est inconnue.

D. Comment distingue-t-on la première quantité principale ?

R. La première quantité principale est celle dont la relative est connue ; et la seconde quantité principale, est celle dont la relative est inconnue.

Ainsi, dans cet exemple : Une personne fait 40 toises d'ouvrage en 4 jours ; combien en fera-t-elle en 6 jours ?

Les quantités principales sont 4 jours et 6 jours ; 4 est la première quantité principale, puisque sa relative 40 est connue ; 6 est la seconde quantité principale, puisque sa relative est inconnue : on écrira donc $4 : 40 : : 6 : x = 60$, en mettant x pour remplacer la quantité inconnue ; ou $4 : 6 : : 40 : x = 60$.

DE LA RÈGLE DE TROIS SIMPLE DIRECTE.

D. Comment voit-on qu'une règle de trois est simple et directe ?

R. La règle de trois est simple et directe, lorsqu'il n'y a que trois quantités à employer, et que la première quantité principale est un certain nombre de fois plus grande ou moindre que la seconde ; la troisième étant aussi un même nombre de fois plus grande ou moindre que la seconde. Dans toute règle de trois simple et directe, la première quantité principale est à sa relative, comme la seconde quantité principale est à sa relative inconnue, représentée ordinairement par x.

EXEMPLES:

80 mètres de drap coûtent 1600 francs; combien coûteront 10 mètres?

Solution. $80^m : 1600^f :: 10^m : x; x = \dfrac{1600 \times 10}{80} =$ $\frac{16000}{80} = 200^f.$

Preuve. $10^m : 200^f :: 80^m : x; x = \dfrac{200 \times 80}{10} = \frac{16000}{10} =$ $1600^f.$

30 livres de café coûtent 75 francs; combien coûte la livre?

Solution. $30^L : 75^f :: 1 : x; x = \dfrac{75^f \times 1}{30} = \frac{75}{30} = 2^f,50,$ prix de la livre.

Preuve. $1^L : 2^f,50 :: 30^L : x; x = \dfrac{2^f,50 \times 30}{1} = \dfrac{75,00}{1} =$ 75 francs.

L'aune de drap coûte $20^f + \frac{4}{5}$; combient coûteront $6^a + \frac{3}{4}$?

Solution. $1^a : 20^f + \frac{4}{5} :: 6^a + \frac{3}{4} : x; x = \dfrac{20 + \frac{4}{5} \times 6^a + \frac{3}{4}}{1} =$ $\frac{2808}{20} = 140^f + \frac{2}{5}.$

Preuve. $6^a + \frac{3}{4} : 140 + \frac{2}{5} :: 1 : x; x = \dfrac{140 + \frac{2}{5} \times 1}{6 + \frac{3}{4}} =$ $\frac{2808}{135} = 20^f + \frac{4}{5}.$

La toise d'un certain ouvrage coûte 9^f—15^s; combien coûteront 16^t—5^p—8_p?

Solution. $1^t \; \vdots \; 9^f - 15^s \; \vdots \vdots \; 16^t - 5^p - 8_p \; \vdots \; x$; $x =$

$$\frac{9^f - 15^s \times 16^t - 5^p - 8^p}{1} = 165^f - 4^s - 2^d.$$

Preuve. 16^t—5^p—$8^p \; \vdots \; 165^f - 4^s - 2^d \; \vdots \vdots \; 1 \; \vdots \; x$; $x =$

$$\frac{165^f - 4^s - 2^d \times 1}{16^t - 5^p - 8^p} = 9^f - 15^s.$$

DE LA RÈGLE DE TROIS SIMPLE INVERSE.

D. Comment voit-on qu'une règle de trois simple est inverse?

R. On le reconnaît lorsque des quatre quantités qui entrent dans l'énoncé de la question, les deux quantités principales se contiennent l'une l'autre dans un ordre opposé à celui des deux quantités qui leur sont relatives.

De ce principe on tire les conséquences suivantes :

La première quantité principale est toujours un certain nombre de fois plus grande ou moindre que la seconde; la première relative est au contraire le même nombre de fois plus grande ou moindre que la seconde.

EXEMPLES:

10 hommes font 400 mètres d'ouvrage en 4 jours; combien faudra-t-il d'hommes pour faire le même ouvrage en 2 jours ?

Solution. On voit donc qu'il faut d'autant plus d'hommes que le nombre de jours est moindre, et que le nombre d'hommes cherché doit contenir le nombre 10 hommes autant de fois que 4 jours contiendront 2 jours : nous aurons donc la proportion $2^j \; \vdots \; 4^j \; \vdots \vdots \; 10^h \; \vdots \; x$; $x =$

$$\frac{4 \times 10}{2} = \frac{40}{2} = 20 \text{ hommes qu'il faut.}$$

Preuve. $4^j : 2^j :: 20^h : x$; $x = \dfrac{2 \times 20}{4} = \dfrac{40}{4} = 10$ hommes.

6 aunes de drap coûtent $94^f,50$; combien en aura-t-on d'aunes pour 63^f?

Solution. $94^f,50 : 63^f :: 6^a : x$; $x = \dfrac{63 \times 6}{94,50} = \dfrac{378}{94,50} = 4$ aunes.

Preuve. $63^f : 94^f,50 :: 4^a : x$; $x = \dfrac{94^f,50 \times 4}{63} = \dfrac{378}{63} = 6$ aunes.

On emploie $80^m + \frac{3}{4}$ de papier à $\frac{2}{3}$ de mètre de largeur pour tapisser une chambre; combien en faudra-t-il de mètres à $\frac{3}{4}$ pour faire le même office?

Solution. $\frac{3}{4} : \frac{2}{3} :: 80^m + \frac{3}{4} : x$; $x = \dfrac{\frac{2}{3} \times 80^m + \frac{3}{4}}{\frac{3}{4}} = \dfrac{2584}{36} = 71^m + \frac{7}{9}$.

Preuve. $\frac{2}{3} : \frac{3}{4} :: 71^m + \frac{7}{9} : x$; $x = \dfrac{\frac{3}{4} \times 71^m + \frac{7}{9}}{\frac{2}{3}} = \dfrac{5814}{72} = 80^m + \frac{3}{4}$.

Il faut $3^m - 2^P - 8^P$ de drap pour habiller un jeune homme, à $0^m,75$ de largeur; combien faudra-t-il d'un autre drap à $0^m,50$ de largeur pour faire le même office?

Solution. $0^m,50 : 0^m,75 :: 3^m - 2^P - 8^P : x$; $x = \dfrac{0^m,75 \times 3^m - 2^P - 8^P}{0^m,50} = \dfrac{2^m,9175}{0^m,50} = 5^m - 2^P - 6^P - 9^l$ qu'il faudra.

Preuve. $0^m,75 : 0^m,50 :: 5^m - 2^P - 6^P - 9^l : x$; $x = \dfrac{0^m,50 \times 5^m - 2^P - 6^P - 9^l}{0^m,75} = \dfrac{2^m,72150}{0^m,75} = 3^m - 2^P - 8^P$.

DE LA RÈGLE DE TROIS COMPOSÉE DIRECTE.

D. Qu'est-ce que la règle de trois composée directe ?

R. C'est une opération qui présente plus de trois quantités qu'il faut réduire à trois ; à ce point, l'opération est ramenée à une règle de trois simple et directe.

Les démonstrations que nous avons données, tant à la règle de trois simple directe qu'à la règle de trois simple inverse, doivent donner maintenant une idée juste de la nature et de la formation de ces opérations : on peut donc voir si une règle de trois composée est directe ou inverse.

EXEMPLE :

10 ouvriers travaillant 6 jours et 8 heures par jour ont gagné 850 francs ; combien 12 ouvriers de même activité gagneront-ils au bout de 8 jours, travaillant 12 heures par jour ?

Solution. Pour faire cette opération, il faut réduire tous les termes se rapportant à une même quantité à un seul terme ; on aura donc $10 \times 6 \times 8 : 840^f :: 12 \times 8 \times 12 : x$, et l'on aura cette suite $480 : 840^f :: 1152 : x$;

$$x = \frac{840 \times 1152}{480} = \frac{967680}{480} = 2016 \text{ francs.}$$

Preuve. $1152 : 2016^f :: 480 : x$; $x = \dfrac{2016^f \times 480}{1152} =$

$$= \frac{967680}{1152} = 840 \text{ francs.}$$

EXEMPLE :

4 ouvriers travaillent $40^j + \frac{3}{4}$ à un ouvrage dont la difficulté est 3, et font $456^m + \frac{5}{6}$; combien 6 ouvriers de

même force feront-ils du même ouvrage en $72^j + \frac{8}{9}$, avec la même difficulté de travail ?

Solut. $4^{ouv} \times 40_j + \frac{3}{4} \times 3^d : 456^m + \frac{5}{6} : 6^{ouv} \times 72^j + \frac{8}{9} \times 3^d : x$. Après réduction faite, on a $\frac{1956}{4} : 456^m + \frac{5}{6} : :$

$\frac{11808}{9} : x ; x = \dfrac{456^m + \frac{5}{6} \times \frac{11808}{9}}{\frac{1956}{4}} = \frac{129462812}{105624} = 1225^m + \frac{1021}{1467}$

pour réponse.

Preuve. $\frac{11808}{9} : 1225^m + \frac{1021}{1467} : : \frac{1956}{4} : x$; et effectuant la multiplication et la division, on trouve $x = 456^m + \frac{5}{6}$.

DE LA RÈGLE DE TROIS COMPOSÉE INVERSE.

D. Qu'est-ce que la règle de trois composée inverse ?

R. C'est une opération qui présente plusieurs termes qu'il faut réduire à trois ; à ce point l'opération est ramenée à une règle de trois simple inverse. La démonstration à faire sur cette opération, est la même que celle que nous avons faite sur la règle de trois simple inverse.

EXEMPLE:

4 ouvriers en 5 jours, travaillant 5 heures par jour, ont fait 180 mètres d'ouvrage ; combien faudra-t-il d'ouvriers de mêmes forces pour faire 720 mètres du même ouvrage dans le même temps ?

Solution. $4^{ouv} \times 5 \times 5 = 100$; $180^m : 720^m : : 100 : x$; $\frac{720 \times 100}{180} = \frac{72000}{180} = 400$; et comme les ouvriers inconnus travaillent autant que les premiers, $5^j \times 5^h = 25$ heures; $400 : 25 = 16$ hommes qu'il faudra.

EXEMPLE:

$20^m + \frac{5}{6}$ de drap à $\frac{6}{4}$ de largeur ont coûté $325^f + \frac{7}{8}$; combien en faudra-t-il de mètres à $\frac{3}{4}$ de largeur pour valoir ce prix? On sait que la qualité de chaque drap est la même.

Solution. $\frac{3}{4} : \frac{6}{4} :: 20^m + \frac{5}{6} : x$; et multipliant et divisant, on trouve $x = 41^m + \frac{2}{3}$ qu'il faudra.

Preuve. $20^m + \frac{5}{6}$ à $\frac{6}{4} : 325^f + \frac{7}{8} :: 41^m + \frac{2}{3}$ à $\frac{3}{4} : x$; multipliant et divisant les opérations indiquées à la proportion, on trouve $x = 325^f + \frac{7}{8}$.

PROBLÈMES ANALYTIQUES SUR LES RÈGLES DE TROIS.

1er PROBLÈME.

$\frac{2}{3}$ d'aune de drap coûtent $12^f + \frac{3}{4}$; combien coûteront $8 + \frac{5}{6}$ aunes?

Solution. On peut résoudre ce problème par deux moyens différents; ou chercher, par une seule règle de trois, ce que coûteront $8^a + \frac{5}{6}$, et dire: $\frac{2}{3} : 12^f + \frac{3}{4} ::$ $8^a + \frac{5}{6} : x$, on trouve $x = 168^f + \frac{15}{16}$. Il peut aussi être résolu en cherchant d'abord le prix de l'aune, et dire: $\frac{2}{3} : 12^f + \frac{3}{4} :: 1 : x$, on trouve $x = 19^f + \frac{1}{8}$, prix de l'aune. Puisqu'on demande le prix de $8^a + \frac{5}{6}$, connaissant le prix de l'aune, il est évident qu'en multipliant $19^f + \frac{1}{8}$ par $8^a + \frac{5}{6}$, on en aura le prix; $19^f + \frac{1}{8} \times 8^a + \frac{5}{6} = 168^f + \frac{15}{16}$.

Réponse: $168^f + \frac{15}{16}$.

2me PROBLÈME.

Combien aurait-on de mètres de drap pour $12750^f + \frac{2}{8}$, si le $\frac{1}{4}$ de mètre coûtait $3^f + \frac{9}{10}$?

Solution. Si je connaissais le prix du mètre, je diviserais la somme $12750^f + \frac{2}{8}$ par ce prix, et le quotient de cette division devrait satisfaire aux données de ce problème: c'est ce qu'il faut d'abord trouver; $\frac{1}{4} : 3^f + \frac{9}{10}$ $:: 1 : x = 15^f + \frac{5}{?}$, prix du mètre. Il suffit donc maintenant de diviser $12750^f + \frac{2}{8}$ par $15 + \frac{5}{5}$, et après division faite, on trouve $817^m + \frac{101}{312}$ qu'il faudra. Cependant, quoique ne connaissant pas le prix du mètre, on peut parvenir à la réponse au moyen d'une seule règle de trois; on dira: $3^f + \frac{9}{10} : \frac{1}{4} :: 12750 + \frac{2}{8} : x$; et on trouve également $x = 817^m + \frac{101}{312}$.

Réponse : $817^m + \frac{101}{312}$.

3me PROBLÈME.

8 mètres de toile coûtent $40^f,80$, que coûteront 20 mètres de la même toile?

Solution. Cette opération est une règle de trois simple et directe.

Ainsi, il suffit d'employer cette règle de trois $8^m : 40^f,80 :: 20 : x$, pour parvenir à la réponse; et on trouve $x = 102$ francs.

Réponse : 102 francs.

4me PROBLÈME.

Un voyageur fait 80 lieues en $6 + \frac{3}{4}$ jours; combien en fera-t-il en $25 + \frac{2}{3}$ jours ?

Solution. On pourrait d'abord chercher le chemin que parcourt ce voyageur par jour, puis multiplier le résultat par $25^j + \frac{2}{3}$; mais une seule proportion conduira également à la réponse : cette opération est une règle de trois simple directe. Nous dirons : $6^j + \frac{3}{4} : 80^l :: 25^j + \frac{2}{3} : x$; et effectuant cette proportion, nous trouvons $x = 304^l + \frac{16}{81}$.

Réponse : $304^l + \frac{16}{81}$.

5me PROBLÈME.

Un ouvrier fait $20^t - 4^p - 8^p$ d'ouvrage en un jour; combien en fera-t-il en 25 jours ?

Solution. $1^j : 20^t - 4^p - 8^p :: 25^j : x = 519^t - 2^p - 8^p$.

Réponse : $519^t - 2^p - 8^p$.

6ᵐᵉ PROBLÊME.

$24^m + \frac{5}{4}$ de drap ayant $\frac{5}{6}$ de mètre de largeur et 4 de
qualité coûtent $945^f + \frac{3}{7}$; combien coûteront $30^m + \frac{9}{10}$
ayant $\frac{2}{3}$ de mètre de largeur et 5 de qualité?

Solution. On voit, d'après les données de ce problème,
que l'opération à construire est une règle de trois composée directe. Le premier membre du problème formera
la première quantité principale; $945^f + \frac{3}{7}$ paient ce membre, donc ils lui sont relatifs, et formeront conséquemment
le deuxième terme, puisqu'une quantité principale est à sa
relative, comme une quantité principale est à sa relative x;
le second membre formera, par la même raison, le troisième terme de la proportion : nous aurons donc $24^m + \frac{5}{4}$
$\times \frac{5}{6} \times 4^q = \frac{1880}{24} : 945^f + \frac{3}{7}. :30^m + \frac{9}{10} \times \frac{2}{3} \times 5^q = \frac{1080}{30} : x$; et
effectuant la proportion, nous trouvons $x = 1180^f + \frac{156}{385}$.

Réponse : $1180^f + \frac{156}{385}$.

7ᵐᵉ PROBLÊME.

Une personne disait : J'avais, il y a quatre ans, une fortune considérable; mais aujourd'hui je n'en ai plus que
les $\frac{3}{4}$: je vais en donner le $\frac{1}{5}$ à mon fils, et il ne m'en restera
plus que 20000 francs. Quelle était la fortune de cette
personne, avant qu'elle ne fût partagée?

Solution. Supposons, avant le partage de la fortune,
que cette personne possédait 1^f; il ne lui reste donc
maintenant que les $\frac{3}{4}$, et elle en donne encore le $\frac{1}{5}$ à son
fils, conséquemment il ne lui reste plus que le $\frac{1}{5}$ de $\frac{3}{4}$ ou $\frac{3}{20}$.
Ainsi, sur chaque franc de sa fortune primitive, il ne lui
reste plus que $\frac{3}{20}$, dont la somme est 20000 francs.
Nous établirons donc cette proportion : $\frac{3}{20} : 1^f . : 20000^f$
$. : x$; et résolvant cette proportion, nous trouvons $x = $
$133333^f + \frac{1}{3}$.

Réponse : $133333^f + \frac{1}{3}$.

8ᵐᵉ PROBLÉME.

$85 + \frac{5}{7}$ aunes de drap coûtent $954^f + \frac{4}{7}$; combien coûteront $27 + \frac{2}{3}$ aunes du même drap ?

Solution. On voit que ce problème est susceptible de plusieurs solutions, ainsi que tous ceux qui se résolvent par les proportions; car toute règle de trois n'est qu'une multiplication et une division; nous dirons : $85^a + \frac{5}{7}$: $954^f + \frac{4}{7}$: $27^a + \frac{2}{3}$: x; on trouve que x est égal à $308^f + \frac{721}{6300}$.

Réponse : $308^f + \frac{721}{6300}$.

9ᵐᵉ PROBLÉME.

240 litres de vin coûtent 720^f; combien en aura-t-on de litres pour 4320 francs ?

Solution. 720^f : 240^l : 4320^f : x; $x = \dfrac{240 \times 4320}{720}$ $= 1440$ litres.

Réponse : 1440 litres.

10ᵐᵉ PROBLÉME.

Les $\frac{2}{3}$ des $\frac{3}{4}$ de l'argent d'une personne valent $60020^f + \frac{4}{5}$; quelle est la richesse de cette personne ?

Solution. En supposant que la richesse de cette personne soit 1^f, nous aurons donc les $\frac{2}{3}$ des $\frac{3}{4}$ de 1^f ou $\frac{6}{12}$. Or, si $\frac{6}{12}$ sur chaque franc se réduisent à 1^f, à combien se réduiront $60020^f + \frac{4}{5}$? et construisant ainsi la proportion, nous avons $\frac{6}{12}$: 1^f : $60020 + \frac{4}{5}$: x; nous trouvons, après la résolution de cette proportion, que x est égal à $120041^f + \frac{3}{5}$.

Réponse : $120041^f + \frac{3}{5}$.

11ᵐᵉ PROBLÉME.

Le $\frac{1}{4}$ de mètre d'une étoffe coûte $2^f + \frac{1}{5}$; combien en aura-t-on de mètres pour $80^f + \frac{6}{10}$?

Solution. $2^f + \frac{1}{5}$: $\frac{1}{4}$: $80^f + \frac{6}{10}$: x; on a $x = 9^m + \frac{?}{?}$.

15

12ᵐᵉ Problème.

6 ouvriers ayant travaillé 5 jours dans un terrain dont la difficulté était 4, ont fait 120 mètres d'ouvrage ; combien 9 ouvriers de mêmes forces feront-ils de mètres du même ouvrage en 10 jours, travaillant également le même nombre d'heures par jour ? on sait que la difficulté du terrain est 3.

Réponse : 480 mètres.

13ᵐᵉ Problème.

30 mètres de drap ayant 16 degrés de qualité et $\frac{3}{4}$ de large ont coûté 720ᶠ ; combien coûteront 50 mètres d'un autre drap ayant 15 degrés de qualité et $\frac{2}{3}$ de large ?

Réponse : 1000 francs.

14ᵐᵉ Problème.

Un ouvrier ayant travaillé le jour dans un terrain dont la difficulté était 1, a fait en 24 heures 240000 points d'un premier ouvrage : on demande combien un second ouvrier qui travaille la nuit dans un terrain dont la difficulté est 2, fera de points dans ce second terrain, en 480 heures. On suppose que la vitesse du premier ouvrier est 5, celle du second est 2 ; que la difficulté de travailler le jour est 3, celle de travailler la nuit est 4 ; que la difficulté de tracer le premier ouvrage est 5, celle de tracer le second est 6 ; que la facilité de compter l'ouvrage du premier ouvrier est 5, celle de compter celui du second est 3, et que la difficulté de travailler le jour dans le premier terrain est 4, celle de travailler la nuit, par rapport au premier terrain, est 15.

Pour faire cette opération, il faut multiplier par la facilité et diviser par la difficulté : c'est une règle de trois composée inverse.

Réponse : 192000 points.

15me Problème.

140 ouvriers ayant chacun 9 degrés de force ont employé 546 jours, travaillant $7+\frac{1}{2}$ heures par jour, pour construire une forteresse ayant 216 toises de longueur sur $\frac{5}{3}$ de toise de largeur et $\frac{10}{3}$ de hauteur, dans un terrain dont la dureté était 7 : quelle sera la longueur d'une forteresse construite par 192 ouvriers, avec 11 degrés de force, travaillant pendant 975 jours et $8^h+\frac{1}{3}$ par jour, dans un terrain dont la dureté est 11 ? On détermine la hauteur de la nouvelle forteresse à $\frac{2}{5}$ de toise et la largeur à $4^t+\frac{1}{6}$.

Réponse : $243^t+\frac{3}{4}$.

16me Problème.

Un voyageur a été 30 jours, marchant 7 heures par jour, pour faire 147 lieues ; combien ce même voyageur fera-t-il de lieues en 50 jours, marchant 9 heures par jour ?

Réponse : 315 lieues.

17me Problème.

Le litre d'un certain vin coûte $1^f,25$, combien coûteront 25 hectolitres du même vin ?

Réponse : 3125 francs.

18me Problème.

La livre de sel coûte $0^f,25$; combien en aura-t-on de livres pour 870 francs ?

Réponse : 3480 livres.

19me Problème.

Deux marchands se réunissent pour échanger des marchandises ; ils conviennent de donner $\frac{5}{4}$ de mètre de drap pour $1^m+\frac{1}{2}$ de casimir ; $\frac{4}{5}$ de mètre de casimir pour $2^m+\frac{2}{3}$ de basin ; 3 mètres de basin pour $4^m+\frac{3}{4}$ de mousseline ;

15*

$\frac{2}{5}$ de mètre de mousseline pour $2^{m}+\frac{1}{2}$ de toile, et 3 mètres de toile pour 24 mètres de ruban : on demande combien il faudra de mètres de ruban pour payer 360 mètres de drap.

Réponse : 190000 mètres.

20ᵉ PROBLÈME.

4 ouvriers employés à des fortifications font 24 mètres cubes d'ouvrage en 12 jours ; combien faudra-t-il ajouter d'ouvriers de mêmes forces aux premiers, pour construire en 8 jours un canal de jonction contenant 5800 mètres cubes ? On suppose la facilité des travaux la même.

Réponse : 1450 ouvriers.

21ᵐᵉ PROBLÈME.

Un bâtiment marchand a fait 50 lieues en 4 jours : on demande combien il lui faudra de temps pour en faire 450 avec le même vent.

Réponse : 36 jours.

22ᵐᵉ PROBLÈME.

Le $\frac{1}{4}$ de mètre d'une certaine étoffe coûte 5ᶠ,35 ; combien coûtera le $\frac{1}{16}$ de mètre de la même étoffe ?

Réponse : 1ᶠ,3375.

23ᵐᵉ PROBLÈME.

On demande combien coûteront 24 mètres de toile, si $\frac{5}{6}$ de mètre coûtent 4ᶠ,75.

Réponse : 136ᶠ,80.

24ᵐᵉ PROBLÈME.

4 ouvriers ayant 3 degrés de force, travaillant 8 heures par jour, ont fait 480 mètres d'ouvrage en 12 jours : on demande combien il faudra d'ouvriers pour faire le même ouvrage en 3 jours, avec 4 degrés de force et travaillant 7 heures par jour.

Réponse : 13ʰ$+\frac{5}{7}$, ou $13+\frac{5}{7}$ jours de travail.

25me PROBLÈME.

27 ouvriers ont fait 40 toises d'ouvrage en 20 jours : on demande combien 15 ouvriers de mêmes forces en pourront faire en 35 jours.

Réponse : $38^t + \frac{8}{9}$.

26me PROBLÈME.

Le kilogramme de sucre coûte $2,^f55$; on demande ce que coûteront $35^k + \frac{3}{4}$.

Réponse : $91^f + \frac{13}{80}$.

DE LA RÈGLE DE SOCIÉTÉ SIMPLE.

D. Quel est le but de la règle de société simple ?

R. La règle de société simple a pour but de partager un nombre en parties égales, ou qui aient entr'elles des rapports donnés.

D. A quoi sert cette opération ?

R. Elle sert à partager le gain ou la perte résultant d'une société proportionnellement aux mises des associés.

D. Comment se résolvent les règles de société simples ?

R. Il faut ajouter les capitaux des différents associés ; chercher le gain ou la perte résultant de la somme des capitaux : l'opération à ce point est réduite à autant de règles de trois qu'il y a d'associés, c'est-à-dire, à chercher le gain ou la perte proportionnellement à la mise de chaque associé ; car le gain ou la perte de chaque associé dépend de son capital et des circonstances des temps, des lieux.

1er EXEMPLE :

3 personnes se mettent de société, et fournissent la première 40000 francs, la deuxième 5000 et la troisième

8000^f : on demande combien aura chaque associé du bénéfice général 24000 francs.

Solution. Il faut ajouter les capitaux des associés : $40000^f + 5000^f + 8000^f = 53000^f$, qui rapportent conséquemment 24000 francs de bénéfice. L'opération est donc réduite à la solution de trois règles de trois qui aient les rapports 40000, 5000 et 8000, car chaque associé ne doit avoir que proportionnellement à ce qu'il a fourni.

Nous aurons donc $53000 : 40000 : : 24000 : x = 18113^f + \frac{11}{53}$;

$53000 : 5000 : : 24000 : y$; on a $y = 2264 + \frac{8}{53}$;

$53000 : 8000 : : 24000 : z$; on a $z = 3622 + \frac{34}{53}$;

La preuve de cette opération doit s'obtenir en ajoutant le gain de chaque associé aux gains des deux autres, et ramener le gain général de la société : $18113^f + \frac{11}{53} + 2264^f + \frac{8}{53} + 3622^f + \frac{34}{53} = 24000^f$.

Nous aurions pu, pour simplifier les calculs qui se sont trouvés à la solution des trois règles de trois ci-dessus, prendre 40 au lieu de 40000, 5 au lieu de 5000 et 8 au lieu de 8000, en supprimant à chaque terme le même nombre de zéros; nous n'aurions rien détruit quant aux valeurs : la démonstration qui pourrait soutenir cette raison a été faite aux proportions.

Nous aurions donc eu les rapports $40 + 5 + 8 = 53$ au lieu de 53000, et les proportions

$53 : 40 : : 24000 : x$;

$53 : 5 : : 24000 : y$;

et $53 : 8 : : 24000 : z$; et effectuant chaque proportion, nous trouvons également le gain particulier de chaque associé, tel que nous l'avons déterminé ci-dessus.

2me EXEMPLE :

Le gain général d'une société composée de 4 associés est de 20000 francs : on demande ce qu'ils recevront chacun, sachant que le premier a versé 10000 francs dans la société, le deuxième 12000^f, le troisième 8000^f et le quatrième 16000^f.

Solution. La somme des mises est 10000^f+12000^f+ 8000^f+16000=46000^f;

Les gains devant être proportionnels aux mises, seront aussi les quatrièmes des proportions

$$46000^f : 20000^f : : 10000^f : v = 4347^f + \tfrac{19}{23};$$
$$46000^f : 20000^f : : 12000^f : x = 5217^f + \tfrac{9}{23};$$
$$46000^f : 20000^f : : 8000^f : y = 3478^f + \tfrac{6}{23};$$
$$46000^f : 20000^f : : 16000^f : z = 6956^f + \tfrac{12}{23}.$$

3me EXEMPLE.

3 marchands ont mis en société une somme de 80490^f; le premier a versé 14530^f, le deuxième 20850^f et le troisième 45110 : ils ont perdu 9450 francs ; on demande ce qu'a perdu chaque associé, relativement à sa mise.

Solution. Nous voyons, par la nature du problème, qu'il est inutile de faire la somme des mises, puisque 80490^f la représente.

Nous aurons donc les trois règles de trois suivantes :

$$80490^f : 9450^f : : 14530^f : x = 1705^f + \tfrac{7305}{80490};$$
$$80490^f : 9450^f : : 20850^f : y = 2447^f + \tfrac{7347}{80490};$$
$$80490^f : 9450^f : : 45110^f : z = 5296^f + \tfrac{1446}{80490};$$

et pour preuve $1705^f + \tfrac{7305}{80490} + 2447^f + \tfrac{7347}{80490} + 5296^f + \tfrac{1446}{80490} =$ 9450 francs de perte générale.

Tous les problèmes qu'on puisse proposer, et de quelle nature ils puissent être, ne renferment ou que des additions, des soustractions, des multiplications et des divisions ; et l'ordre où on les a gradués, n'est formé que pour faire distinguer de quelle nature est un problème quelconque. D'après un énoncé déterminé, il faut faire attention à la nature de chaque nombre qui y entre; combiner ensuite les différents rapports avec celui que l'on cherche, et établir ensuite des opérations qui puissent le déterminer. La principale chose nécessaire pour résoudre un problème quelconque, c'est de le bien posséder ou d'en bien connaître la théorie ; cependant cette connaissance ne suffit pas ; car en bien saisir l'énoncé, c'est une faculté dépendante de notre intelligence et de notre esprit, qui ne s'acquiert que de l'usage, et dont nous ne pouvons donner de règles générales et fixes.

DE LA RÈGLE DE SOCIÉTÉ COMPOSÉE.

D. Comment se résolvent les règles de société composées ?

R. Il faut réduire les termes qui se rapportent aux mêmes circonstances à un seul terme, soit de temps, soit de lieu, soit de destination, et agir ensuite comme à la règle de société simple, c'est-à-dire former autant de règles de trois qu'il y a d'associés dans l'énoncé du problème.

1er EXEMPLE.

3 personnes ayant formé une société, la première a mis 3000 francs qu'elle a laissés pendant 6 mois; la deuxième 4000f pendant 5 mois, et la troisième 8000f pendant 9 mois : on demande ce que chaque personne recevra du bénéfice général 6000 francs.

Solution. On voit, d'après l'énoncé de cet exemple, que l'opération est une règle de société composée, par rapport aux temps que sont restées les différentes mises dans la société; or, suivant ce qui a été dit, il faut la réduire à une règle de société simple.

Il est clair que chaque mise rapportera du bénéfice proportionnellement à la nature de cette même mise, et au temps qu'elle restera dans la société. La mise de 3000^f doit donc produire en 6 mois le même bénéfice que $6^m \times 3000^f$ ou 18000^f, par rapport aux autres mises; la mise de 4000^f doit aussi rapporter un bénéfice proportionnel au temps qu'elle reste dans la société, c'est-à-dire $5^m \times 4000^f$ ou 20000^f pour un mois, et la mise de 8000^f, par la même raison, équivaut à $9^m \times 8000^f$ ou 72000^f.

L'opération est donc ramenée à celle-ci : Trois associés ont fourni respectivement le premier 18000^f, le deuxième 20000^f et le troisième 72000^f; on demande ce que recevra chaque associé du bénéfice général 6000^f.

Il suffit donc de faire la somme des mises et de construire ensuite autant de règles de trois qu'il y a d'associés : donc, $18000^f + 20000^f + 72000^f = 110000^f$, somme des mises.

$110000^f : 6000^f : : 18000^f : x = 981^f + \frac{9}{11}$, bénéfice du 1er.

$110000^f : 6000^f : : 20000^f : y = 1090^f + \frac{10}{11}$, bénéfice du 2me.

$110000^f : 6000^f : : 72000^f : z = 3927^f + \frac{3}{11}$, bénéfice du 3me.

$$\text{Preuve:} \quad \overline{6000^f}$$

2me Exemple :

La perte de quatre associés est de 8000^f : on demande la perte particulière de chacun, sachant que le premier a mis 10000^f qu'il a laissés dans la société pendant 3 mois, le deuxième 12000^f pendant 8 mois, le troisième 8000^f pendant 7 mois, et le quatrième 6000^f pendant 10 mois.

Solution. En suivant le principe que nous avons donné dans l'exemple précédent, on trouve que les quatre quantités 30000^f, 96000^f, 56000 et 60000^f sont analogues aux quatre mises primitives 10000^f, 12000^f, 8000^f et 6000^f.

Il suffit de faire la somme des capitaux réduits aux temps, et d'établir ensuite quatre règles de trois; les quatrièmes termes seront la perte particulière de chaque associé. On aura donc 30000^f+96000^f+56000^f+60000^f= 242000^f, somme des mises.

$$242000^f : 8000^f :: 30000^f : v = 991^f + \tfrac{89}{121};$$
$$242000^f : 8000^f :: 96000^f : x = 3173 + \tfrac{67}{121};$$
$$242000^f : 8000^f :: 56000^f : y = 1851^f + \tfrac{20}{121};$$
$$242000^f : 8000^f :: 60000^f : z = 1983^f + \tfrac{57}{121}.$$

3me EXEMPLE :

Deux négociants se réunissent et mettent dans le commerce, le premier 24000^f et le second 30000^f. Au bout de 8 mois, le premier retire ses fonds de la société, et touche 2800 francs de bénéfice : on demande combien le second doit recevoir, sachant qu'il a laissé ses fonds dans le commerce pendant 10 mois, et que le négoce a été aussi favorable au dernier qu'au premier.

Solution. Le premier négociant a donc reçu 2800^f de gain pour sa mise 24000^f, qu'il a laissée 8 mois dans la société ; le second devra donc recevoir de la sienne 30000^f, restée 10 mois dans le commerce, un bénéfice proportionnel à la mise et au temps du premier négociant, puisque le négoce a été aussi favorable après 8 mois, qu'il l'était pendant ce temps pour ce négociant : suivons la marche prescrite aux exemples précédents.

Le premier négociant a donc reçu 2800^f de gain pour 24000^f × 8^m = 192000^f; le second recevra donc, par la même raison, sa mise 30000^f × 10^m, temps qu'il a laissé son argent dans le commerce, en rapport à la mise et au gain du premier négociant, = 300000^f.

Il suffit maintenant de construire cette règle de trois pour parvenir à la réponse de cet exemple : si 192000^f donnent 2800^f de bénéfice, combien en donneront 300000^f ?

192000^f : 2800^f :: 300000^f : x; et résolvant la règle de trois, on trouve x = 4375 francs, somme que le second négociant doit toucher de bénéfice pour sa mise 30000 francs.

PROBLÈMES ANALYTIQUES SUR LES RÈGLES DE SOCIÉTÉ.

1er PROBLÈME.

3 personnes ont formé une société et ont mis, la première 7000^f, la deuxième 9000^f et la troisième 12000^f; on demande ce qu'elles recevront chacune du gain général 6400 francs.

Solution. La somme des mises des trois associés a donc rapporté un bénéfice de 6400^f; la mise particulière de chacun en rapportera donc un qui sera proportionnel à 6400^f. En nous rappelant la théorie de la règle de société simple, nous aurons le raisonnement nécessaire pour résoudre ce problème.

Ajoutons les mises des associés : 7000^f + 9000^f + 12000^f = 28000^f. Établissons maintenant autant de règles de trois qu'il y a d'associés, et nous aurons cette suite

$$28000^f : 6400^f \; : \; 7000^f : x = 1600^f;$$
$$28000^f : 6400^f \; : \; 9000^f : y = 2057^f + \tfrac{4}{28};$$
$$28000^f : 6400^f \; : \; 12000^f : z = 2742^f + \tfrac{24}{28}.$$

Preuve: $6400^f \tfrac{0}{0}$.

2me Problème.

Les gains de trois associés sont 2000^f, 4500^f et 840^f : on demande quelle a été la mise de chaque associé, sachant que le capital commun était 40000 francs.

Solution. Il est clair que la mise de chaque associé doit être proportionnée au gain de chacun; car s'ils avaient même gain, ils devraient aussi avoir même mise.

Ajoutons les gains des associés: $2000^f + 4500^f + 840^f = 7340$ francs de gain général.

La mise de chaque associé est conséquemment renfermée dans le capital commun 40000 francs, puisque 7340 francs en sont le gain : or, si le gain général 7340 francs vient du capital 40000 francs, un gain particulier doit aussi être fourni par son capital inconnu.

D'après ce raisonnement, la difficulté de trouver la réponse est donc vaincue; car en établissant ainsi trois raisonnements ou proportions, les quatrièmes termes satisferont aux conditions du problême.

$$7340^f : 40000^f \; : \; 2000^f : x = 10899^f + \tfrac{154}{734}, \text{ mise du } 1^{er}.$$
$$7340^f : 40000^f \; : \; 4500^f : y = 24523^f + \tfrac{118}{734}, \text{ mise du } 2^{me},$$
$$7340^f : 40000^f \; : \; 840^f : z = 4577^f + \tfrac{482}{734}, \text{ mise du } 3^{me}.$$

Preuve: $40000^f \tfrac{0}{0}$.

3me PROBLÈME.

Quatre personnes s'associent et mettent dans un commerce de vin, la première 1500^f pour 3 mois, la deuxième 7000^f pour $5 + \frac{1}{2}$ mois, la troisième 12500^f pour 14 mois, et la quatrième 17000^f pour $17^m + \frac{4}{5}$: on demande ce que recevra chaque personne du bénéfice général 10000 francs.

Solution. Avant que d'opérer sur les mises des associés, cette opération doit être ramenée à une règle de société simple, comme toutes les opérations semblables à celle-ci ; c'est-à-dire, supposer que la mise de chaque associé, telle qu'elle est donnée dans l'énoncé, est placée pour un mois ; donc, 1500^f, mise du premier, $\times 3^m = 4500^f$ pour 3 mois par rapport aux autres mises ; $7000^f \times 5^m + \frac{1}{2}$ $= 38500^f$ que vaut la mise du deuxième après $5^m + \frac{1}{2}$; $12500^f \times 14^m = 175000^f$ que vaut la mise du troisième ; $17000^f \times 17^m + \frac{4}{5} = 302600$ que vaut celle du quatrième associé.

Il suffit donc maintenant de faire la somme des mises, $4500^f + 38500^f + 175000^f + 302600^f = 520600^f$, somme des différents capitaux, et d'employer, à chaque règle de trois, un raisonnement analogue à celui-ci : si 520600^f de capital général donnent un bénéfice de 10000^f, que donnera le capital particulier de chaque associé ? et construisant ainsi quatre règles de trois, les quatrièmes termes devront satisfaire aux données du problème.

$$520600^f : 10000^f : : 4500^f : v = 86^f + \tfrac{2284}{5206}.$$
$$520600^f : 10000^f : : 38500^f : x = 739^f + \tfrac{2766}{5206}.$$
$$520600^f : 10000^f : : 175000^f : y = 3361^f + \tfrac{2654}{5206}.$$
$$520600^f : 10000^f : : 302600^f , z = 5812^f + \tfrac{2728}{5206}.$$

Preuve : $10000^f \; \tfrac{0}{0}$

4me PROBLÊME.

Cinq personnes ont formé une société qui a duré 2 ans; le bénéfice de cette société pendant ce temps est de 200000^f : on demande ce que chaque personne recevra, sachant que la première a mis 24000^f, la deuxième 32000^f, la troisième 38000^f, la quatrième 40000^f, et la cinquième 72000^f.

Solution. Puisque le temps est le même pour tous les associés, il n'est pas nécessaire de multiplier chaque capital par 2 ans.

La somme des capitaux est 24000^f + 32000^f + 38000^f + 40000^f + 72000^f = 206000^f. L'opération est conséquemment réduite à former autant de règles de trois qu'il y a d'associés, et l'on trouvera chaque réponse aux quatrièmes termes de chaque proportion.

$$206000^f : 200000^f :: 24000^f : u = 23300^f + \tfrac{200}{206}.$$
$$206000^f : 200000^f :: 32000^f : v = 31067^f + \tfrac{198}{206}.$$
$$206000^f : 200000^f :: 38000^f : x = 36893^f + \tfrac{42}{206}.$$
$$206000^f : 200000^f :: 40000^f : y = 38834^f + \tfrac{196}{206}.$$
$$206000^f : 200000^f :: 72000^f : z = 69902^f + \tfrac{188}{206}.$$

5me PROBLÊME.

Quatre négociants ont fait une entreprise qui a duré 2+$\frac{1}{2}$ ans; au bout d'un certain temps, ils ont prélévé chacun 7000^f de bénéfice : on demande ce qu'ils doivent encore recevoir chacun, sachant que le premier a mis 50000^f, le deuxième 54000^f, le troisième 60000^f, et le quatrième 80000^f. Le gain général des 2+$\frac{1}{2}$ ans est de 300000 francs.

Solution. Cherchons ce que chaque négociant a dû recevoir pour 2+$\frac{1}{2}$ ans, proportionnément à sa mise, y compris les 7000^f qu'il a reçus avant ce temps.

Ajoutons les mises des associés : $50000^f + 54000^f$ $+ 60000^f + 80000^f = 244000^f$, capital général. Puisque ce capital produit 300000^f de bénéfice, une mise quelconque devra aussi en produire un qui sera nécessairement proportionnel au capital et au bénéfice général.

$$244000^f : 300000^f : : 50000^f : v = 61475^f + \tfrac{100}{244}.$$
$$244000^f : 300000^f : : 54000^f : x = 66393^f + \tfrac{108}{244}.$$
$$244000^f : 300000^f : : 60000^f : y = 73770^f + \tfrac{120}{244}.$$
$$244000^f : 300000^f : : 80000^f : z = 98360^f + \tfrac{160}{244}.$$

300000 francs.

On dit dans le problème que chaque négociant a reçu 7000^f de bénéfice après un certain temps, et l'on demande ce qui doit revenir à chacun; en ôtant les 7000^f qu'ils ont reçus chacun, du bénéfice particulier pour les $2^a + \tfrac{1}{2}$, on trouvera la somme que doit toucher chaque associé ; $61475^f + \tfrac{100}{244} - 7000^f = 54475^f + \tfrac{100}{244}$, que le premier négociant recevra encore ; $66393^f + \tfrac{108}{244} - 7000^f = 59393^f + \tfrac{108}{244}$, que recevra le deuxième ; $73770^f + \tfrac{120}{244} - 7000^f = 66770^f + \tfrac{120}{244}$, gain du troisième ; et $98360^f + \tfrac{160}{244} - 7000^f = 91360^f + \tfrac{160}{244}$, gain du quatrième.

Réponse : Le premier $54475^f + \tfrac{100}{244}$, le deuxième $59393^f + \tfrac{108}{244}$, le troisième $66770^f + \tfrac{120}{244}$, et le quatrième $91360^f + \tfrac{160}{244}$.

6me PROBLÉME.

Les gains de trois associés sont 200^f, 300^f et 400^f; la mise générale est 24000^f : on demande quelle doit être la mise de chacun.

Solution. Si nous connaissions la mise particulière d'un associé, nous pourrions déterminer les autres d'après cette mise; mais l'énoncé, comme on le voit, les laisse toutes les trois indéterminées.

Ajoutons d'abord les bénéfices particuliers de cette société; $200^f + 300^f + 400^f = 900^f$ de bénéfice général. Et puisque maintenant la mise générale rapporte un bénéfice de 900^f, une mise particulière sera donc aussi proportionnelle à un gain quelconque, comme 24000^f l'est à 900^f; disons :

$$900^f : 24000^f :: 200^f : x = 5333^f + \tfrac{1}{3}, \text{ mise du } 1^{er};$$
$$900^f : 24000^f :: 300^f : y = 8000^f, \quad \text{ mise du } 2^{me};$$
$$900^f : 24000^f :: 400^f : z = 10666^f + \tfrac{2}{3}, \text{ mise du } 3^{me}.$$

$$\textit{Preuve : } 24000^f.$$

7me Problème.

Un négociant a dans un commerce 50000 francs qui lui rapportent 15000 francs de bénéfice pour 5 mois : on demande ce que devront recevoir deux de ses associés qui ont placé dans le même commerce chacun 12000 francs pour 6 mois.

Solution. Supposons, par rapport au troisième terme de la proportion qui suit, que ces 50000 francs sont placés pour un mois; au bout de 5 mois, la mise 50000^f devra donc valoir 50000 fois 5^m ou 250000^f, qui donnent conséquemment 15000 francs de bénéfice; et puisqu'on demande ce que devront recevoir deux associés qui ont mis chacun 12000 francs pour 6 mois, ou 72000 francs, nous établirons une règle de trois de cette manière, et le quatrième terme devra satisfaire aux conditions du problême. Si 250000 francs donnent 15000 francs de bénéfice, combien en donneront 144000^f, le nombre 72000^f multiplié par 2, parce qu'il y a deux associés.

$$250000^f : 15000^f :: 144000^f : x = 8640 \text{ francs.}$$

Réponse : 8640 francs.

8ᵐᵉ PROBLÈME.

Trois personnes ont à se partager la prise d'un vaisseau ; la première fait un fonds de 20000 francs, la deuxième un de 60000 francs et la troisième un de 120000 francs : on demande ce qui revient à chacune de la prise estimée 800000 francs.

Réponse : La 1ʳᵉ 80000ᶠ, la 2ᵐᵉ 240000ᶠ et la 3ᵐᵉ 480000ᶠ.

9ᵐᵉ PROBLÈME.

Quatre personnes ont formé une société, et ont mis chacune 16000 francs pour un an; on demande ce que recevra chaque personne du gain général 25400ᶠ.

Réponse : 6350ᶠ.

10ᵐᵉ PROBLÈME.

On a donné 1800 francs pour du vin conduit par quatre voituriers ; le premier en a conduit 40 hectolitres à 10 lieues, le deuxième 12 hectolitres à 13 lieues, le troisième 15 hectolitres à 8 lieues et le quatrième 18 hectolitres à 6 lieues : on demande ce que recevra chaque voiturier, eu égard au nombre d'hectolitres conduits et au chemin parcouru.

Réponse : Le 1ᵉʳ $918^f + \frac{18}{49}$, le 2ᵐᵉ $358^f + \frac{8}{49}$, le 3ᵐᵉ $275^f + \frac{25}{49}$ et le 4ᵐᵉ $247^f + \frac{47}{49}$.

11ᵐᵉ PROBLÈME.

Trois négociants ont reçu de gain de leur société, le premier 4000 francs, le deuxième 8500ᶠ et le troisième 9000ᶠ : on demande quelle a dû être la mise de chacun, sachant que leur argent a rapporté 8 pour cent d'intérêt.

Réponse : Le 1ᵉʳ 50000ᶠ, le 2ᵐᵉ 106250ᶠ et le 3ᵐᵉ 112500ᶠ.

16

12me PROBLÈME.

Trois négociants ont mis le 1er 50000^f, le deuxième 106250^f et le troisième 112500^f; on demande ce que recevra chaque négociant du gain 21500^f.

Réponse : Le 1er 4000^f, le 2me 8500^f et le 3me 9000^f.

13me PROBLÈME.

Quatre personnes se sont associées et ont mis, la première 4000 francs, la deuxième 8000^f, la troisième 10000^f et la quatrième 12000^f : on demande quelle est la perte de chacune, sachant que la perte de la société a été de 20000 francs.

Réponse : La 1re $2352^f + \frac{16}{17}$, la 2me $4705 + \frac{15}{17}$ la 3me $5882^f + \frac{6}{17}$ et la 4me $7058^f + \frac{14}{17}$.

14me PROBLÈME.

On a donné 1380 francs pour un ouvrage fait par trois ouvriers; le premier ouvrier y a travaillé 2 jours, le deuxième 5 jours et le troisième 8 jours : on demande ce que chaque ouvrier recevra, sachant que le premier a fait 5 mètres de cet ouvrage par jour, le deuxième 4 mètres et le troisième 2 mètres.

Réponse : Le 1er 300^f, le 2me 600^f et le 3me 480^f.

15me PROBLÈME.

Trois personnes se sont réunies et ont acheté une coupe de 12 hectares, dont elles ont gagné 10000 francs; la première personne a fourni 15000 francs, la deuxième 18000 francs et la troisième 12000 francs : on demande ce que chaque personne doit recevoir.

Réponse : La 1re $3333^f + \frac{1}{3}$, la 2me 4000^f et la 3me $2666^f + \frac{2}{3}$.

16me PROBLÉME.

Quatre personnes ont formé une raison, et ont mis dans un commerce d'épiceries la première 12000 franes pour 8 mois, la deuxième 10000 francs pour 7 mois, la troisième 15000 francs pour 1 an et la quatrième 18000 francs pour 6 mois : on demande ce que chaque personne recevra du gain, montant à 25000 francs.

Réponse : La 1re 6138^f+$\frac{42}{391}$, la 2me 447^f+$\frac{223}{391}$, la 3me 11508^f,+$\frac{572}{391}$ et la 4me 6905^f+$\frac{145}{391}$.

17me PROBLÉME.

Quatre particuliers ont fourni respectivement le premier 35000 francs, le deuxième 32900 francs, le troisième 30000 francs et le quatrième 25500 francs, pour une entreprise qui a duré 4 ans, et dont ils ont gagné communément 1500 francs par mois.

Afin de surveiller les travaux, ils ont pris un commis à qui ils ont donné 2800^f de traitement pris sur le gain général : on demande ce qu'ils doivent recevoir chacun, sachant que le commis a aussi fourni un capital de 15000 francs.

Réponse : Le 1er 17500^f, le 2me 16450^f, le 3me 15000^f, le 4me 12750^f et le commis 10300^f.

18me PROBLÉME.

Les gains de quatre associés sont 4800^f, 6500^f, 1200^f et 9000^f : quelle est la mise de chacun, sachant que le capital est de 120000 francs.

Réponse : Le 1er 26790^f+$\frac{150}{215}$, le 2me 36279^f+$\frac{15}{215}$, le 3me 6697^f+$\frac{145}{215}$ et le 4me 50232^f+$\frac{120}{215}$.

19me PROBLÉME.

Deux personnes se sont associées et ont mis, la pre—

16*

mière 100 francs pour 3 ans, puis 250 francs pour 2 ans, et enfin 125 francs pour 1 an; la seconde 350 francs pour 4 ans, et 400 francs pour 3 ans : on demande combien chacune doit avoir à proportion de ses mises et du temps que l'argent est resté dans la société, sachant que le bénéfice général est de 4500 francs.

Réponse: La 1re $1180^f + \frac{3000}{3525}$ et la seconde $3319^f + \frac{525}{3525}$.

20me PROBLÉME.

Un mourant est débiteur de 7500 francs à trois créanciers; au premier d'une somme de 3000 francs, au deuxième de 2625 francs, et au troisième de 1875^f : il laisse seulement tant en argent qu'en effets pour une somme de 4500 francs. On demande ce que chaque créancier doit avoir de cette somme, à proportion de sa créance.

Réponse: Le 1er 1800^f, le 2me 1575^f et le 3me 1125^f.

21me PROBLÉME.

Trois joueurs ont mis en commun, le premier 40 francs, le deuxième 30 francs et le troisième 50 francs; ils ont perdu en tout 80 francs : on demande ce que chaque joueur doit supporter de cette perte à proportion de sa mise.

Réponse: Le 1er $26^f + \frac{2}{3}$, le 2me 20^f et le 3me $33^f + \frac{1}{3}$.

22me PROBLÉME.

Partager le nombre 640 francs entre trois personnes, de manière que la deuxième ait une part quadruple de la première, et la troisième $2 + \frac{1}{5}$ fois autant que les deux autres ensemble : quelle est la part de chaque personne?

Remarque. Quelquefois, pour résoudre des règles de société, on se sert de la règle d'une fausse supposition, quand l'énoncé ne fournit pas les moyens d'agir d'après les définitions. Cette opération diffère de la règle de société, en ce qu'au lieu de prendre des parties proportionnelles données dans le problème, on en prend une arbitrairement à laquelle on conforme toutes les autres, ainsi que nous allons le faire voir par le problème ci-dessus.

Solution. Supposons que la première personne ait 1 franc; la deuxième aura donc le quadruple de cette part ou 4 francs, et la troisième $2 + \frac{1}{3}$ fois la part de la première et de la deuxième réunies, ou $2 + \frac{1}{3}$ fois 5 francs ou $11^f + \frac{2}{3}$. Ainsi, chaque fois que la première personne prendra 1 franc, la deuxième en prendra 4 et la troisième $11^f + \frac{2}{3}$. On conclut, d'après cette faible démonstration, que le problème se trouve déterminé; car il suffit maintenant de faire la somme de ces trois parties et d'employer ensuite autant de règles de trois qu'il y a de personnes; les quatrièmes termes des proportions satisferont chacun aux données du problème : $1 + 4 + 11 + \frac{2}{3} = 16^f + \frac{2}{3} : 640^f :: 1^f : x = 38 + \frac{2}{5}$, part de la première personne; $16^f + \frac{2}{3} : 640^f :: 4^f : y = 153 + \frac{3}{5}$, part de la deuxième; $16^f + \frac{2}{3} : 640^f :: 11^f + \frac{2}{3} : z = 448$ francs, part de la troisième personne.

Réponse : La 1re $38^f + \frac{2}{5}$, la 2me $153^f + \frac{3}{5}$, et la 4me 448 francs.

23me PROBLÈME.

Partager 578 francs en 5 parties telles, que la deuxième soit les $\frac{2}{3}$ de la première, et que la troisième contienne la deuxième autant de fois que $\frac{20}{9}$ contiennent $\frac{8}{27}$;

que la troisième divisée par la quatrième vaille le rapport de $\frac{5}{8} : \frac{3}{4}$, et qu'enfin la cinquième surpasse de 8 la moitié de la somme des quatre autres parties.

Réponse : La 1re 3o^f, la 2me 2o^f, la 3me 15o^f, la 4me 18o^f et la 5me 198^f.

24me Problème.

Partager 120 francs entre trois personnes, qui aient les rapports 4, 3 et 2 : quelle est la part de chaque personne ?

Réponse : La 1re 53^f+$\frac{1}{3}$, la 2me 4o^f et la 3me 26^f+$\frac{2}{3}$.

25me Problème.

Partager 84o francs entre quatre personnes, de manière que la première partie soit à la deuxième, comme 4 est à 6 ; que la deuxième soit à la troisième, comme 6 est à 8 ; que la troisième soit à la quatrième, comme 8 est à 1o ; et qu'enfin la quatrième partie soit à la première, comme 1o est à 4 : quelles sont ces parties ?

Réponse : La 1re 12o^f, la 2me 18o^f, la 3me 24o^f et la 4me 3oo^f.

26me Problème.

A une entreprise d'assurance contre l'incendie, 20 négociants se sont associés et ont mis, le premier 16000 francs qui sont restés 15 mois dans la société, le deuxième 18000 francs pour 13 mois, le troisième 20000 francs pour 6 mois, le quatrième 24000 francs pour 8 mois, le cinquième 12000 francs pour 1o mois, le sixième 17000 francs pour 2 ans, le septième 19000 francs pour 7 mois, le huitième 3oooo francs pour 11 mois, le neuvième 1oooo francs pour 4 mois, le dixième 14000 francs pour 19 mois, le onzième 75oo francs pour 28 mois, le douzième

32000 francs pour 5 mois, le treizième 34000 francs pour 21 mois, le quatorzième 10800 francs pour 23 mois, le quinzième 16300 francs pour 2 mois, le seizième 25200 francs pour 1 an, le dix-septième 14900 francs pour 26 mois, le dix-huitième 13480 francs pour 27 mois, le dix-neuvième 39500 francs pour 29 mois, et le vingtième 36780 francs pour 30 mois. On demande ce que chaque associé recevra du gain 2480000 francs, sachant que la société a fait une perte de 970000 francs.

Réponse: Le 1er 1049086^f+$\frac{6906}{13629}$, le 2me 1022859+$\frac{4689}{13629}$, le 3me 524543^f+$\frac{3453}{13629}$, le 4me 839269+$\frac{2796}{13629}$, le 5me 524543^f+$\frac{3453}{13629}$, le 6me 1783447^f+$\frac{837}{13629}$, le 7me 581368^f+$\frac{10528}{13629}$, le 8me 1442493^f+$\frac{12903}{13629}$, le 9me 174847^f $\frac{10237}{13629}$, le 10me 1162737^f+$\frac{7427}{13629}$, le 11me 917950^f+$\frac{9450}{13629}$, le 12me 699391^f+$\frac{61}{13629}$, le 13me 1783447^f+$\frac{837}{13629}$, le 14me 1085804^f+$\frac{2284}{13629}$, le 15me 142500^f+$\frac{12500}{13629}$, le 16me 1321848^f+$\frac{13608}{13629}$, le 17me 1693400^f+$\frac{6100}{13629}$, le 18me 1590939^f+$\frac{9569}{13629}$, le 19me 5007202^f+$\frac{6413}{13629}$, le 20me 482317^f+$\frac{7107}{13629}$.

DES INTÉRÊTS.

D. Quel est le but des règles d'intérêt?

R. Les règles d'intérêt ont pour but principal de déterminer la somme due pour de l'argent prêté, d'après certaines conditions données dans une question.

La somme prêtée se nomme capital ou principal, et ce qu'elle rapporte se nomme intérêt ou rente.

D. Combien y a-t-il de sortes d'intérêts?

R. Il y en a de deux sortes; l'intérêt simple et l'intérêt composé.

D. Qu'appelle-t-on intérêt simple?

R. L'intérêt simple est celui qui, restant chez l'emprunteur après un temps déterminé, n'y porte plus d'intérêt. Cette manière de prêter est la plus usitée.

D. Qu'est-ce que l'intérêt composé?

R. L'intérêt composé est celui dont on prend les intérêts des intérêts mêmes; c'est-à-dire, l'intérêt d'un capital restant chez l'emprunteur, y porte intérêt l'année suivante, auquel on joint le capital.

D. Comment se résolvent les règles d'intérêt?

R. La méthode de solution la plus courte et la plus directe, c'est de les résoudre par les proportions.

DES INTÉRÊTS SIMPLES.

D. S'agit-il toujours de trouver l'intérêt d'un capital?

R. Non; on peut trouver :

1° L'intérêt d'un capital quelconque;

2° Le capital même;

3° Le taux du cent;

4° Le temps pendant lequel l'argent est resté placé;

5° Si, connaissant le capital et son intérêt réunis pour un temps déterminé, trouver le capital, l'intérêt.

D. Que faut-il connaître pour trouver l'intérêt d'un capital quelconque?

R. Il faut connaître le capital, le taux du cent et le nombre d'années ou de mois pendant lesquels l'argent est resté placé.

EXEMPLE 1er.

Quel est l'intérêt de 7500 francs placés à 5 pour % pour un an?

Solution. L'énoncé de cet exemple nous fournit donc le capital 7500 francs, le taux de l'argent 5 francs, et

le temps que l'argent est resté chez l'emprunteur 1 an.
Nous dirons donc : si le capital 100 francs produit 5 francs
d'intérêt par an, le capital 7500 doit donc en produire
un proportionnel à 100 francs, c'est-à-dire qu'autant de
fois que 7500 francs contiendront 100 francs, autant de
fois aussi ce même nombre contiendra 5 francs. En résolvant l'opération par les proportions, nous aurons :
$100^f : 5^f :: 7500^f : x$; nous trouvons $x = 375$ francs.
L'intérêt du capital 7500^f est donc de 375 francs pour
un an.

Remarque. Ce problème est anssi soluble par l'intérêt
du franc, c'est-à-dire, chercher l'intérêt du franc pour
1 an; mais cette méthode ne peut guère être pratiquée
que lorsque le taux de l'argent est en nombre entier; car
s'il était fractionnaire, à $4^f + \frac{1}{3}$ ou à $5^f + \frac{3}{13}$, par exemple,
l'opération nécessiterait un travail double de celui que
l'on aurait en la résolvant par les proportions, et la réponse ne pourrait être qu'approximative : nous allons
cependant résoudre l'exemple ci-dessus par cette méthode,
pour en faire connaître les moyens de solution.

Le capital 100 francs produisant un intérêt annuel
de 5 francs, le franc sera donc annuellement aussi productif d'un intérêt 100 fois moindre; cet intérêt sera donc
$5^f : 100^f = 0^f,05$. Ainsi, l'intérêt annuel du franc serait
donc de $0^f,05$. Et puisqu'on demande l'intérêt de
7500 francs, il suffit de multiplier ce nombre par $0^f,05$
pour avoir l'intérêt de ce capital; $7500^f \times 0^f,05 = 375^f$,
qui satisfait à la question.

EXEMPLE 2me.

Quel est l'intérêt de 800 francs placés pendant 4 ans,
à cinq pour % par an?

Solution. Le capital est 800^f, le taux de l'argent est 5 francs, et le temps pendant lequel on a laissé l'argent chez l'emprunteur est 4 ans. Nous voyons qu'il faut d'abord connaître l'intérêt du capital pour 1 an; 100^f : 5^f : : 800 : $x = 40$ francs d'intérêt par an. Puisqu'on demande l'intérêt de ce capital pour 4 ans, il suffit donc de multiplier l'intérêt d'un an par 4 ans; 40$^f \times 4^a = 160$ francs d'intérêt.

Ainsi, l'intérêt de 800 francs placés pendant 4 ans, à 5 pour % par an, est donc de 160 francs.

EXEMPLE 3me.

Quel est l'intérêt de 84000 francs à 5$^f + \frac{1}{4}$ pour % pour un an ?

Solution. 100^f : 5$^f + \frac{1}{4}$: : 84000^f : $x = 4410$ francs d'intérêt.

D. *Que faut-il connaître lorsqu'il s'agit de trouver un capital quelconque ?*

R. Il faut connaître le taux de l'argent, le nombre d'années ou de mois pendant lesquels l'argent a été placé, et l'intérêt que le capital a rapporté pour le temps déterminé dans l'énoncé.

EXEMPLE 1er.

On a placé à 5 pour % un certain capital qui, en 3 ans, a rapporté 112^f,50 d'intérêt; quel est ce capital ?

Solution. Nous devons d'abord chercher l'intérêt d'un an, que nous obtiendrons en divisant 112^f,50 par 3 ans; 112^f,50 : 3^a = 37^f,50, intérêt d'un an. Le raisonnement suivant peut servir de solution à toutes les opérations analogues à celle-ci. Si 5 francs sont l'intérêt du capital 100 francs, 37^f,50 le sont aussi d'un capital inconnu ; ou 5^f : 100^f : : 37^f,50 : $x = 750$ francs.

Le capital demandé est donc 750 francs.

Exemple 2me.

Un certain capital a rapporté au bout d'un an 450^f d'intérêt, placé à 5 pour %; quel était ce capital?

Solution. Le raisonnement de l'exemple précédent nous conduit donc à établir cette proportion : $5^f : 100^f : : 450^f : x = 9000$ francs.

Le capital demandé était donc de 9000 francs.

La preuve de cette opération peut être faite en laissant pour terme inconnu l'intérêt du capital, comme $100^f : 5^f : : 9000^f : x = 450$ francs.

Exemple 3me.

Quel est le capital qui a produit au bout d'un an 4800 francs d'intérêt, placé à 6 pour %?

Solution. Nous aurons la proportion $6^f : 100^f : : 4800^f : x = 80000^f$.

Le capital demandé était donc 80000 francs.

D. Que faudrait-il connaître si l'on demandait le taux du cent?

R. Il faudrait connaître le capital, l'intérêt qu'il aurait produit, et le temps que l'argent serait resté chez l'emprunteur.

Exemple 1er.

On a prêté une somme de 1430 francs qui, pendant $3 + \frac{1}{2}$ ans, a rapporté un intérêt de $300^f,30$: on demande à combien l'argent était placé.

Solution. Pour faire cette opération, il faut d'abord déterminer l'intérêt d'un an; $300^f,30 : 3^a + \frac{1}{2} = 85^f,80$, intérêt d'un an.

Le raisonnement suivant peut aussi servir de solution à tous les cas de cette nature. Le capital 1430 francs étant productif d'un intérêt annuel de $85^f,80$, quel sera l'intérêt proportionnel du capital 100 francs, placé au même taux; ou $1430^f : 85^f,80 : 100^f : x = 6$ francs.

L'argent était donc placé à 6 pour %. par an.

La preuve de cette opération peut être faite, ou en laissant pour terme inconnu le capital même, et dire : $6^f : 100^f : 85^f,80 : x = 1430$ francs; ou l'intérêt du capital, comme $100^f : 6^f : 1430^f : x = 85^f,80$. S'il s'agissait d'obtenir l'intérêt primitif, ou intérêt de $3+\frac{1}{2}$ ans, il suffirait de multiplier l'intérêt d'un an par $3+\frac{1}{2}$ ans.

EXEMPLE 2me.

Le capital 7900 francs est productif d'un intérêt annuel de 395 francs; à combien cet argent est-il placé?

Solution. Il suffit de dire : $7900^f : 395^f : 100^f x : = 5$ francs.

L'argent était donc placé à 5 pour %.

Cette opération peut être vérifiée comme celle qui précède.

EXEMPLE 3me.

Le capital 16000 francs a produit un intérêt annuel de 720 francs; à combien était-il prêté?

Solution. Il suffit de dire : $16000^f : 720^f : 100^f : x = 4^f,50$.

Il était donc placé à $4^f,50$ pour %.

D. Que faut-il connaître pour déterminer le temps pendant lequel l'argent est resté chez l'emprunteur?

R. Il faut connaître le capital, le taux du cent et l'intérêt du temps inconnu.

EXEMPLE 1er.

On a prêté à 4 pour %. par an un capital de 1200^f qui, au bout d'un certain temps, a valu 1632^f, tant de capital que d'intérêts : on demande le temps pendant lequel l'argent est resté chez l'emprunteur.

Solution. Pour faire cette opération, il faut d'abord déterminer l'intérêt du temps inconnu ; $1632^f - 1200^f = 432$ francs, intérêt du temps inconnu. Il faut ensuite chercher l'intérêt du capital 1200 francs : $100^f : 4^f :: 1200^f : x = 48$ francs d'intérêt annuel.

Le capital 1200^f donne d'intérêt 432^f pour un temps indéterminé, et 48 francs par an ; il est certain que si l'on divise 432^f par 48, on aura au quotient le temps qu'on aura été sans prélever l'intérêt : $432^f : 48^f = 9$ ans. L'argent est donc resté 9 ans chez l'emprunteur.

Nous aurions aussi pu employer les proportions et dire, 48 francs sont l'intérêt d'un an, de combien de temps 432 francs le sont-ils ? et construisant ainsi la règle de trois, nous aurions eu $48^f : 1^a :: 432^f : x = 9$ ans.

La preuve peut être faite en laissant pour terme inconnu, soit le capital, soit le taux du cent.

EXEMPLE 2me.

On a prêté à 5 pour % par an, 8500 francs qui ont produit 9350 francs, tant de capital que d'intérêt : pendant combien de temps a-t-on dû laisser l'argent chez l'emprunteur ?

Solution. Cherchons d'abord l'intérêt du temps inconnu : $9350^f - 8500^f = 850$ francs, intérêt du temps indéterminé.

Déterminons ensuite l'intérêt annuel du capital 8500^f, placé à 5 pour % ; $100^f : 5^f :: 8500^f : x = 425$ francs, intérêt d'un an. Il est évident qu'autant de fois que 850^f contiendront 425^f, autant d'années l'argent sera resté chez l'emprunteur ; donc, $850^f : 425^f = 2$ ans.

254 ARITHMÉTIQUE.

EXEMPLE 3ᵐᵉ.

On a prêté 284000 francs qui ont rapporté après un certain temps 2840 francs d'intérêt : pendant combien de temps l'argent est-il resté chez l'emprunteur, sachant qu'il était placé à 4 pour %?

Solution. Il suffit de déterminer l'intérêt annuel de ce capital; $100^f : 4^f :: 284000^f : x = 11360$ francs d'intérêt annuel. Et comme l'intérêt du temps inconnu n'est que de 2840 francs, j'en conclus que l'argent n'est pas resté un an chez l'emprunteur, car il devrait être égal à 11360 francs, tandis qu'il n'est que de 2840 francs; nous dirons : 11360 francs sont l'intérêt d'un an ou 12 mois; de combien de mois 2840 francs sont-ils l'intérêt? ou $11360^f : 12^m :: 2840^f : x = 3$ mois.

Ainsi, l'argent était resté 3 mois chez l'emprunteur.

D. Que faut-il connaître pour déterminer le capital et l'intérêt réunis?

R. Il faut connaître le taux de l'argent et le nombre d'années ou de mois pendant lesquels l'argent est resté placé.

EXEMPLE 1ᵉʳ.

Une personne a placé un capital qui lui a valu, augmenté de ses intérêts simples, 62400 francs après 6 ans, placé à 5 pour % par an : quel est le capital, l'intérêt?

Solution. Puisque l'argent était placé à 5 pour %, le capital 100 francs a donc rapporté $5^f \times 6^a$ ou 30 francs d'intérêts simples pour ces 6 ans; et ce capital 100 francs, augmenté de ses intérêts 30 francs, était donc de 130 francs au bout de ce temps.

Nous dirons donc : Si 130 francs de capital et d'intérêts sont produits par le capital 100 francs, de quel capital seront produits 62400 francs? ou 130^f : 100 : : 62400^f : x=48000 francs.

Le capital demandé était donc 48000 francs.

Pour avoir l'intérêt, il suffit de soustraire 48000^f de 62400^f et l'on trouve 14400^f d'intérêts pour ces 6 ans.

Exemple 2me.

Un rentier a prêté à 4^f,50 pour %, un certain capital qui lui a valu, après une absence de $4+\frac{1}{2}$ ans, 43290 francs, y compris les intérêts de ce temps : Quel est le capital, quels sont les intérêts ?

Solution. Il faut, comme à l'exemple précédent, déterminer les intérêts simples du capital 100 francs, à $4+\frac{1}{2}$ ans de terme; 4^f,50×4^a+$\frac{1}{2}$=20^f,25 d'intérêts simples du capital 100 francs, qui, augmenté de ses intérêts, vaut 120^f,25. Il suffit donc maintenant de construire une règle de trois analogue à celle de l'exemple ci-dessus; 120^f,25 : 100^f : : 43290^f : x=36000 francs de capital. Pour déterminer les intérêts, soustrayons 36000 francs de 43290 francs, nous trouvons 7290 francs.

Le capital prêté à $4^a+\frac{1}{2}$ de terme était donc 36000 francs, et les intérêts de ce temps étaient de 7290 francs.

Exemple 3me.

Une personne a prêté à 6 pour % un capital qui, augmenté de ses intérêts simples, a valu 15900 francs après un an de date : on demande le capital, l'intérêt.

Solution. Puisque ce capital n'était placé que pour 1 an, joignons le taux au capital, et disons : 106^f : 100^f : : 15900^f : x=15000 francs. Pour avoir l'intérêt, 15900^f—15000^f=900 francs.

Ainsi, le capital prêté était 15000^f et son intérêt 900^f.

DES INTÉRÊTS COMPOSÉS.

D. Comment se résolvent les règles d'intérêt composé?

R. Lorsqu'il s'agit de déterminer l'intérêt composé d'un capital quelconque, il faut d'abord chercher les intérêts du cent, en joignant l'intérêt de chaque année au capital de l'année précédente; ayant trouvé l'intérêt composé du capital 100 francs pour le temps déterminé, l'opération est ramenée aux proportions.

EXEMPLE 1er.

On a placé une somme de 12000 francs à 5 pour %. par an; on demande combien cette somme rapportera d'intérêts composés après 4 ans de placement.

Solut. Le capital 100, au bout de la première année, vaudra donc 105 francs; 105 francs au bout de la deuxième vaudront, par la même raison, 110^f,25; 110^f,25 au bout de la troisième vaudront 115^f,7625, et cette même somme, à la fin de la quatrième année, vaudra 121^f,55, d'un centime près. Mais cette somme renferme le capital 100 et son intérêt de 4 ans; donc, 121^f,55—100^f= 21^f,55 d'intérêts composés. Ces intérêts 21^f,55 peuvent être considérés comme l'intérêt annuel d'un capital 100 francs, et alors l'opération est ramenée aux proportions; nous dirons: 100^f : 21,55^f : : 12000^f : x=2586^f, intérêts des 4 ans.

Pour faire cette opération, je multiplie le capital 100 francs par 0^f,05, parce que le franc donne 0^f,05 d'intérêt annuel, dont je trouve 5 francs que j'ajoute au capital 100 francs, pour les rendre productifs d'intérêt l'année suivante, je trouve conséquemment 105 francs;

je multiplie également 105 francs par 0^f,05, et j'obtiens 5^f,25 que j'ajoute au capital de l'année précédente, pour former le capital et l'intérêt de la seconde année, je trouve 110^f,25 ; je multiplie ensuite cette somme également par 0^f,05, j'obtiens 5^f,5125 d'intérêt que j'ajoute à 110^f,25, dont j'obtiens 115^f,7625 ; et cette même somme multipliée par 0^f,05, me donne l'intérêt de la quatrième année, qui, joint au capital de la troisième année, forme le capital et les intérêts de cette même année : je trouve pour somme 121^f,55, d'un centime près.

D'où il suit que 21^f,55 sont les intérêts composés de 4 ans.

Il est certain que si 100 francs produisent un intérêt de 21^f,55, 12000 francs en produiront un aussi qui sera proportionnel à celui de ce capital : l'opération est conséquemment ramenée aux proportions.

EXEMPLE 2me.

Un rentier a prêté 130000 francs à 4 pour %, d'intérêts composés pendant 6 ans : quels seront les intérêts de ce capital ?

Solution. Le capital 100 francs, à la fin de la première année, vaudra 104 francs; 104 francs à la fin de la deuxième vaudront 108^f,16, 112^f,48 à la fin de la troisième, 116^f,98 à la fin de la quatrième, 121^f,66 à la fin de la cinquième, et 126^f,53 à la fin de la sixième. Extrayant le capital 100 de cette somme, nous avons 26^f,53 d'intérêts pour 6 ans. Nous aurons ensuite 100^f : 26,^{f}53 : : 130000^f : $x = 34489$ francs.

L'intérêt demandé est donc de 34489 francs.

D. S'il s'agissait de déterminer le capital qu'on au-

17

rait placé pour un temps connu, que faudrait-il faire?

R. Il faudrait en supposer un à volonté, dont on chercherait les intérêts composés du temps donné dans l'énoncé; et si, après avoir déterminé les intérêts, on ne trouvait pas une somme égale à celle de la question, jointe au capital supposé, l'opération serait ensuite résolue par les proportions.

EXEMPLE 3ᵐᵉ.

Une personne, de ses épargnes, a placé une certaine somme à intérêts composés pendant 3 ans; au bout de ce temps elle retire 926^f,10, tant de capital que d'intérêts: on demande le capital que cette personne a dû placer, sachant que le taux de l'argent était à 5 pour % par an.

Solution. Supposons que cette personne avait placé 100 francs; ces 100 francs valent donc 105 francs à la fin de la première année; ils valent 110^f,25 à la fin de la seconde et 115^f,7625 à la fin de la troisième; mais cette personne doit toucher 926^f,10: nous en concluons que le capital prêté était supérieur à 100 francs, car nous devrions ici produire une somme égale à 115^f,7625, si cette personne n'avait prêté que 100 francs, tandis que l'énoncé de cet exemple donne 926^f,10. Nous dirons: 115^f,7625 : 100^f :: 926^f,10 : x=800 francs.

Le capital prêté était donc 800 francs.

EXEMPLE 4ᵐᵉ.

On a prêté à 4 pour % une certaine somme qui, après 8 ans, a valu 21896, tant de capital que d'intérêts composés; on demande quel était ce capital.

Solution. Supposons, comme ci-dessus, qu'on ait prêté 100 francs; ces 100 francs pour la deuxième an-

née formeront donc un capital de 104 francs; à la fin
de la deuxième il vaudra 108^f,16, 112^f,48 à la fin de
la troisième, 116^f,98 à la fin de la quatrième, 121^f,66
à la fin de la cinquième, 126^f,53 à la fin de la sixième,
131^f,59 à la fin de la septième et 136^f,85 à la fin de la
huitième; mais on doit toucher 21896 francs, tandis
que nous n'obtenons que 136^f,85 du capital supposé.
Nous dirons : 136^f,85 : 100^f : : 21896^f : x; et effectuant
cette proportion, nous trouvons $x = 16000$ francs : donc
on avait prêté 16000 francs.

*D. S'il s'agissait de trouver le temps que l'argent
serait resté chez l'emprunteur, que faudrait-il faire ?*

R. Il faudrait chercher l'intérêt du capital placé pendant 1 an, et joindre ensuite cet intérêt au capital; déterminer l'intérêt du capital de la deuxième, troisième,
quatrième, etc., année, jusqu'à ce que les intérêts, consécutivement ajoutés au capital, forment une somme
égale ou à peu près égale à celle de l'énoncé, contenant
et le capital et les intérêts du temps inconnu. Si la somme
n'est pas égale à celle de la question, il faudra prendre
la différence qui existera entr'elles, et cette différence
sera un terme de proportion; continuer ensuite à chercher l'intérêt d'un an de la somme sur laquelle on s'est
arrêté, et cet intérêt sera aussi un terme de proportion;
enfin, pour troisième terme, on prendra l'année dont on a
cherché les derniers intérêts.

EXEMPLE 5me.

Un rentier a placé 600 francs à intérêts composés, à
5 pour % par an; au bout d'un certain temps, il retire
717^f,7275 : on demande pendant combien de temps il a
laissé son argent chez l'emprunteur.

17*

Solution. Cherchons l'intérêt du capital 600 francs pour la première année; $100^f . 5^f : : 600^f : x = 30$ francs d'intérêts, lesquels joints au capital 600 francs, donnent 630 de capital et d'intérêts pour la première année. Cette somme rapportera à la fin de la seconde année $31^f,50$ qui, joints au capital de l'année précédente, formeront le capital $661^f,50$ pour la troisième année. Il faut également chercher l'intérêt de cette somme pour cette troisième année, qu'on trouvera de $33^f,075$, lesquels joints au capital de l'année précédente, donnent $694^f,575$ de capital et d'intérêts pour la troisième année.

Maintenant, je prévois qu'en ajoutant encore à ce capital l'intérêt d'un an, j'obtiendrais un produit plus grand que $717^f,7275$, somme composée du capital et des intérêts du temps inconnu; je conclus de là que l'argent n'est pas resté 4 ans chez l'emprunteur. Je soustrais donc $694^f,575$ de $717^f,7275$, je trouve $23^f,1525$ de différence. Je cherche ensuite l'intérêt de $694^f,575$ pour la quatrième année, et je trouve $34^f,72875$ d'intérêts. Je dis ensuite : si $34^f,72875$ sont l'intérêt d'un certain capital placé pendant 12 mois, de combien de mois $23^f,1525$ sont-ils l'intérêt? ou $34^f,72875 : 12^m : : 23^f,1525 : x =$ 8 mois.

Le capital 600 francs a donc été placé pendant 3 ans et 8 mois, à 5 pour % d'intérêts composés.

EXEMPLE 6me.

Une personne a prêté à 4 pour % un capital de 18000 francs, qui lui a rapporté au bout d'un certain temps $5686^f,20$ d'intérêts composés : pendant combien de temps cet argent est-il resté placé ?

Solution. Il faut, comme à l'exemple précédent,

chercher les intérêts du capital actuel, et les ajouter au capital de l'année précédente, afin de les rendre eux-mêmes productifs d'intérêts pour l'année suivante.

Après avoir déterminé, par les moyens connus, les intérêts du capital 18000 francs pour la première année, nous trouvons 720 francs, qui, joints au capital 18000 francs, forment le capital de la seconde année : et continuant ainsi d'année en année, nous trouvons pour intérêts composés de la septième année 5686^f,20, à quelques centimes près. Nous concluons de là que l'argent est resté 7 ans chez l'emprunteur.

Remarque. Si l'on ne néglige pas les centimes des fractions décimales produites à chaque multiplication, l'opération doit nécessairement être exacte. Et, pour parvenir à un résultat approximatif de quelques centimes, il faut ne négliger les chiffres décimaux d'une multiplication, qu'en forçant à peu près de la même valeur le produit de la multiplication successive : par ce moyen, l'erreur ne sera jamais guère sentie qu'aux décimales.

PROBLÈMES ANALYTIQUES SUR LES RÈGLES D'INTÉRÊTS.

1er PROBLÈME.

Quel est l'intérêt simple de 6800 francs, placés à 5^f + $\frac{1}{2}$ pour % par an ?

Solution. Le raisonnement à suivre pour résoudre ce problème est tout simple, car il ne s'agit que de bien établir une proportion pour en avoir la réponse. Nous dirons donc : Si le capital 100 francs produit annuellement $5^f + \frac{1}{2}$ d'intérêt, que produiront 6800 francs ? ou $100^f : 5^f + \frac{1}{2} : : 6800^f : x = 374$ francs.

Réponse : 374 francs.

2me PROBLÊME.

Un certain capital a produit 374 francs d'intérêt, après un an de placement à $5^f + \frac{1}{2}$ pour % ; quel était ce capital ?

Solution. D'après l'énoncé du problème, nous pouvons aisément voir qu'une seule proportion nous conduira à la réponse. Nous dirons : $5^f + \frac{1}{2} : 100^f : : 374^f : x = 6800^f$.

Réponse : 6800 francs.

3e PROBLÊME.

Une personne a placé 20500 francs qui lui ont donné 1230 francs d'intérêt au bout d'un an : à combien cette personne avait-elle placé son argent ?

Solution. Nous dirons : Si le capital 20500 francs produit annuellement 1230 francs d'intérêt simple, le capital 100 francs en produira aussi un qui lui sera proportionnel ; ou $20500^f : 1230^f : : 100^f : x = 6$ francs.

Réponse : 6 francs.

4me PROBLÊME.

On a placé une somme de 12000 à $5^f + \frac{1}{4}$ pour % par an, qui a produit 2205 francs d'intérêts après un certain temps : on demande quel a été ce temps.

Solution. Si je connaissais l'intérêt annuel de ce capital, je diviserais l'intérêt du temps inconnu par l'intérêt d'un an, et le quotient satisferait aux données du problème : c'est donc ce qu'il faut d'abord déterminer. Nous dirons : $100^f : 5^f + \frac{1}{4} : : 12000^f : x = 630$ francs d'intérêt. Il suffit donc maintenant de diviser 2205 francs par 630 francs; $2205^f : 630^f = 3 + \frac{1}{2}$ ans.

Réponse : $3^a + \frac{1}{2}$

5me PROBLÈME.

Une personne veut vendre un billet de fonds publics portant $46^f,50$; on demande quelle somme il faudra verser pour la toucher à $5^f + \frac{1}{2}$ pour %, sachant que 100 francs valent $109^f,75$, c'est-à-dire que pour 100 francs de ce billet, on doit donner $109^f,75$.

Solution. On dit dans l'énoncé de ce problème que la personne qui voudrait acheter ce billet, serait obligée de donner $109^f,75$, pour chaque 100 francs, mais que son argent lui rapporterait $5^f + \frac{1}{2}$ pour %. Nous dirons donc : si $5^f + \frac{1}{2} : 109^f,75 :: 46^f,50 : x = 927^f,88$, d'un centime près.

Réponse : $927^f,88$.

6me PROBLÈME.

Un rentier a placé à intérêts composés une certaine somme qui lui a valu 24000 francs, tant de capital que d'intérêts, après trois ans de placement : on demande quel a dû être ce capital, sachant qu'il était prêté à 5 pour % par an.

Solution. Supposons que cette personne n'ait prêté que 100 francs, et cherchons-en l'intérêt du temps déterminé, comme nous chercherions celui du vrai capital s'il nous était connu.

Ce capital 100 francs, pris à volonté, vaudra donc 105 francs à la fin de la première année, $110^f,25$ à la fin de la seconde et $115^f,7625$ à la fin de la troisième.

Or, si $115^f,7625$ sont produits par le capital 100 francs, par quel capital seront produits 24000 francs?

ou $115^f,7625 : 100^f :: 24000^f : x = 20732^f,10$, d'un centime près.

Réponse : $20732^f,10$.

7me PROBLÊME.

Quel est l'intérêt composé de 18000 francs pendant 4 ans, placés à 5 pour % par an ?

Solution. En général, on pourrait faire toutes ces opérations d'une autre manière ; mais la plus facile et la plus compréhensible de toutes, c'est, sans contredit, la méthode analytique, que nous n'éviterons pas d'employer toutes les fois que nous le pourrons.

Il faut donc chercher les intérêts du capital 100 francs pendant 4 ans. Ce capital vaudra donc 105 francs à la fin de la première année, $110^f,25$ à la fin de la deuxième, $115^f,7625$ à la fin de la troisième, et $121^f,55$ à la fin de la quatrième. D'où l'on voit que les intérêts de 100 francs après 4 ans, sont de $21^f,55$, en déduisant 100 francs de $121^f,55$.

Nous dirons ensuite : si 100 francs donnent $21^f,55$ d'intérêts, que donnera le capital 18000 francs ? ou $100^f : 21^f,55 :: 18000^f : x = 3879$ francs.

Réponse : 3879 francs.

8me PROBLÊME.

On a placé une certaine somme qui, après 4 ans, a produit 8560 francs d'intérêts simples : quelle était cette somme, sachant qu'elle était prêtée à 7 pour % par an ?

Solution. Il est évident que la quatrième partie de l'intérêt 8560 francs sera l'intérêt d'un an : c'est ce qu'il faut d'abord déterminer ; $8560^f : 4^a = 2140$ francs, intérêt d'un an. Il ne nous reste donc plus maintenant

qu'à déterminer un capital dont 2140 francs sont l'intérêt annuel ; nous dirons : si 7 francs sont l'intérêt du
capital 100 francs, de quel capital 2140 francs sont-ils
l'intérêt ? $7^f : 100^f :: 2140^f : x = 30571^f + \frac{3}{7}$.

Réponse : $30571^f + \frac{3}{7}$.

9me PROBLÈME.

Une personne a prêté 30000 francs, à $5^f + \frac{1}{2}$ pour
% par an, qui lui ont rapporté 8250 francs d'intérêts
simples : on demande pendant quel temps elle a laissé son
argent chez l'emprunteur.

Solution. Pour faire opération, il faut d'abord chercher l'intérêt pour 1 an du capital 30000 francs ; $100^f :$
$5^f + \frac{1}{2} : 30000^f : x = 1650$ francs. Si le capital 30000 francs
donne 1650 francs d'intérêt annuel, quel temps mettra-
t-il pour produire 8250 francs d'intérêts ? ou $1650^f :$
$1^a :: 8250^f : x = 5$ ans.

Réponse : 5 ans.

10me PROBLÈME.

Une personne a placé un certain capital qui lui a
valu, augmenté de ses intérêts simples, 1235 francs
après 5 mois de placement, et 1312 francs après 16
mois ; on demande à combien cette personne avait placé
son argent.

Solution. Puisqu'après 5 mois le capital et l'intérêt
valaient en somme 1235 francs, et 1312 francs après
16 mois, $1312^f - 1235^f = 77$ francs d'intérêt produit de
5 à 16 mois. Pour trouver l'intérêt d'un mois, $16^m =$
$5^m = 11$; $77^f : 11^m = 7$ francs, intérêt d'un mois, et 35
francs, intérêt des 5 premiers mois. Et puisque le capital inconnu produit 35 francs après 5 mois, l'intérêt
d'un an devra donc augmenter proportionnellement à

ce temps; donc, $5^m : 35^f :: 12^m : x = 84$ francs, intérêt d'un an. On voit, d'après ces solutions préliminai-
res, qu'il n'est plus difficile de déterminer le taux du
100; car, pour déterminer le capital, il suffit de soustraire l'intérêt 35 francs de 1235, on trouve 1200 francs
de capital, qui produit conséquemment 84 francs d'intérêt par an. On dira donc ensuite : si 1200 francs produisent annuellement 84 francs d'intérêt, quel sera l'intérêt proportionnel du capital 100 francs? ou $1200^f :$
$84^f :: 100^f : x = 7$ francs.

Réponse : 7 francs.

11ᵐᵉ Problême.

On a placé 25400 francs à 6 pour %, par an; on demande quel en est l'intérêt composé de 9 ans.

Réponse : $17510^f,76$.

12ᵉ Problême.

Un certain capital augmenté de ses intérêts composés
vaut, après 2 ans 8 mois, 9600 francs : quel est ce capital, sachant que l'argent était placé à 8 pour % ?

Réponse : $7813^f,89$.

13ᵐᵉ Problême.

Quelle somme faudra-t-il prêter pendant 4 ans, à 5
pour % par an, pour avoir 60000 francs, tant de capital
que d'intérêts simples ?

Réponse : 50000 francs.

14ᵐᵉ Problême.

Une personne a placé 18000 francs pendant 3 ans à
intérêts simples, et à 6 pour % par an. Après 18 mois elle
prélève 2500 francs d'intérêt ; on demande ce qui lui revient encore ?

Réponse : 740 francs.

15ᵐᵉ Problème.

Un négociant a acheté pour 2808 francs de marchandise à 7 ans 8 mois de crédit. Il veut s'acquitter avant ce temps, en fournissant un billet payable en 4 ans 3 mois: on demande quelle doit être la valeur du billet, sachant que l'argent est à 20 pour % par an, et qu'on a égard aux intérêts des intérêts.

Réponse: 1500 francs.

16ᵐᵉ Problème.

Un rentier place 1000 francs à la fin de chaque année; on demande combien il lui sera dû après 3 ans, sachant que l'argent est à 10 pour %, et qu'on a égard aux intérêts des intérêts.

Réponse: 3641 francs.

17ᵐᵉ Problème.

Pendant combien de temps a-t-on dû laisser 150000 francs, pour avoir donné 27562 francs d'intérêts simples? on sait que l'argent était placé à $5^f + \frac{1}{4}$ pour % par an.

Réponse: 3 ans 5 mois 28 jours.

18ᵐᵉ Problème.

Quel est l'intérêt simple de 8 mois du capital 80000 fr., placé à 5 pour % par an?

Réponse: $2666^f + \frac{2}{3}$.

19ᵐᵉ Problème.

La $\frac{1}{2}$, le $\frac{1}{3}$ et le $\frac{1}{5}$ de mes rentes, disait un rentier, valent 500 frans. On demande quel est le capital de cette personne, sachant qu'il est placé à $6^f + \frac{1}{2}$ pour % par an.

Réponse: $7444^f + \frac{68}{105}$.

20ᵐᵉ Problème.

Une personne a retiré 32250 francs, tant de capital

que d'intérêts, d'une certaine somme placée à 5 pour %
pendant 5 ans : quelle est cette somme, l'intérêt?

Réponse: 25800 francs et 6450 francs d'intérêts.

21ᵐᵉ PROBLÈME.

Les fonds de deux négociants sont 50800 francs et
900500 francs; ils achettent du drap pour l'intérêt de
leur argent placé à $8^f + \frac{1}{4}$ pour % par an: on demande
combien ils pourront en acheter, sachant que $\frac{3}{4}$ de mètre
coûtent $8^f,75$.

Réponse: $6727^m + \frac{1}{20}$

22ᵐᵉ PROBLÈME.

Une certaine somme ayant été placée pendant 9 ans,
a produit un intérêt simple de 648 francs : on demande
quelle a dû être cette somme, sachant qu'elle a été prêtée
à 5 pour % par an.

Réponse : 1440 francs.

23ᵐᵉ PROBLÈME.

Un rentier est possesseur d'une forte somme; il en met
de côté le $\frac{1}{10}$ pour se faire une réserve en cas de besoin;
paie ensuite $2843^f,70$ qu'il doit, et avec ce qui lui reste,
il se fait 6000 francs de rente en achetant des inscriptions
au cours de 5^f pour $52^f,63 + \frac{5}{19}$. On demande quelle est
la somme de cette personne, et combien l'argent qu'elle
a placé lui rapporte pour 100.

Réponse: $73335^f + \frac{2}{19}$ et l'argent lui rapporte $9^f + \frac{1}{2}$
pour %.

24ᵐᵉ PROBLÈME.

Le double de l'argent que j'ai dans ma poche, plus
25 francs, donnent exactement le triple de l'intérêt du
capital 2540 francs, placé à 5 pour % par an: quel est
mon argent?

Réponse: 178 francs.

25me PROBLÈME.

Quel est l'intérêt simple de 8 mois et dix jours du capital 24500 francs, placé à 5 pour % par an ?

Réponse : 850^f + $\frac{25}{86}$.

26me PROBLÈME.

Une personne a un capital de 15750 francs qui lui rapporte annuellement 5200 francs d'intérêt simple : à combien son argent est-il placé ?

Réponse : à 33^f + $\frac{1}{63}$.

27me PROBLÈME.

Quel sera l'état d'une créance de 28500^f, après 10 ans de placement, prêtée à 5 pour % par an d'intérêt simple ?

Réponse : 42750 francs.

28me PROBLÈME.

Quelle somme faudrait-il placer pendant 2 + $\frac{1}{4}$ ans à 5 pour % d'intérêt simple, pour avoir après ce temps 6434^f,70, tant de capital que d'intérêt ?

Réponse : 5784 francs.

29me PROBLÈME.

Une personne a prêté un capital que l'on ne connaît pas ; elle dépense annuellement 5400 francs pour l'entretien de son ménage, paie à une sœur une pension viagère de 1500 francs, et il lui reste encore les $\frac{2}{5}$ de ses revenus : quel est le capital de cette personne, sachant qu'il est placé à 4 pour % ?

Réponse : 287500 francs.

30me PROBLÈME.

Un domestique, après 6 ans de services chez un banquier, reçoit 1560 francs, tant d'intérêts que d'un capital placé à 5 pour % par an : quel a dû être le capital de cette personne, sachant qu'il a été prêté à son entrée au service.

Réponse : 1200 francs.

D'après ce que nous avons démontré relativement aux règles d'intérêts, nous joignons ici un tableau montrant l'accroissement par année d'un capital de 100 francs à intérêts composés. Au moyen de ce tableau et d'une règle de trois, on peut parvenir à déterminer l'intérêt composé d'un capital quelconque, placé depuis 1 an jusqu'à 20, à 4, 5 et 6 pour % par an.

TABLEAU ANALYTIQUE

D'un capital de 100^f, placé à 4, 5 et 6 pour % par an.

Placé à 4 pour %.		Placé à 5 pour %.		Placé à 6 pour %.	
1re année.	104^f,00	1re année.	105^f,00	1re année.	106^f,00
2	108,16	2	110,25	2	112,36
3	112,48	3	115,76	3	119,10
4	116,98	4	121,55	4	126,24
5	121,66	5	127,62	5	133,82
6	126,53	6	134,00	6	141,85
7	131,59	7	140,71	7	150,36
8	136,85	8	147,74	8	159,38
9	142,33	9	155,13	9	168,94
10	148,02	10	162,88	10	179,08
11	153,94	11	171,03	11	189,82
12	160,10	12	179,58	12	201,21
13	166,50	13	188,56	13	213,29
14	173,16	14	197,99	14	226,09
15	180,09	15	207,89	15	239,65
16	187,29	16	218,28	16	254,03
17	194,79	17	229,20	17	269,27
18	202,58	18	240,66	18	285,43
19	210,68	19	252,69	19	302,56
20	219,11	20	265,32	20	320,71

DES ANNUITÉS.

On a donné le nom d'annuités à une rente qui n'est payée que pendant un temps dont on est convenu, pour rembourser un capital avec ses intérêts simples ou composés, en donnant la même somme à chaque paiement.

Les opérations que l'on peut proposer sur les annuités, ne diffèrent pas des règles d'intérêts : voici la méthode de les résoudre. Si l'on demande les paiements à faire pendant un temps déterminé, et connaissant le capital et le taux du 100, il faut ajouter les années, mois et jours, et diviser la somme par le nombre des paiements à faire; le quotient en sera l'échéance moyenne. Chercher ensuite, de l'échéance moyenne, l'intérêt simple ou composé du 100, et l'ajouter au capital; et après avoir agi ainsi jusqu'à ce point, l'opération se réduit à une proportion qui est celle-ci : Si le capital 100 donne A d'intérêts et de capital, que donnera le capital B? Ou, en simplifiant les calculs, 100 donne A d'intérêts, que donnera B? Le quatrième terme de la proportion sera l'intérêt du capital donné, auquel on ajoutera ce même capital, ce qui donnera en somme le nombre à partager d'après le nombre des paiements à faire.

EXEMPLE.

Un particulier doit 6000 francs dont il paie les intérêts à 6 pour %; il veut s'acquitter en quatre paiements égaux, dont le premier aura lieu dans un an, et les trois autres d'année en année. On demande de combien doit être chaque paiement, sachant que cette somme est prêtée à intérêts composés.

Solut. Le 1er paiement se fera à la fin de la 1re année. 1^{an}

Le 2me. . *idem*. . *idem*. . *idem*.. . . . 2me. . . . 2

Le 3me. . *idem*. . *idem*. . *idem*.. . . . 3me. . . . 3

Le 4me. . *idem*. . *idem*. . *idem*.. . . . 4me. . . . 4

Total. . . . $\overline{10}$

La somme des années étant 10, le nombre des paiements à faire 4, on doit donc, suivant ce qui a été dit ci-dessus, diviser la somme des années par le nombre des paiements à faire; 10^a : 4 $= 2 + \frac{1}{2}$ pour quotient, exprimant l'échéance moyenne.

La somme à payer en 4 années étant la même que celle qu'on devrait donner en une seule fois au bout de $2 + \frac{1}{2}$ ans, il faut donc chercher à combien s'élèvera le capital 6000^f, augmenté de ses intérêts composés de $2 + \frac{1}{2}$ ans.

On peut prendre sur la table que nous avons donnée aux intérêts composés, 112^f,36, montant avec intérêts à 6 pour % pour 2 ans, auxquels on ajoutera 3^f,36, intérêts de 6 mois, on aura 115^f,72 de capital et d'intérêts pour ce temps.

L'opération, à ce point, est ramenée aux proportions ; nous dirons : 100 de capital se réduit à 115^f,72 de capital et d'intérêts, à combien se réduira le capital 6000^f ? Après avoir déterminé le quatrième terme de cette proportion, il faudra l'ajouter au capital 6000 francs, et diviser ensuite la somme par le nombre des paiements; le quotient de cette division indiquera la somme à donner à chaque paiement.

100^f : 115^f,72 : 6000^f : $x = 6943^f$,20 : 4$^p = 1735^f$,80.

Ainsi, chaque paiement doit être de 1735^f,80.

On peut voir, par cet exemple, qu'il est facile de déterminer la somme à payer annuellement pour rembourser un capital portant intérêts, lorsqu'on connaît l'intérêt ou le taux du cent et le capital.

Nous joignons ici une table qui indique les différentes sommes à payer à la fin de chaque année, pour rembourser une somme de 100 francs, empruntée avec intérêts, suivant le nombre d'années qu'on prend pour se libérer.

TABLE D'ANNUITÉS,

Indiquant la somme à payer à la fin de chaque année, pour le remboursement d'une somme de 100 francs, empruntée avec intérêts à 5 et 6 pour % par an.

A 5 pour %.			A 6 pour %.		
En 1 paiement		105^f,00	En 1 paiement		106^f,00
2	id.	55 ,12	2	id.	56 ,18
3	id.	38 ,59	3	id.	39 ,70
4	id.	30 ,39	4	id.	31 ,56
5	id.	25 ,52	5	id.	26 ,76
6	id.	22 ,33	6	id.	23 ,64
7	id.	20 ,10	7	id.	21 ,48
8	id.	18 ,47	8	id.	19 ,92
9	id.	17 ,24	9	id.	18 ,66
10	id.	16 ,29	10	id.	17 ,91
11	id.	15 ,55	11	id.	17 ,26
12	id.	14 ,96	12	id.	16 ,76
13	id.	14 ,50	13	id.	16 ,40
14	id.	14 ,14	14	id.	16 ,15
15	id.	13 ,86	15	id.	15 ,97
16	id.	13 ,64	16	id.	15 ,87

18

Observation. Dans la table ci-dessus, on a supposé le capital 100 francs, partagé en 1, 2, 3, etc., paiements, à 5 et 6 pour % par an, suivant le nombre d'années que l'on prend pour se libérer.

Le capital 110^f,25, par exemple, à payer en deux paiements annuels, donne 55^f,12 à chaque paiement. Les nombres successifs de la table indiquant le nombre des paiements à faire, indiquent aussi les années pendant lesquelles on a placé l'argent.

PROBLÈMES ANALYTIQUES SUR LES ANNUITES.

1er PROBLÈME.

On demande combien une personne devrait payer à la fin de chaque année, pour se libérer en 8 paiements égaux d'une dette de 4500 francs de capital, portant intérêts à 6 pour % par an.

Solution. La table ci-dessus indique que pour rembourser 100 francs en 8 paiements annuels, il faut donner, y compris les intérêts composés des 8 ans, 19^f,92 à chaque paiement.

Nous aurons donc la proportion : Si le capital 100 donne 19^f,92 de paiement annuel, que donnera le capital 4500 francs? ou 100^f : 19^f,92 :: 4500^f : x = 896^f,40, d'un centime près.

Réponse : 896^f,40.

2me PROBLÈME.

On demande combien une personne devrait payer à la fin chaque année, pour se libérer en 6 paiements égaux d'une somme de 18000 francs, à 5 pour % par an.

Solution. La table indique 22^f,33 à chaque paiement,

pour le remboursement du capital 100 francs. Nous dirons donc : $100^f : 22^f,33 : : 18000^f : x = 4019^f,40$.

Réponse : $4019^f,40$.

3me PROBLÈME.

Une personne a une somme de 24000 francs, prêtée à 6 pour $\%$ par an, payable en 12 termes annuels ; on demande de combien doit être chaque paiement.

Réponse : $4022^f,40$.

4me PROBLÈME.

Un négociant qui doit 9800 francs, veut se libérer en 5 paiements égaux effectués à la fin de chaque année ; quelle est la valeur de chaque paiement, sachant que l'argent est à 5 pour $\%$?

Réponse : $2500^f,96$.

5me PROBLÈME.

Une rentière a une somme de 6400 francs, prêtée à 4 pour $\%$ d'intérêts simples , payable en 8 termes annuels ; de combien doit être chaque paiement ?

Réponse : 1056 francs.

6me PROBLÈME.

Un marchand épicier est débiteur d'une somme de 5300 francs, à 5 pour $\%$, payable en 6 termes d'échéance moyenne : on demande de combien doit être chaque paiement ?

Réponse : $1035^f,35$.

7me PROBLÈME.

Quel serait le paiement annuel de 28500 francs payables en 8 termes, placés à 5 pour $\%$ par an d'intérêts composés ?

Réponse : $5263^f,95$.

18*

8me PROBLÈME.

Une personne doit une somme de 2800 francs, prêtée à 6 pour % d'intérêts simples, payable en 4 termes annuels : de combien doit être chaque paiement?

Réponse : 868 francs.

DE LA RÈGLE D'ESCOMPTE.

D. Qu'est-ce que la règle d'escompte?

R. La règle d'escompte est une opération qui a pour objet principal de trouver la déduction à faire sur la valeur d'un billet que le débiteur veut acquitter, ou dont le créancier désire être payé avant l'échéance. Cette déduction à faire est ce qu'on appelle escompte.

D. Combien y a-t-il de manières de tirer l'escompte?

R. Il y en a de deux sortes : on dit que l'escompte est en de dans, lorsqu'il est joint au capital pour former le montant du billet; et qu'il est en dehors, lorsque le prêteur retient sur le capital qu'il fournit l'intérêt de ce même capital.

D. Expliquez ce dernier cas par une application?

R. Ainsi, l'escompte en dehors étant à 5 pour %, par exemple, au lieu de tirer 600 francs prêtés ou à prêter, le prêteur retiendrait 30 francs d'intérêt de cette somme, à 5 pour 100, et le billet n'en serait pas moins de 600 francs; de sorte qu'en fournissant seulement 570 francs, le prêteur se serait payé l'intérêt des 600 francs d'avance, ce qui n'est pas trop juste, et qui est pourtant usité chez les banquiers.

On voit par là que ceux qui prêtent ainsi, ont à la fin de l'année l'intérêt de l'intérêt même des sommes qu'ils prêtent, car l'intérêt prélevé avant le temps du billet, leur rapporte même un intérêt. Au fond, la règle d'es-

compte n'est qu'une règle d'intérêt à tant pour %, et
se résout par les mêmes moyens que les règles d'intérêt.

EXEMPLE 1er.

Un négociant a acheté pour 500 francs de marchandises à un an de terme, et à 10 pour % d'escompte; ce
négociant se trouvant bon pour payer au bout de deux
ou trois jours, demande sa facture : on demande quelle
est la somme qu'il doit payer maintenant, au lieu de la
somme de 500 francs qu'il aurait eue à payer au bout
d'un an.

Solution. Considérons cette opération comme renfermant le capital et l'intérêt d'une année à 10 pour %
d'escompte. La somme à payer doit donc être moindre
que 500 francs, puisqu'il prélève son temps; elle sera
donc 500 francs moins son escompte à 10 pour %. Nous
dirons : 110 francs de capital et d'escompte sont produits
par 100 francs de capital, par quelle somme sont produits 500 francs ? ou, $110^f : 100^f :: 500^f : x$; et déterminant le quatrième terme de cette proportion, nous
trouvons $x = 454^f + \frac{6}{11}$, somme qu'il faut que le banquier paie maintenant, au lieu de 500 francs au bout
d'un an.

EXEMPLE 2me.

Escompter un billet de 8900 francs, à 6 pour % par
an, sachant que l'escompte est en dedans.

Solution. D'après les définitions que nous avons données ci-dessus, nous tiendrons le raisonnement suivant
pour résoudre cette opération : si 106 francs de capital
et d'escompte en dedans donnent 6 francs d'escompte, combien donneront 8900 francs ? ou, $106^f : 6^f :: 8900^f : x =
503^f + \frac{41}{53}$; et ôtant cet escompte de la somme 8900^f,

la différence sera la somme à payer ; 8900^f—503^f + $\frac{41}{53}$=8396^f+$\frac{12}{53}$, déduction faite et somme à payer.

Pour faire la preuve de cette opération, nous tiendrons le raisonnement suivant : si 106 francs de capital et d'escompte sont produits par 100 francs de capital, par quel capital seront produits 8900 francs ? ou 106^f : 100 : : 8900^f : x=8396^f+$\frac{12}{53}$.

EXEMPLE 3me.

Un marchand de toile achette pour 1540 francs de marchandises, dont il consent de payer l'escompte à 6 pour % par an, avec la facilité de diminuer l'escompte proportionnément au temps qu'il paiera avant l'échéance, et se libère au bout de 240 jours : on demande quelle somme il doit donner pour son temps.

Solution. Cherchons d'abord l'escompte de 240 jours, à 6 pour % par an. Si, en 360 jours il y a 6 francs d'escompte, combien y en aura-t-il en 240 jours ? ou 360^j : 6^f : : 240^j : x=4 francs.

L'opération se réduit maintenant à déterminer ce que le marchand donnera d'escompte pour 1540 francs, connaissant ce qu'il donne du 100 pour 240 jours. Nous aurons donc la proportion 106^f : 104^f : : 1540 : x = 1510^f+$\frac{50}{53}$.

Ce marchand devrait donc donner 1510^f+$\frac{50}{53}$.

EXEMPLE 4me.

Déterminer l'escompte en dedans d'une somme de 24500 francs, à 5 pour % par an.

Solution. D'après les démonstrations des exemples précédents, nous dirons : 105 francs de capital et d'escompte en dedans donnent 5 francs d'escompte,

que donneront 24500 francs de capital et d'escompte ?
ou $105^f : 5^f :: 24500^f : x$, on trouve $x = 1166^f + \frac{2}{3}$.
Il suffit donc maintenant d'ôter cet escompte de la
somme 24500 francs, et la différence satisfera aux
données de l'exemple; $24500^f - 1.66^f + \frac{2}{3} = 23333^f + \frac{1}{3}$,
somme à payer ou déduction faite de l'escompte.

La démonstration suivante nous conduit à la preuve.
Si 105 francs de capital et d'escompte sont produits
par 100 francs de capital, de quel capital sont produits
24500 francs de capital et d'escompte? $105^f : 100^f ::$
$24500^f : x = 23333^f + \frac{1}{3}$.

EXEMPLE 5me.

Un marchand épicier a acheté des épiceries pour
15000 francs à un an de crédit, à condition cependant
qu'il en pourra faire l'escompte à 12 pour %. Il arrive
qu'au bout d'un jour il se trouve capable de payer; on
demande quelle somme il doit payer maintenant, au lieu
de 15000 francs qu'il aurait à payer au bout d'un an.

Solution. Pour résoudre cette question, il faut considérer que les 15000 francs que ce marchand doit payer
au bout d'un an, sont composés d'un capital et de son
escompte à 12 pour %; nous dirons : si 112 francs de
principal et d'escompte sont fournis du capital 100 francs,
de quel capital seront fournis 15000 francs? effectuant
la règle de trois ainsi posée, nous trouvons pour quatrième terme $13392^f + \frac{6}{7}$, somme que ce marchand doit
actuellement, au lieu de 15000 francs dans un an.

Remarque. On a pu remarquer, par ce que nous
avons dit à la règle d'escompte et aux exemples que nous
y avons donnés comme applications, que l'escompte en
dedans peut être considéré comme un intérêt simple, à

tant pour 100, car ce n'est qu'une différence qui existe
entre la somme portée sur un billet, et celle qu'il convient de donner pour se libérer de cette somme; cette
déduction d'escompte forme alors la vraie valeur du
billet.

Il n'en est pas de même de l'escompte en dehors; il
ne peut être considéré, au contraire, que comme un
intérêt composé, à tant pour 100; car c'est du capital
augmenté de ses intérêts, qu'il faut faire la déduction de
cet escompte. L'escompte en dehors est donc composé
de l'escompte du capital primitif et de l'escompte de cet
escompte même.

Ainsi, l'escompte en dehors du capital 600 francs,
par exemple, que nous avons donné en réponse à la démonstration ci-dessus, est donc composé de l'escompte
du capital 600 francs, qui est de 30 francs, à 5 pour 100,
et de l'escompte de ces 30 francs.

DE LA RÈGLE DE CHANGE.

D. Qu'est-ce que la règle de change?

R. La règle de change est une opération qui a pour
objet principal la recherche d'une somme à remettre à
un banquier, pour que cette lettre fasse toucher la
même somme dans une ville quelconque dont elle désigne
le change.

La règle de change n'est au fond qu'une règle d'intérêt; car si l'on considère le change comme intérêt, la
méthode à suivre pour résoudre un problème sur cette
matière, est la même que celle dont on s'est servi pour
résoudre les règles d'intérêt, à tant pour 100 de perte ou
de profit.

Le risque et la difficulté que l'on a de transporter de l'argent d'un lieu à un autre, ont donné lieu à des maisons de change, comme à Paris, à Lyon, etc., et dans toutes les grandes villes. Par ce moyen, on peut faire tenir une somme quelconque d'un lieu à un autre avec une lettre de change, prise chez un banquier ou chez un négociant à qui l'on paie les deniers comptants de la lettre.

EXEMPLE 1er.

Un commerçant voulant aller de Strasbourg à Paris, va trouver un banquier pour lui faire toucher 10000 francs nets dans cette dernière ville; on demande combien il doit donner au banquier pour sa lettre de change portant 10000 francs, sachant que le change est à 4 pour %.

Solution. La règle de trois à construire pour résoudre ce problème est celle-ci : Si pour 100 francs on donne 4 francs de change, combien donnera-t-on pour 10000 francs? ou $100^f : 4^f : : 10000^f : x = 400$ francs; et ajoutant 400 francs à 10000 francs, on trouve 10400 francs que ce commerçant doit remettre au banquier pour avoir 10000 francs à Paris.

On aurait aussi pu dire : 100 francs de capital se réduisent à 104 francs de capital et de change, à combien se réduiront 10000 francs de capital? on aurait eu $x = 10400$ francs.

EXEMPLE 2me.

Un négociant ayant besoin d'une lettre de change de 4000 francs de Metz sur Nancy, va trouver un banquier pour la lui procurer: on demande quelle sera la remise de cette lettre, sachant que le change est à $2^f + \frac{1}{4}$ pour $\%$.

Solution. Si pour 100 francs ce négociant doit donner $102^f + \frac{1}{4}$, que donnera-t-il pour 4000^f? On trouve pour quatrième terme d'une règle de trois ainsi construite, 4090 francs qu'il doit remettre au banquier.

Exemple 3me.

Combien un banquier de Paris devrait-il donner pour une lettre de change prise sur une maison de Bordeaux, portant 300 francs, à raison de 3 pour 100 de change?

Solution. Si 100 francs de capital se réduisent à 103 francs de capital et de change, à combien se réduiront 300 francs? $100^f : 103^f :: 300^f : x = 309$ francs.

Ainsi, le banquier de Paris devrait donner 309 francs pour sa lettre.

Exemple 4me.

Un marchand voudrait s'acquitter dans 4 mois d'une dette de 8000 francs, et consent à en payer l'intérêt à $3^f + \frac{1}{2}$ pour 100; on demande ce que ce marchand est obligé de donner pour se libérer de sa dette.

Solution. Cherchons l'intérêt du capital 8000 francs; $100^f : 103^f + \frac{1}{2} :: 8000^f : x = 8280$ francs que le débiteur doit payer au bout de 4 mois.

Mais il arrive que ce marchand ne peut pas payer à l'expiration de son temps comme il le devait; il demande encore quatre autres mois qui lui sont accordés aux mêmes conditions; on demande à combien se réduira sa dette.

On voit que ce marchand est obligé de payer l'intérêt de l'intérêt primitif pour se libérer de sa dette. C'est donc l'intérêt de 8280 francs qu'il s'agit de prendre, et non l'intérêt de sa dette capitale. Nous aurons donc $100^f : 103^f + \frac{1}{2} :: 8280^f : x = 8569^f,80$ que ce marchand doit donner pour se libérer à l'expiration des quatre autres mois.

PROBLÉMES SUR LES RÈGLES D'ESCOMPTE ET DE CHANGE.

1er PROBLÉME.

Un négociant achette des marchandises pour 763 francs à un an de terme, avec la réserve de l'escompte en dedans à raison de 12 pour 100. Quelques heures après, il pense qu'il peut payer sa dette et demande à quoi elle se réduit: quelle est-elle?

Réponse: $681^f,25$.

2me PROBLÉME.

Quel est l'escompte d'un billet portant 2400 francs, devant échoir dans $6 + \frac{1}{3}$ mois? on sait que l'escompte est accordé à $7^f + \frac{1}{2}$ pour 100 par an.

Réponse: $2308^f,62$.

3me PROBLÉME.

Quel est le change d'une lettre portant 85080 francs, à 2 pour 100?

Réponse: $1701^f,60$.

4me PROBLÉME.

Un rentier voulant aller de Luxembourg à Bruxelles, voudrait qu'on lui fit recevoir 4578 francs dans cette dernière ville: on demande quelle somme le banquier doit recevoir pour la commission de cette lettre, sachant que le change est à $2^f + \frac{1}{2}$ pour 100.

Réponse : $114^f,45$.

5me Problème.

Quel est l'escompte de 35400 francs, à 5 pour 100 en dedans ?

Réponse : $1685^f,71$.

6me Problème.

Un négociant achette du drap pour 12500 francs à 18 mois de crédit, à condition de faire 5 pour 100 d'escompte ; il dévance son temps et paie $11840^f,80$: on demande à quelle époque il s'est libéré.

Réponse : à $16^m + \frac{731}{2884}$.

7me Problème.

Pour une somme de 8950 francs délivrée à un banquier, on lui a remis une lettre de change de 8240 francs : quel a été le change de cette lettre ?

Réponse : à $7^f + \frac{167}{179}$.

8me Problème.

Un négociant prend d'un autre une lettre de change portant $6500^f,50$, moyennant $7^f + \frac{1}{2}$ pour 100 de change : on demande quel est le billet que le premier doit faire au second.

Réponse : $6988^f,04$.

9me Problème.

Quel est l'escompte en dehors de 15600 francs, à $3^f + \frac{1}{4}$ pour 100 ?

Réponse : $523^f,4775$.

10me Problème.

Un marchand épicier a acheté des marchandises pour 800 francs à 15 mois de terme, à condition qu'il en

paiera l'escompte à 10 pour 100, avec la facilité néan-
moins de se libérer à volonté jusqu'à l'époque fixée. Il
arrive qu'au bout de 6 mois il se trouve capable de
payer ; quelle somme doit-il donner pour se libérer ?

Réponse : 769^f,24.

11me PROBLÈME.

Un marchand de fer achette de la marchandise pour
5200 francs, à 8 mois de crédit, et à 5 pour 100 d'escompte s'il paie sa marchandise au terme fixé ; mais au
contraire qu'on lui retiendra son escompte comme capital, et qu'on lui en imposera un autre de 3 pour 100 s'il
dépasse ce terme. En effet, il le dépasse de 15 jours ;
on demande la somme que ce marchand doit donner
pour se libérer.

Réponse : 5606^f,28.

12me PROBLÈME.

Quel est le change d'une lettre de 28500 francs, à
5 pour 100 ?

Réponse : 1425 francs.

13me PROBLÈME.

Un négociant a donné 375^f,25 de change d'une lettre
de Lyon sur Strasbourg, à 1^f,30 pour 100 ; de combien
doit être cette lettre ?

Réponse : 28865^f + $\frac{5}{13}$.

14me PROBLÈME.

Pour une somme de 693^f,6 délivrée à un banquier,
il a remis une lettre de change de 680 francs : à combien le change a-t-il été compté ?

Réponse : 2 francs.

15me PROBLÈME.

On propose d'escompter un billet de 2400 francs

qui doit échoir en $6+\frac{1}{3}$ de mois, l'escompte étant à $7^f+\frac{1}{2}$ par an.

Réponse : $88^f,37$.

16me PROBLÊME.

Quelle sera la commission d'une lettre de change portant 7950 francs, à $1^f+\frac{1}{2}$ pour 100 ?

Réponse : $119^f,25$.

17me PROBLÊME.

Quelqu'un a acheté du drap pour 960 francs à un an de crédit, à condition de 4 pour 100 d'escompte ; il dévance son temps et ne paie que $938^f+\frac{6}{13}$: on demande à quelle époque il s'est libéré.

Réponse : 5 mois.

18me PROBLÊME.

Un voyageur a donné 230 francs de change d'une lettre de 10400 francs, prise de Berlin sur Metz ; à combien a-t-il payé le change ?

Réponse : $2^f+\frac{11}{52}$.

19me PROBLÊME.

Escompter un effet de 12000 francs, ayant escompte en dedans à 6 pour 100.

Réponse : $679^f,25$.

20me PROBLÊME.

Quel doit être le billet de 250 francs de change à 4 pour 100 ?

Réponse : 6250 francs.

DES ÉCHANGES.

C'est toujours par le prix des monnaies que l'on connaît la valeur d'une marchandise pour une autre, et le gain ou la perte qui peut se faire, tant à la vente qu'à l'échange.

Les problêmes que l'on peut proposer sur les échanges se résolvent par les proportions et par la détermination de la valeur de l'unité, lorsque l'on connaît la valeur relative de plusieurs unités : quelques exemples nous feront connaître l'utilité de cette matière, et nous expliquerons en même temps la méthode pour la résoudre.

EXEMPLE 1er.

Deux marchands veulent échanger leurs marchandises ; l'un a de la mousseline qui vaut 0f,40 l'aune argent comptant, et en échange il veut la faire valoir 0f,50 ; l'autre a du ruban qui vaut 0f,45 argent comptant : on demande combien le dernier doit vendre son ruban pour n'être pas trompé.

Solution. La méthode à suivre pour résoudre ce problème, et autres semblables, est cette proportion : Si 0f,40 argent comptant valent 0f,50 en échange, combien vaudront 0f,45 argent comptant ? ou, $0^f,40 : 0^f,50 :: 0^f,45 : x = 0^f,5625$ ou 11 sous et 3 deniers.

Réponse : 0f,5625.

EXEMPLE 2me.

Deux marchands veulent échanger leurs marchandises ; l'un a du drap qui vaut 20 francs le mètre argent comptant, et en échange il en veut 24 francs ; l'autre a aussi du drap qui vaut 22 francs le mètre argent comptant : on demande combien ce dernier doit vendre son drap pour n'être pas trompé.

Solution. En suivant le raisonnement que nous avons donné à l'exemple précédent, nous avons la proportion

$20^f : 24^f :: 22^f : x = 26^f,40$ que le dernier doit vendre son drap en échange.

Ce problème, ainsi que nous l'avons dit ci-dessus, est aussi soluble par la comparaison de l'unité, c'est-à-dire, à déterminer ce qu'est une unité d'un prix à une unité d'un prix qui est relatif au premier; voici la méthode de solution.

Puisque 20 francs se réduisent à 24 francs, le franc se réduira donc à 24 divisé par 20 ou à $\frac{6}{5}$; et puisqu'on demande à quoi se réduiront 22 francs, il suffit de multiplier ce nombre par la valeur relative $\frac{6}{5}$; $22^f \times \frac{6}{5} = 26^f,40$ qui satisfait également aux données du problème.

Réponse : $26^f,40$.

EXEMPLE 3me.

Deux marchands veulent faire un échange; l'un a de la dentelle qui vaut 8 francs l'aune, argent comptant, et en échange il en veut 10 francs; l'autre a un petit drap qui vaut 9 francs l'aune, argent comptant : on demande combien ce dernier doit vendre son drap pour n'être pas trompé.

Solution. Appliquons à cet exemple le raisonnement ci-dessus, nous aurons $8^f : 10^f :: 9^f : x = 11^f,25$ que le dernier marchand doit vendre son drap.

En résolvant ce problème par la comparaison de l'unité, nous aurons 8 francs se réduisant à 10 francs, un franc se réduit donc à 10 francs, divisé par 8 francs, ou à $\frac{10}{8}$; 9 francs se réduiront donc à $9^f \times \frac{10}{8} = 11^f,25$.

Reponse : $11^f,25$.

EXEMPLE 4me.

Deux juifs veulent faire un échange; l'un a de la dentelle qui vaut 5 francs le mètre, argent comptant, et

en échange il en veut 8 francs et le ¼ argent comptant ;
l'autre a de la soie qui vaut 9 francs le mètre, argent
comptant : on demande combien ce dernier doit vendre
sa soie en échange pour n'être pas trompé.

Solution. Pour faire cette opération, et autres de même
nature, il faut prendre de chaque nombre la partie demandée dans l'énoncé du problème ; alors l'opération est
ramenée soit aux proportions, soit à la comparaison des
différentes unités.

Nous prendrons donc, comme nous venons de le dire,
le $\frac{1}{4}$ de 8 ; le quotient de cette division sera le nombre
inférieur de soustractions des autres termes de l'énoncé,
et les restes de ces opérations formeront les termes d'une
proportion.

Ainsi, 2, le $\frac{1}{4}$ de 8, sera le nombre inférieur de 5 francs
et de 8 francs ; nous aurons donc $5^f - 2^i = 3^f$; $8^f - 2^f = 6^f$.
Nous aurons ensuite $3^f : 6^f :: 9^f : x = 18$ francs que ce
dernier doit vendre sa soie.

Réponse : 18 francs.

EXEMPLE 5me.

Deux marchands se rencontrent sur une route et veulent échanger une partie de leurs marchandises ; le premier de ces marchands a un petit drap qui vaut 6 francs
l'aune, argent comptant, et en veut 8 francs en échange,
et le $\frac{1}{5}$ argent comptant ; le second a aussi du drap d'une
autre couleur, mais qui vaut 7 francs l'aune, argent
comptant : on demande combien ce dernier doit vendre
son drap en échange, pour ne rien perdre.

Solution. En suivant la méthode ci-dessus, nous avons :
le $\frac{1}{5}$ de $8^f = 1^f,60$, nombre inférieur des deux soustrac-

19

lions; $8^f - 1^f,60 = 6^f,40$; $6^f - 1^f,60 = 4^f,40$. L'opération est ramenée à une proportion ou à la comparaison des prix entr'eux; $4^f,40 : 6^f,40 : : 7^f : x = 10^f,18$, d'un centime près.

Réponse : $10^f,18$.

EXEMPLE 6me.

Deux marchands échangent leurs marchandises; l'un a du ruban qui vaut 2 francs le mètre, et en échange il le fait valoir 5 francs; l'autre a du calicot qui vaut $2^f,50$ le mètre, et en échange il le fait valoir $3^f,80$: on demande quel est celui qui gagne le plus.

Solution. Par la nature du problème, on voit qu'il faut d'abord savoir ce que vaudront $2^f,50$, prix du calicot, relativement au ruban du premier marchand. Nous dirons donc : si 2 francs, argent comptant, valent 5 francs en échange, que vaudront $2^f,50$, argent comptant? $2^f : 5^f : : 2^f,50 : x = 6^f,25$.

On voit par là que le marchand de calicot perdrait $2^f,45$ par aune, en échangeant ainsi sa marchandise, et que le marchand de ruban les gagnerait; car en ôtant $3^f,80$ de $6^f,25$, nombre qui répond à la valeur surfaite du calicot, on trouve $2^f,45$ que gagne le marchand de ruban.

Réponse : C'est le marchand de ruban.

EXEMPLE 7me.

Deux marchands de grains veulent échanger une partie de leurs denrées; l'un a de l'avoine qui vaut $5^f,60$ la mesure et la fait valoir $6^f,80$ en échange; l'autre a du seigle qui vaut 4 francs : on demande combien ce dernier doit vendre son seigle en échange pour ne rien perdre.

Réponse : $4^f,86$.

EXEMPLE 8me.

Deux marchands veulent faire un échange de marchandises : l'un a du café qui vaut 4^f,50 la livre; et en échange il le fait 5^f,35; l'autre a du sucre qui vaut 2^f,40 et ne surfait pas le premier : on demande ce que le dernier marchand doit vendre son sucre pour n'être pas trompé du premier.

Réponse : 2^f,85.

EXEMPLE 9me.

Deux propriétaires veulent échanger des terrains; l'un a un are de terre qui vaut 250 francs, argent comptant, et le fait valoir 280 francs, et en veut avoir la moitié, argent comptant; l'autre a un jardin à fruits qui vaut 190 francs, argent comptant : on demande combien ce dernier doit vendre pour n'être pas trompé.

Réponse : 241^f,81.

EXEMPLE 10me.

Deux juifs veulent faire un échange de bêtes; l'un a une vache qui vaut 150 francs, argent comptant, et en échange il veut la faire valoir 190 francs; l'autre a un cheval qui vaut 175 francs, argent comptant, et il veut savoir combien il doit vendre en échange pour ne pas perdre.

Réponse : 221^f,66.

EXEMPLE 11me.

Deux demoiselles veulent faire un échange; l'une a un cachemire qui lui a coûté 1800 francs, argent comptant, et veut le vendre en échange 1850 francs; l'autre a une chaîne d'or qui lui a coûté 1500 francs, argent comptant, et elle veut savoir combien elle doit la vendre en échange pour n'être pas trompée.

Réponse : 1541^f,66.

19*

EXEMPLE 12me.

Deux marchands échangent de leurs bêtes; l'un a un bœuf qui vaut 450 francs, argent comptant, et en échange il en veut avoir 480 francs; l'autre a deux vaches, dont l'une vaut 120 francs, argent comptant, et la fait valoir 125 francs, et l'autre 130 francs, argent comptant, et la fait valoir 140 francs en échange : on demande quel est celui qui gagne le plus.

Réponse : C'est le premier, et il gagne 1^f,66 de plus que le second.

EXEMPLE 13me.

Deux marchands voyageant ensemble sur une même route, veulent échanger leurs marchandises; l'un a une toile qui vaut 3 francs l'aune, argent comptant, et en échange il la veut faire valoir 4 francs; l'autre a un coutil qui vaut 2^f,50 l'aune, argent comptant : on demande combien ce dernier doit vendre en échange pour n'être pas trompé.

Réponse : 3^f,33.

EXEMPLE 14me.

Deux personnes veulent échanger des objets; l'une a une montre qui vaut 200 francs, argent comptant, et en échange elle en veut 250 francs; l'autre a une bague qui vaut 240 francs : on demande combien cette dernière doit vendre pour ne rien perdre.

Réponse : 300 francs.

DE LA RÈGLE DE MÉLANGE.

D. Qu'appelle-t-on mélange?

R. On appelle mélange la réunion de divers grains, de diverses liqueurs.

D. Combien y a-t-il de sortes de règles de mélange?

R. Il y en a de deux sortes : dans l'une il s'agit de trouver la valeur moyenne de plusieurs sortes de choses, dont le nombre et la valeur particulière sont connus.

D. De quoi s'agit-il dans les règles de la seconde espèce?

R. Il s'agit de connaître les quantités de chaque espèce de choses qui entrent dans un ou dans plusieurs mélanges, lorsqu'on connaît le prix ou la valeur moyenne de chaque mélange.

D. Quelle règle faut-il suivre pour résoudre les questions qui se rapportent à la première espèce de mélange?

R. Il faut multiplier la valeur de chaque espèce de choses par le nombre des choses de cette espèce, ajouter tous les produits, et diviser la somme par le nombre total des choses de toutes les espèces.

Nous allons éclaircir cette théorie par des exemples.

EXEMPLE 1ᵉʳ.

On se propose de mêler 15 mesures de froment à 22 francs la mesure, avec 25 mesures de seigle à 16 francs, et avec 12 mesures d'orge à 13 francs : le mélange fait, on demande à combien reviendra la mesure du mélange.

Solution. Pour faire cette opération, il faut d'abord multiplier la valeur de chaque mesure de grains par le nombre de mesures de chaque espèce entrées dans le mélange, et disposer l'opération comme on le voit ci-dessous.

$$15^m \times 22^f = 330^f$$
$$25^m \times 16^f = 400^f$$
$$12^m \times 13^f = 156^f$$
$$\overline{52^m \qquad 886^f}$$

Le mélange est donc composé de 52 mesures, coûtant conséquemment 886 francs.

La théorie dit qu'il faut diviser la somme des différentes choses par le nombre des choses employées dans le mélange ; on doit donc diviser 886 francs par la somme des mesures mélangées : $886^f : 52^m = 17^f + \frac{1}{26}$.

Ainsi, la mesure du mélange coûtera $17^f + \frac{1}{26}$.

EXEMPLE 2me.

On se propose de mélanger 3 décalitres de vin à $1^f,25$ le litre, avec 10 décalitres d'un autre vin à $0^f,80$ le litre, avec 12 litres d'un autre vin à $0^f,50$ le litre, et avec 25 litres d'un autre vin à $0^f,40$: le vin mêlé, on demande quel est le prix du litre.

Solution. Réduisons les décalitres en litres, et opérons ensuite comme nous avons opéré à l'exemple précédent.

$$
\begin{array}{rcll}
3^d = & 30^l \times 1^f,25 = & 37^f,50 \\
10^d = & 100^l \times 0^f,80 = & 80^f, » \\
& 12^l \times 0^f,50 = & 6^f, » \\
& 25^l \times 0^f,40 = & 10^f, » \\
\hline
& 167^l & 133^f,50
\end{array}
$$

L'opération est conséquemment réduite à diviser $133^f,50$ par 167 litres, et nous trouvons $0^f,79$, d'un centime près.

Il n'est plus difficile maintenant de résoudre tous les problêmes qui auraient des données analogues aux exemples que nous venons de donner comme applications, puisque la méthode à employer alors en serait la même.

D. N'y a-t-il pas différentes manières de résoudre les questions de la seconde espèce de mélange ?

R. Oui ; mais pour celles dans lesquelles il n'est ques-

tion que de deux espèces de choses, de différents prix,
de différentes mesures, la méthode la plus facile pour
résoudre ces opérations, c'est de supposer que dans le
mélange il n'entre que des unités de l'une ou de l'autre
espèce ; multiplier alors cette chose par le nombre total
des unités que contient le mélange ; déduire de ce produit le coût du mélange, ou bien si ce produit est moindre
que la valeur du mélange, déduire au contraire ce produit du coût même ; diviser ensuite cette différence par la
différence des prix, le quotient indiquera le nombre
d'unités qu'il faudra prendre ou qu'on aura prises, de
celles par le prix desquelles on n'aura pas multiplié les
unités renfermées dans le mélange proposé ; soustraire
ensuite ce quotient du nombre total d'unités composant
le mélange, et la différence trouvée indiquera les unités
de la seconde espèce.

EXEMPLE 3me.

On veut mélanger deux sortes d'eau-de-vie ; le litre
de la meilleure coûte 7 francs, et celui de la moindre
coûte 5 francs : on veut former un mélange de 150 litres,
coûtant 5^f,50 le litre ; on demande combien il faudra en
prendre de chaque sorte.

Solution. Nous devons d'abord déterminer le coût du
mélange ; nous l'obtiendrons en multipliant 150 litres
par 5^f,50, prix du mélange une fois formé ; donc, 5^f,50 $\times$
150^l=825 francs, coût du mélange.

Supposons à présent qu'il n'entre dans le mélange que de
l'eau-de-vie à 7 francs, comme nous pourrions également
supposer qu'il n'y en entrât qu'à 5 francs ; le tout coûterait donc 150 fois 7 francs ou 1050 francs, au lieu qu'il

ne doit coûter que 825 francs; nous avons donc une différence en plus de 1050^f à 825^f ou de 225 francs.

Cherchons, comme nous l'avons dit à la théorie, la différence des prix; 7^f—5^f=2^f, différence des prix; divisons maintenant la différence du coût par la différence des prix, le quotient nous indiquera le nombre d'unités qu'il faudra prendre de celles par le prix desquelles nous n'avons pas multiplié, c'est-à-dire à 5 fr.; 225^f : 2^f=112^l,5 qu'il faut prendre à 5 francs.

Pour savoir combien de litres il faudra prendre à 7 fr., 150^l—112^l,5=37^l,5 qu'il faudra prendre à 7 francs.

On prendra donc pour faire ce mélange 112^l,5 d'eau-de-vie à 5 francs et 37^l,5 d'eau-de-vie à 7 francs : la preuve en est facile.

Il en est de même pour toutes les opérations de cette nature.

Exemple 4me.

Une personne a deux vins qu'elle veut mélanger : le litre du meilleur coûte 3 francs et celui du moindre 1 fr. Elle veut fraire un mélange de 240 litres à 1^f,50 le litre : on demande combien il y en entrera de chaque sorte.

Solution. Puisqu'on veut faire un mélange de 240 litres à 1^f,50 le litre, le mélange coûtera donc 240^l × 1^f,50 = 360^f. Supposons maintenant qu'il ne faille prendre que du vin à 1 franc; le tout coûterait donc 240^l × 1^f = 240^f, au lieu qu'il devrait coûter 360 francs, suivant l'énoncé. Il y a donc une différence de 360^f à 240^f, ou de 120 francs. Cherchons la différence des prix : 3 francs, prix du premier vin, — 1 franc, prix du second, = 2 fr., différence des prix. En divisant la différence du coût total du mélange par la différence des prix, nous trouverons la quantité de litres qu'il faudra prendre à 3 francs; donc, 120^f : 2^f = 60 litres qu'il faudra prendre à 3 francs; 240 litres — 60^l = 180 litres qu'on prendra à un franc.

Ainsi, il entrera dans le mélange 60 litres de vin à 3 francs, et 180 litres à un franc.

Preuve. 60^l × 3^f = 180^f; 180^l × 1^f = 180^f + 180^f = 360^f; 60^l + 180^l = 240^l. Ces deux nombres, 360 fr. et 240 litres, satisfont exactement aux données du problème.

D. Ne pourrait-on pas suivre cette méthode pour résoudre les questions où il s'agirait de plus de deux sortes d'unités?

R. On le pourrait encore, en prenant la différence des prix au moindre prix, et poser chaque différence à côté du prix dont il s'agit, comme on le voit ci-dessous.

EXEMPLE 5me.

On veut faire un mélange de 100 kilolitres de vin, à 22 francs le kilolitre du mélange. On prend à cet effet du vin à 30 francs le kilolitre, d'un autre vin à 24 francs, et d'un autre à 20 francs : on demande combien on en prendra de chaque sorte.

Solution.   Vin à 30^f . . . . . 10 différence.
                Vin à 24^f . . . . . 4 différence.
                Vin à 20^f . . . . .

Ayant disposé le prix de chaque mesure l'un sous l'autre, il faut prendre la différence du premier vin au dernier, et poser ensuite la différence à côté du plus haut prix, et de même pour les autres prix au moindre, quel que soit le nombre des choses mélangées. Nous dirons ensuite : la différence de 30 francs à 20 francs est 10 francs que nous écrivons à côté de 30 francs, prix du premier vin ; la différence de 24 francs à 20 francs est 4 francs que nous écrivons à côté de 24 francs.

On veut former un mélange de 100 kilolitres, coûtant 22 francs le kilo, cherchons donc ce qu'il devra coûter ; $100^k \times 22^f = 2200$ francs, coût du mélange.

Supposons à présent qu'il n'entre dans le mélange que du vin à 20 francs le kilolitre ; le mélange coûterait donc $100^k \times 20^f = 2000$ francs, au lieu qu'il doit coûter 2200 francs ; nous avons donc une différence en moins de 2000^f à $2200^f = 200$ francs : cette différence est en rapports proportionnels aux deux premiers vins.

L'opération ramenée à ce point, se réduit à partager la différence 200 francs en deux parties qui soient divisibles exactement l'une par 10 et l'autre par 4, différences des deux premiers vins.

La partie à diviser par 10 doit être la plus grande qu'on puisse trouver, et ne doit donner aucun reste ; et la partie à diviser par 4, doit être la moindre qu'on puisse trouver, et ne doit également donner aucun reste. Or, 180 et 20 satisfont à ces conditions ; donc $180 : 10 = 18$ kilolitres à 30 francs ; $20 : 4 = 5$ kilolitres à 24 francs.

Pour savoir combien on prendra de vin à 20 francs, il faut ajouter les kilolitres trouvés des deux premiers vins, et soustraire la somme du mélange total ; la différence sera composée de vin à 20 francs. $18^k + 5^k = 23^k$; $100^k - 23^k = 77$ kilolitres qu'il faudra prendre à 20 francs.

Il faudra donc prendre, pour former ce mélange, 18 kilolitres à 30 francs, 5 à 24 francs, et 77 à 20 francs.

Preuve.

$$1\,8^k \text{ à } 3\,0^f = 5\,4\,0^f.$$
$$5^k \text{ à } 2\,4^f = 1\,2\,0^f.$$
$$7\,7^k \text{ à } 2\,0^f = 1\,5\,4\,0^f.$$

$$\overline{1\,0\,0 \text{ kilolitres.}\quad 2\,2\,0\,0 \text{ francs.}}$$

Pour trouver le prix du kilolitre du mélange, 2200^f : 100$_k$=22 francs.

Il est évident que la différence 200^f qu'on trouve en ôtant (après avoir supposé quu'il n'entre dans le mélange que du vin à 20 francs) 2000 francs de 2200 francs, contient des kilolitres des deux premiers vins, puisque les rapports qu'ont entr'eux les nombres 10 et 4 sont équivalents aux nombres 30, 24 et 20, en supposant 1 relatif à 20.

Remarque. La plus grande difficulté que l'on éprouve en faisant cette opération, c'est de trouver deux dividendes exacts à deux diviseurs donnés, pris dans la différence qu'on trouve après la supposition.

Nous pouvons même dire que quelques opérations conduisent à un travail fort long, qui est à plus juste titre un tâtonnement qu'une méthode d'opération, mais qui est cependant plus facile qu'une autre méthode que nous allons donner après l'exemple qui suit.

EXEMPLE 6me.

On veut faire un mélange de 180 litres de vin à 2^f le litre du mélange. Pour le faire, on prend du vin à 1^f,50 le litre, à 2^f,30 et à 3^f,80 ; on demande combien il en faudra prendre de chaque qualité.

Solution. Disposons l'opération comme nous avons disposé l'opération précédente.

Vin à 3^f,8o . . . . . 2^f,3o différence.

Vin à 2^f,3o . . . . . o^f,8o différence.

Vin à 1^f,5o.

Ayant disposé l'opération comme on le voit ci-dessus, il faut prendre là différence du moindre prix aux deux autres, et poser la différence à côté de chaque prix. Les deux différences trouvées sont donc 2^f,3o pour le premier vin et o^f,8o pour le second.

Cherchons maintenant ce que coûtera le mélange contenant 18o litres à 2^f; 18o^l $\times$ 2^f = 36o francs.

Supposons ensuite qu'il n'entre dans le mélange que du vin à 1^f,5o le litre; le mélange coûterait donc 18o^l $\times$ 1^f,5o = 27o francs, au lieu qu'il doit coûter 36o francs; nous obtenons donc une différence en moins de 36o francs à 27o^f = 9o francs : cette différence est donc en rapports proportionnels aux deux premiers vins.

L'opération est conséquemment réduite à partager la différence 9o en deux parties qui soient divisibles l'une par 2^f,3o et l'autre par o^f,8o.

Prenons 46 pour être divisé par 2^f,3o; 46 : 2^f,3o = 2o litres à 3^f,8o; et 44 pour être divisé par o^f,8o; 44 : o^f,8o = 55 litres à 2^f,3o.

Nous trouverons ce qu'il faudra prendre de vin à 1^f,5o, en ajoutant les litres trouvés des deux premiers vins, et en soustrayant la somme du mélange; la différence sera composée de vin à 1^f,5o le litre : 2o^l + 55^l = 75 litres; 18o^l — 75^l = 1o5 litres qu'il faudra prendre à 1^f,5o.

Le mélange ainsi formé, contiendra donc 2o litres à 3^f,8o, 55 litres à 2^f,3o et 1o5 litres à 1^f,5o.

Preuve.

$$2\,0^l \text{ à } 3^f, 8\,0 = 7\,6^f;$$
$$5\,5^l \text{ à } 2^f, 3\,0 = 1\,2\,6^f, 5\,0;$$
$$1\,0\,5^l \text{ à } 1^f, 5\,0 = 1\,5\,7^f, 5\,0.$$

$$\overline{\qquad 1\,8\,0^l \qquad\qquad 3\,6\,0^f, 0\,0.}$$

Et divisant 360 francs par 180 litres, nous trouvons 2 francs, prix du litre du mélange.

D. Quelle est l'autre méthode dont on peut se servir pour résoudre les problémes de cette nature?

R. C'est de prendre la différence des prix au prix moyen : nous en allons démontrer la théorie par deux exemples; et pour y parvenir, nous prendrons l'exemple que nous avons traité ci-dessus, afin de comparer ces deux méthodes d'opération.

EXEMPLE 7me.

On veut faire un mélange de 100 kilolitres de vin, à 22 francs le kilolitre du mélange. On prend à cet effet du vin à 30 francs le kilolitre, à 24 francs et à 20 francs; on demande combien on doit en prendre de chaque qualité.

Solution. Vin à $3\,0^f \ldots\ldots 2^f.$

Vin à $2\,4^f.(22). \; 2^f.$

Vin à $2\,0^f \ldots\ldots 8^f \ldots 2^f.$

$$\overline{\qquad 1\,4 \text{ kilolitres de mélange.}}$$

Pour exécuter cette opération, il faut disposer les nombres tels qu'on les a disposés ci-dessus; prendre ensuite la différence de chaque prix au prix moyen, et écrire cette différence à côté du prix comparé.

Nous dirons : de $3\,0^f$ ôtez 22^f, il reste 8^f que nous mettons à côté du nombre inférieur au prix moyen, et conséquemment à côté de 20^f; de 24^f ôtez 22^f, il reste 2^f que nous écrivons à côté de 20^f, parce qu'il est le seul nombre moindre que le prix du mélange.

Cela fait, il faut, pour compensation, ôter le moindre prix du prix du mélange, et poser la différence à côté des deux premiers prix; car l'emprunt qu'on a fait sur 30 et sur 24, est en rapport à la différence qui existe entre le moindre prix et celui du mélange; 22^f—20^f= 2^f qu'il faut poser à côté de 30^f et de 24^f.

Additionnons ces différences; $2+2+8+2=14$; de sorte que pour former 14 kilolitres de mélange, il faut prendre 2 kilolitres de vin à 30 francs, 2 kilolitres à 24 francs et 10 kilolitres à 20 francs.

L'opération amenée à ce point, s'effectue par les proportions; c'est-à-dire qu'il faut faire autant de règles de trois qu'il y a de termes dans l'énoncé. Nous dirons donc : $14 : 2 : : 100 : x = 14^k + \frac{2}{7}$; $14 : 2 : : 100 : y = 14^k + \frac{2}{7}$; $14 : 10 : : 100 : z = 71^k + \frac{3}{7}$. D'où l'on conclut qu'il faudrait prendre $14^k + \frac{2}{7}$ de vin à 30 francs, $14^k + \frac{2}{7}$ de vin à 24 francs, et $71^k + \frac{3}{7}$ de vin à 20 francs.

Preuve. $14^k + \frac{2}{7} + 14^k + \frac{2}{7} + 71^k + \frac{3}{7} = 100$ kilolitres de mélange; $14^k + \frac{2}{7} \times 30^f = 428^f + \frac{4}{7}$; $14^k + \frac{2}{7} \times 24^f = 342^f + \frac{6}{7}$; $71^k + \frac{3}{7} \times 20^f = 1428 + \frac{4}{7}$. Faisons ensuite la somme des trois produits; $428^f + \frac{4}{7} + 342^f + \frac{6}{7} + 1428^f + \frac{4}{7} = 2200$ francs.

Remarque. Il ne faut cependant pas conclure, d'après cette démonstration, que les différences 2, 2 et 10 soient les seuls nombres qui satisfassent aux conditions de l'énoncé; car ce même problème a une infinité de solutions, même en nombres entiers. Pour s'en convaincre, il suffit de prendre deux nombres qui soient dans les

mêmes rapports que ceux que nous avons pris ci-dessus,
les multiplier par 2, par 3, etc., et nous trouverons des
résultats semblables à ceux que nous a donnés l'exemple
précédent. Nous voyons même, par cette méthode d'opération, que le résultat en kilolitres de chaque espèce de
vin n'est pas le même que celui que nous a donné la première méthode : nous ne pouvons cependant pas dire que
l'une soit plus juste que l'autre, puisqu'en faisant la preuve
de chaque opération, nous voyons qu'elles sont bien faites
toutes les deux.

Nous dirons cependant que, si l'on a égard au prix
du mélange en faisant la preuve, la première méthode
offre un plus grand avantage que la seconde, puisqu'on
peut toujours trouver exactement le nombre d'unités
entrées dans le mélange, et le prix de chacune d'elles.

Exemple 8me.

Un marchand de vin veut mêler du vin à 15 sous
le litre avec du vin à 8 sous le litre, pour en avoir
qu'il puisse vendre 12 sous le litre : on demande combien il en doit prendre de chaque sorte pour former ce
mélange.

Solution. Après avoir disposé les prix de cette manière,

$$15^s \ldots \ldots \quad 4^s \text{ différence.}$$
$$8^s \ldots (12^s) \quad 3^s \text{ différence.}$$

Je prends la différence de 15^s à 12^s, qui est de 3^s,
que je pose à côté de 8 sous. Je prends réciproquement la différence de 12 sous à 8 sous, qui est de 4 sous,
et que je pose à côté de 15 sous. Je conclus de là que
3 litres de vin à 8 sous le litre, mêlés avec 4 litres de
vin à 15 sous le litre, font du vin à 12 sous le litre.

Ce mélange est évident, par la compensation qui se fait des deux prix au prix du mélange, l'un supérieur et l'autre inférieur.

Si l'on demandait que le mélange fût fait avec du vin à 15 sous, à 10 sous et à 8 sous le litre, par exemple, on s'y prendrait de la même manière ; c'est-à-dire qu'après avoir comparé 15 sous et 8 sous au prix moyen, on disposerait l'opération comme on a disposé celles des exemples précédents : on comparerait également 15 sous et 10 sous au prix moyen 12 sous, et l'on disposerait les différences à côté des nombres auxquels ces différences sont relatives.

$$15^s \ldots\ldots\ldots \quad 4^s + 2^s = 6^s$$
$$10^s \ldots (12) \ldots \quad 3^s$$
$$8^s \ldots\ldots\ldots \quad \underline{3^s}$$
$$\qquad\qquad\qquad 12, \text{ somme des différences.}$$

De sorte que pour former ce mélange, il faudrait prendre 6 litres de vin à 15 sous, 3 litres à 10 sous et 3 litres à 8 sous, lesquels litres mélangés, font donc 12 litres de vin à 12 sous le litre.

Si l'on employait encore cinq, six, huit, etc., autres sortes de vin pour faire un mélange quelconque, par exemple, il faudrait comparer successivement les prix deux à deux, avec l'attention cependant de ne comparer à chaque opération, qu'un prix supérieur et un prix inférieur à celui du mélange.

La comparaison étant faite, il peut résulter deux cas : ou l'on peut demander, par exemple, ce qu'il faudrait prendre de litres de chaque espèce de vin pour former du vin à un prix déterminé ; dans ce cas, le problême est résolu par la seule comparaison des prix entr'eux,

puisqu'on ne demanderait que proportionnément aux
qualités des vins donnés dans l'énoncé, et à celui que
l'on voudrait former; ou l'on peut demander combien
il faudrait prendre de chaque qualité de vin, par exemple, pour former un mélange de litres déterminés : alors
l'opération, après la comparaison des différents vins,
est ramenée aux proportions, dont nous avons démontré la méthode à employer, et que cependant nous re-
produisons ici. Faites la somme de toutes les différences
des vins comparés, vous aurez ainsi le premier terme
d'autant de proportions qu'il y aura de sortes de vins
mélangés : vous prendrez chaque différence pour second
terme, et pour troisième la somme totale du mélange que
vous voulez former; les quatrièmes termes des différentes
proportions seront de même nature que les différences
que vous aurez employées dans chacune d'elles.

DES RÈGLES D'ALLIAGE.

*D. Suit-on les mêmes principes pour résoudre les
règles d'alliage que ceux que nous avons suivis pour
résoudre les règles de mélange?*

R. On suit les mêmes principes, lorsque les opérations ont des solutions analogues à celles des règles de
mélange.

D. Qu'appelle-t-on alliage?

R. On appelle alliage, un assemblage de différents
métaux, tels que le cuivre, le fer, l'argent, l'or, etc.
Les monnaies, et en général tous les ouvrages d'or ou
d'argent, contiennent plus ou moins de parties de
cuivre; une autre partie de matière pure se nomme partie de *fin*.

D. Quelle règle faut-il suivre pour déterminer les parties de fin renfermées dans un alliage de poids déterminé ?

R. Pour estimer les parties de fin contenues dans une masse d'or ou d'argent, on partage ordinairement son poids en millièmes.

D. Qu'appelle-t-on titre de l'or ou de l'argent ?

R. Le nombre de parties de fin contenues dans un poids déterminé de matière d'or ou d'argent, est ce qu'on appelle le titre de l'or ou de l'argent. Ainsi, la pièce de 1 franc, par exemple, dont les neuf cents millièmes de son poids sont d'argent pur, est au titre de 0,900 millièmes.

D. Quel est le but de la règle d'alliage ?

R. La règle d'alliage a pour but principal de trouver la valeur moyenne de plusieurs choses alliées, lorsque l'on connaît la quantité et la valeur particulière de chaque chose.

Solution. Pour résoudre les règles d'alliage de la première espèce, c'est-à-dire, lorsqu'on veut connaître le titre moyen de différentes matières alliées, il faut multiplier le poids de chaque matière par son titre ; faire ensuite la somme des produits, et la diviser par le poids total de l'alliage : le quotient indiquera le titre de la fonte.

EXEMPLE 1ᵉʳ.

Un orfèvre a quatre livres d'or au titre de 0,850, 6 livres au titre de 0,900 et 10 livres au titre de 0,950 ; il veut fondre ces trois lingots ensemble, et demande à quel titre s'élèvera la livre de sa fonte.

Solution. Pour faire cette opération, il faut multiplier

le poids de chaque matière par son titre ; $4 \times 0,850 =$
$3^L,4$; $6^L \times 0,900 = 5^L,4$; $10^L \times 0,950 = 9^L,5$, or pur.

Ajoutons maintenant ces parties ; $3^L,4 + 5^L,4 + 9^L,5 =$
$18^L,3$ d'or pur qu'il y a dans les trois lingots. Pour avoir
le poids total de la fonte, il faut ajouter les poids des
différents lingots ; $4^L + 6^L + 10^L = 20$ livres de fonte. Pour
déterminer l'or pur qu'il y a dans chaque livre de la
fonte, il faut diviser l'or pur par le poids total de la
fonte ; donc, $18^L,3 : 20^L = 0,915$ millièmes, qui est le
titre demandé dans l'énoncé.

EXEMPLE 2me.

Un orfèvre veut allier trois sortes d'argent ; il en prend
8 livres au titre de 0,800, 12 livres au titre de 0,750
et 4 livres au titre de 0,650 : on demande quel sera le
titre de sa fonte.

Solution. Multiplions la matière par son titre ; $8^L \times$
$0,800 = 6^L,4$; $12^L \times 0,750 = 9^L$; $4^L \times 0,650 = 2^L,6$, argent pur.

Faisons ensuite la somme des produits ; $6^L,4 + 9^L +$
$2^L,6 = 18$ livres d'argent pur qu'il y a dans l'alliage.

Maintenant, pour avoir le poids total de la fonte, il
faut ajouter le poids des différents lingots ; $8^L + 12^L +$
$4^L = 24$ livres de fonte. Pour savoir combien il y a d'argent pur dans chaque livre de la fonte, il faut, comme
nous l'avons dit à la théorie, diviser l'argent pur par le
poids de la fonte ; donc, $18^L : 24^L = 0,750$, titre demandé
dans l'énoncé.

*D. Mais si l'on voulait élever le titre d'un poids dé-
terminé à un autre titre, que faudrait-il faire ?*

R. Il faudrait prendre la différence du titre que l'on
a au titre demandé ; multiplier la différence qu'on trou-

20*

verait par le poids proposé, le produit exprimerait le poids des parties de fin à ajouter à la fonte; diviser ensuite ce produit par ce que la matière pure peut céder à la fonte, et le quotient marquerait le poids des parties de fin qu'il faudrait ajouter.

EXEMPLE 3me.

Un orfèvre a un lingot d'or de 4 livres au titre 0,850; on demande combien il lui faudrait ajouter d'or pur pour en élever le titre à 0,900.

Solution. Prenons la différence des titres; 0,900—0,850=0,050, différence des titres; ainsi, à chaque livre du lingot, il manque 0,050 de titre; à 4 livres il manque donc 0,050 fois 4 livres ou 0,200; et comme chaque livre d'or pur est au titre de 1000 millièmes, et qu'on ne veut que 0,900 de titre, chaque livre peut donc céder 1000—0,900=0,100 de matière pure. Or puisque sur chaque livre d'or pur il y a 0,100 de plus que sur une livre du titre demandé, et qu'il manque à ces 4 livres 0,200 de titre, autant 0,200 contiendront 0,100, autant il faudra ajouter d'or pur à la fonte; donc 0,200 : 0,100 = 2 livres d'or pur qu'il faudra ajouter.

EXEMPLE 4me.

Un orfèvre a un lingot d'argent qui pèse 240 onces au titre de 0,680; on demande combien il faudrait qu'il ajoutât d'onces d'argent pur à sa fonte pour en élever le titre à 0,800.

Solution. La différence des titres est 0,800—0,680=0,120. Ainsi, à chaque once du lingot il manque 0,120 de titre; il manque donc au lingot même 0,120 fois 240 onces, ou 28 onces et 800 millièmes; et comme cha-

que once d'argent pur est au titre de 1000 millièmes,
et qu'on ne veut que 0,800 de titre, chaque once d'argent pur peut céder à la fonte la différence de 1000
millièmes à 800 millièmes ou 0,200. Il est évident maintenant qu'autant de fois que 28,800 contiendront 0,200,
autant il faudra ajouter d'argent pur à la fonte, pour
élever le titre au titre demandé; 28°,800 : 0,200 = 144
onces qu'il faudra.

Remarque. On peut voir par les démonstrations que
nous avons données, tant de la règle de mélange que
de celle d'alliage, qu'il y a une grande différence entre
l'une et l'autre; dans la première il ne s'agit toujours
que de grains, de liquides, et dans la dernière il ne
s'agit que de métaux. Beaucoup d'arithméticiens, en
traitant ces deux matières, n'en ont pas défini les propriétés; loin de là, quelques-uns en donnant des applications à la règle de mélange, ont donné des exemples
analogues à celui-ci : On emploie 40 ouvriers par jour;
20 sont payés à raison de 2f,50, 10 à 1f,80 et 10 à 1f,30 :
on demande à combien chaque ouvrier revient par jour
l'un dans l'autre.

On peut voir si cette opération est plutôt une règle
de mélange qu'une règle d'alliage : à proprement parler,
elle n'est ni l'une ni l'autre, mais sa solution a une analogie à la première règle de mélange.

Remarque. Si, d'un alliage quelconque on connaît la
valeur totale et la valeur particulière de chaque métal,
on en veut déterminer la quantité, il faut supposer qu'il
n'y ait dans l'alliage qu'une sorte de métal; multiplier
sa valeur par la totalité de l'alliage; retrancher le produit de la valeur moyenne, et diviser la différence

obtenue par la différence des valeurs des métaux comparés.

EXEMPLE :

Un orfèvre a acheté un lingot d'alliage de 14 onces pour 900 francs, composé d'or et d'argent; l'once d'or a été évaluée à 87^f,50 et l'once d'argent à 6^f,25 : on demande combien il y avait d'or et d'argent dans ce lingot.

Solution. Si je connaissais la quantité d'or et la quantité d'argent formant le lingot, je le vérifierais de cette manière : je multiplierais les onces d'or par 87^f,50 et les onces d'argent par 6^f,25, j'ajouterais ensuite les produits et il faudrait que la somme fût égale à 900 francs. Supposons qu'il n'y ait que de l'or dans le lingot; il coûterait donc 87^f,50$\times$14°=1225 francs, tandis qu'il n'a coûté que 900 francs; d'où l'on conclut qu'il y a de l'argent, qui, par ce moyen, doit diminuer 1225 francs d'une quantité égale à la différence qui existe entre cette somme et 900, ou 325 francs. Cette différence correspond donc à la différence du prix de l'once d'or et de l'once d'argent; différence divisée par celle des prix, doit nécessairement donner un quotient composé d'onces d'argent; 325^f : 87^f,50 — 6^f,25 = 4 onces d'argent. Pour trouver l'or, 14°—4°=10 onces d'or.

Il y avait donc dans ce lingot 10 onces d'or et 4 d'argent.

Preuve. 10°$\times$87^f,50=875 francs; 6^f,25$\times$4°=25^f; 87$5^f$+25^f=900 francs.

PROBLÊMES ANALYTIQUES SUR LES RÈGLES DE MÉLANGE ET D'ALLIAGE.

1er PROBLÊME.

On a mêlé 80 livres de farine de blé avec 70 livres de farine de seigle et avec 40 livres de farine d'orge ; on demande le prix de la livre du mélange, sachant que la livre de farine de blé coûtait $0^f,80$, celle de seigle $0^f,60$ et celle d'orge $0^f,50$.

Solution. En nous rappelant la théorie de la règle de mélange, nous trouvons qu'il faut multiplier chaque qualité de farine par son prix ; 80 livres de farine de blé à $0^f,80$ donnent 64 francs ; 70 livres de farine de seigle à $0^f,60$ donnent 42 francs, et 40 livres de farine d'orge à $0^f,50$ la livre donnent 20 francs. Il faut maintenant ajouter tous les produits et diviser la somme par celle des différentes livres de farine additionnées ; $64^f + 42^f + 20^f$ = 126 francs que coûte conséquemment le mélange ; $80^L + 70^L + 40^L = 190$ livres de farine qui entrent dans le mélange ; et $126^f : 190^L = 0^f,66$ que coûte la livre du mélange, d'un centime près.

Réponse : $0^f,66$.

2me PROBLÊME.

Un bijoutier veut faire un alliage de trois métaux ; il prend 8 livres d'or au titre de 0,900, 7 livres d'argent au titre de 0,750, et 6 livres de cuivre au titre de 0,250 : on demande quel sera le titre de sa fonte.

Solution. Il faut multiplier chaque lingot par son titre ; $8^L \times 0,900 = 7^L,200$; $7^L \times 0,750 = 5^L,250$; $6^L \times 0,250 = 1^L,500$. Ajoutons ces produits, et divisons la somme par celle des lingots additionnés ; $7^L,200 +$

$5^L,250 + 1^L,500 = 13^L,950 : 8^L + 7^L + 6^L = 0,664$, d'un millième près.

Réponse: 0,664.

3me PROBLÊME.

80 livres d'eau de mer donnent 4 livres de sel; combien doit-on ajouter d'eau douce pour que ces 8) livres mélangées ne donnent que 3 livres de sel?

Solution. Cette opération peut se résoudre par les proportions; c'est une règle de trois inverse; $3^L : 4^L : : 80^L : x = 106^L + \frac{2}{3} - 80^L = 26^L + \frac{2}{3}$

Réponse: $26^L + \frac{2}{3}$.

4me PROBLÊME.

Un traiteur achette 20 décalitres de vin pour 164 francs, où il y a du vin blanc et du vin rouge; le décalitre du vin blanc coûte 7 francs, et celui du vin rouge 10 francs: on demande combien il y a de chaque sorte de vin.

Solution. Supposons que ce traiteur n'ait acheté que du vin rouge; le tout coûterait donc $20^d \times 10^f = 200$ francs, tandis que les deux vins n'ont coûté que 164 francs: il y a donc une différence de 200^f à 164^f ou de 36 francs. Nous concluons de là qu'il y avait du vin d'un prix moindre que 10 francs, puisque le produit de 20 décalitres multipliés par 10 francs devrait égaler 164 francs. La différence 36 francs doit être divisée par celle des prix, pour avoir du vin par le prix duquel on n'a pas multiplié, ou à 7 francs; $36^f : 10^f - 7^f = 12$ décalitres à 7 francs. Pour déterminer le vin rouge, ou à 10 francs, $20^d - 12^d = 8$ décalitres à 10 francs.

Réponse: 8 décalitres à 10 francs et 12 à 7 francs.

5ᵉ PROBLÈME.

En supposant que l'once d'or en lingot coûte 80 francs, et l'once d'argent 50 francs, on demande combien il y a d'or et d'argent dans un lingot d'alliage qui a coûté 8000 francs, et qui pesait 148 onces.

Solution. En supposant qu'il n'y ait que de l'or dans le lingot, il coûterait donc $80^f \times 148^o = 11840$ francs, tandis qu'il n'a coûté que 8000 francs; nous pouvons conclure de là qu'il y a de l'argent. Pour déterminer la différence du coût du lingot au prix supposé, $11840^f - 8000^f = 3840$ francs, excédant sur le prix du lingot. Pour connaître les onces d'argent renfermées dans ce lingot, il faut diviser la différence 3840 francs par celle des prix de l'once d'or et de l'once d'argent; $3840^f : 80^f - 50^f = 128$ onces d'argent.

Nous pouvons voir que l'opération est à peu près résolue maintenant, car connaissant le poids total du lingot, et l'argent qui y entre, nous pouvons déterminer l'or en soustrayant l'argent du poids total; $148^o - 128^o = 20$ onces d'or.

Preuve. 128 onces d'argent à 50 francs l'once = 6400 francs; 20 onces d'or à 80 l'once = 1600 francs; et $6400^f + 1600^f = 8000$ francs.

Réponse : 20 onces d'or et 128 onces d'argent.

6ᵐᵉ PROBLÈME.

Quel est le titre d'un alliage fait avec 8 onces d'or au titre de 0,850, avec 6 onces d'argent au titre de 0,700 ?

Solution. $8^o \times 0,850 = 6^o,800$; $6^o \times 0,700 = 4^o,200$. Faisons actuellement la somme des produits; $6^o,800$

$+4^o,200 = 11$ onces qu'il faut diviser par le poids total de l'alliage ; $110 : 8_0 + 6^o = 0,786$, d'un millième près.

Réponse : 0,786.

7me PROBLÈME.

On veut faire un mélange de 80 litres de vin à 12 sous le litre du mélange, en prenant du vin à 20 sous le litre, à 18 sous et à 10 sous ; on demande combien il en faudra prendre de chaque sorte.

Solution. Disposons les différents prix les uns sous les autres, et prenons la différence du plus grand prix au moindre.

$$20^s \ldots \ldots 10 \text{ différence.}$$
$$18^s \ldots \ldots 8 \text{ différence.}$$
$$10^s.$$

Le mélange qu'on se propose de former devra coûter $80^l \times 12^s = 960$ sous ou 48 francs.

Supposons à présent qu'on n'emploie que du vin à 10 sous le litre ou de la moindre qualité ; on aurait donc $80^l \times 10^s = 800$ sous ou 40 francs, tandis qu'il faudrait que nous obtinssions 960 sous : de là la différence 160 sous qui existe entre 960 sous et 800 sous.

Remarque. Quelquefois, dans le cours de ces opérations, on obtient juste le prix du mélange, en supposant qu'il n'y entre qu'une sorte de liqueur, de grains ; alors en demandant la quantité de chaque chose mélangée, on ne pourrait faire entrer dans le mélange qu'une sorte de chose : dans ce cas, il faudrait prendre un autre prix donné dans l'énoncé, et suivre une même théorie avec ce second nombre. Ce cas ne peut se rencontrer cependant que quand le coût du mélange est donné, au lieu du prix de chaque chose qui y entre.

L'opération se réduit à présent à décomposer 160 sous en deux parties qui soient divisibles l'une par 10 sous, pour avoir du vin à 20 sous, et l'autre par 8 sous, pour en avoir à 18 sous. Prenons 80 sous pour être divisés par 10 sous; $80^s : 10^s = 8$ litres du vin à 20 sous; et 80 sous pour être divisés par 8 sous; $80^s : 8^s = 10$ litres à 18 sous : ajoutons ces deux nombres ou quotients, et ôtons la somme du nombre de litres qui entrent dans le mélange; $8^l + 10^l = 18$ litres qu'il faudra prendre des deux premiers vins. La différence qui existe entre 80 litres et 18 litres, est donc le nombre de litres qu'il faudra prendre du moindre vin ou à 10 sous le litre; donc $80^l - 18^l = 62$ litres à 10 sous.

Pour former le mélange proposé, il faut donc prendre 8 litres du vin à 20 sous, 10 litres du vin à 18 sous, et 62 litres du vin à 10 sous le litre. Effectivement, en ajoutant $8^l + 10^l + 62^l$ on a 80 litres formant le mélange; et en multipliant chaque sorte de vin par son prix, on obtient 960 sous, prix du mélange; $8^l \times 20^s = 160^s$; $10^l \times 18^s = 180^s$; $62^l \times 10^s = 620^s$; et $160^s + 180^s + 620^s = 960$ sous ou 48 francs pour preuve.

Réponse : 8^l à 20^s, 10^l à 18^s, et 62^l à 10 sous.

8me PROBLÈME.

Une livre d'or ne pèse que $\frac{5}{6}$ de livre dans l'eau; une livre d'argent n'y pèse que $\frac{7}{12}$; on demande combien il y a d'or et d'argent dans un alliage de 36 livres, ne pesant que 28 livres dans l'eau.

Solution. Si le lingot n'était composé que d'or, il ne pèserait dans l'eau que $36^L \times \frac{5}{6} = 30$ livres, tandis qu'il doit s'y réduire à 28 livres; il y aurait donc 2 livres d'or de trop, qu'il faut remplacer par de l'argent à $\frac{7}{12}$, équivalent de la livre dans l'eau. Il faut maintenant prendre la différence de la livre d'or à la livre d'argent plongées dans l'eau; $\frac{5}{6} - \frac{7}{12} = \frac{1}{4}$. Ainsi, sur chaque livre d'or du lingot, la livre d'argent cède $\frac{1}{4}$ de sa pesanteur; donc, pour avoir l'argent qui y est renfermé, $2_L : \frac{1}{4} = 8$ livres. Puisque le lingot pèse 36 livres hors de l'eau, et qu'il est composé de 8 livres d'argent, il est évident que l'excédant de 36 livres sur 8 livres sera l'or qui y est renfermé; $36^L - 8^L = 28$ livres d'or.

Réponse : 28 livres d'or et 8 livres d'argent.

9me Problème.

Un bijoutier a 60 onces d'or au titre de 0,930; on demande combien il doit ajouter l'or pur à sa fonte, pour en élever le titre à 0,950.

Solution. Prenons la différence du titre du lingot au titre demandé; $0,950 - 0,930 = 0,020$: il manque donc à chaque once de l'alliage 0,020 de titre pour former le titre demandé. Or, $60^\circ \times 0,020 = 1^\circ,2$ qui manquent aux 60 onces. Et puisque chaque once d'or pur peut céder 0,050 au titre du nouvel alliage, autant de fois que $1^\circ,2$ contiendront 0,050, autant il faudra ajouter d'or pur; $1^\circ,2 : 0,050 = 24$ livres.

Réponse : 24 livres.

10me Problème.

On demande combien il faut prendre d'un vin à $0^f,30$ le litre, et d'un autre vin à $0^f,20$ pour faire un mélange de 60 litres à $0^f,26$ le litre.

Solution. Supposons qu'il ne faille prendre que du vin à $0^f,20$; le mélange fait coûterait donc $60^l \times 0^f,20 = 12^f$, tandis qu'il doit coûter $60^l \times 0^f,26 = 15^f,60$. Prenons la différence de ces nombres ; $15^f,60 — 12^f = 3^f,60$. Cherchons à présent la différence des prix ; $o^f,3o — o^f,2o = o^f,1o$; et suivant la théorie, $3^f,60 : o^f,1o = 36$ litres qu'il faudra prendre à $o^f,3o$ le litre. Et ôtant 36 litres de 60 litres, la différence sera le nombre de litres qu'il faudra prendre à $o^f,2o$ le litre ; $6o^l — 36^l = 24$ litres à $o^f,2o$.

Réponse : 36 litres à $8^f,3o$, et 24 litres à $o^f,2o$.

11me PROBLÈME.

Combien faut-il ajouter d'un sel à $o^f,3o$ la livre à 24 livres d'un autre sel à $o^f,2o$, pour que la livre de l'alliage coûte $o^f,26$?

Solution. Pour résoudre ce problème, il faut prendre la différence des prix au prix moyen, et dire : la différence de $o^f,3o$ à $o^f,26$ est de $o^f,4o$; la différence de $o^f,2o$ à $o^f,26$ est de $o^f,o6$: donc, toutes les fois qu'on prend 4 livres de sel à $o^f,2o$, il en faut prendre 6 livres à $o^f,3o$; l'opération est ramenée aux proportions : $o^f,o4 : 24^L : : o^f,o6 : x = 36$ livres.

Réponse : 36 livres.

12me PROBLÈME.

270 livres d'eau de mer donnent 10 livres de sel ; combien doit-on ajouter d'eau douce pour que 270 livres du nouveau mélange ne donnent que 8 livres de sel ?

Solution. $270^L \times 10^L = 2700^L : 8^L = 337^L,5o — 270^L = 67^L,5o.$

Réponse : $67^L,5o.$

13me PROBLÈME.

On veut faire un mélange de 700 litres de vin coûtant 1050 francs. Pour le faire, on prend du vin à $1^f,8o$, à $1^f,60$ et à 1 franc le litre; on demande combien il en faut prendre de chaque qualité.

Solution. $1050^f : 700^l = 1^f,50$; prix du litre du mélange; $1^f,80 - 1^f = 0^f,80$; $1^f,60 - 1^f = 0^f,60$. $700^l \times 1^f = 700^f$; $1050^f - 700^f = 350$ francs. Il faut actuellement décomposer 350 francs en deux parties qui soient divisibles l'une par $0^f,80$ et l'autre par $0^f,60$. Prenons 176 et 174; $176^f : 0^f,80 = 220$ litres du premier vin; $174^f : 0^f,60 = 290$ litres du second vin. Ajoutons ces deux sommes et retranchons le total de 700 litres, la différence sera composée du vin à 1 franc; $220^l + 290^l = 510^l$; $700^l - 510^l = 190$ litres du troisième vin.

Preuve. $220^l \times 1^f,80 = 396^f$; $290^l \times 1^f,60 = 464^f$; $190^l \times 1^f = 190^f$. $396^f + 464^f + 190^f = 1050^f$; $220^l + 290^l + 190^l = 700$ litres.

Réponse : 220^l à $1^f,80$, 290^l à $1^f,60$ et 190^l à 1^f.

14me Probléme.

Combien faut-il ajouter d'or pur à la fonte d'un lingot pesant 24 onces, au titre de 0,800, pour en élever le titre de la fonte à 0,950 ?

Solution. $0,950 - 0,800 = 0,150$; $24^o \times 0,150 = 3^o,600$. 1000, titre de la livre d'or pur, $- 0,950 = 0,050$; $3^o,600 : 0,050 = 72$ onces.

Réponse : 72 onces.

15me Probléme.

Hiéron, roi de Syracuse, voulant offrir une couronne d'or à ses dieux, ordonna à un orfèvre de la lui faire belle et d'or pur. Lorsqu'elle fut faite, le roi la trouva fort belle, mais il voulut savoir, sans cependant l'endommager, si l'orfèvre n'avait pas allié d'argent à la

fonte. Ce fut Archimède, fameux mathématicien, qui
découvrit la tromperie de l'orfèvre. Ce célèbre mathématicien fut très long-temps pour résoudre cette question qui lui fut proposée par le roi; cependant un jour
en allant se baigner, il prit une livre d'or et une livre
d'argent en deux lingots, les plongea dans l'eau, et vit
qu'une livre d'or s'y réduisit à $\frac{18}{19}$ de son poids, et une
livre d'argent à $\frac{10}{11}$: on demande comment ce mathématicien fit pour déterminer l'argent qu'il y avait dans
la couronne, sachant qu'elle pesait 60 livres.

Solution. $60^L \times \frac{18}{19} = 56^L + \frac{16}{19}$; $\frac{18}{19} - \frac{10}{11} = \frac{8}{209}$; $\frac{16}{19} : \frac{8}{209} =$
22^L; $60^L - 22^L = 38$ livres.

Réponse: 38 livres d'or et 22 livres d'argent.

16me PROBLÈME.

Combien faut-il prendre d'eau et de vin à $0^f,80$ le
litre, pour former un mélange de 40 litres, à $0^f,50$ le
litre du mélange, l'eau ne devant rien coûter?

Solution. $40^l \times 0^f,50 = 20^f$; $20^f : 0^f,80 = 25^l$; $40^l -$
$25^l = 15$ litres.

Réponse: 25 litres de vin et 15 litres d'eau.

17me PROBLÈME.

Un marchand de vin a dans ses caves 450 litres d'un
vin à $0^f,75$ le litre, 450 litres d'un autre vin à $0^f,60$ le
litre, 320 litres à $0^f,50$ et 800 litres à $0^f,35$; il veut rem-
plir, avec les deux meilleurs vins, une pièce du contenu de 160 litres qu'il puisse vendre $0^f,65$ le litre, et
mêler tout ce qui restera. On demande combien il prendra des deux premières qualités de vin pour former le
premier mélange, et à combien reviendra le litre du
dernier.

Solution. Faisons d'abord le premier mélange ; $160^l \times$ $0^f,75 = 120^f$; $160^l \times 0^f,65 = 104^f$; $120^f - 104^f = 16^f$; $0^f,75$ $- 0^f,60 = 0^f,15$; $16^f : 0^f,15 = 106^l + \frac{2}{3}$; $160^l - 106^l + \frac{2}{3} =$ $53^l + \frac{1}{3}$. Il faudra donc que ce marchand de vin prenne $106^l + \frac{2}{3}$ du vin à $0^f,60$ le litre, avec $53^l + \frac{1}{3}$ du vin à $0^f,75$, pour former le premier mélange.

Pour faire le second mélange, il faut d'abord chercher ce qui reste des quatre sortes de vins. Pour le premier vin, $450^l - 53^l + \frac{1}{3} = 396^l + \frac{2}{3} \times 0^f,75 = 297^f,50$;

Pour le second, $450^l - 106^l + \frac{2}{3} = 343^l + \frac{1}{3} \times 0^f,60 =$ 206^f ;

Pour le troisième, $320^l \times 0^f,50 = 160^f$;

Pour le quatrième, $800^l \times 0^f,35 = 280^f$.

Preuve. $297^f,50 + 206^f + 160^f + 280^f = 943^f,50$; 396^l $+ \frac{2}{3} + 343^l + \frac{1}{3} + 320^l + 800^l = 1860^l$; $943^f,50 : 1860^l =$ $0^f,50$, d'un centime près.

Réponse: Il faudra qu'il prenne $53^l + \frac{1}{3}$ à $0^f,75$ et $106^l + \frac{2}{3}$ à $0^f,60$ le litre pour former le premier mélange, et le litre du second coûtera $0^f,50$

18me PROBLÈME.

Un orfèvre veut fondre ensemble 18 onces d'or au titre de 0,800, 24 onces au titre de 0,850, 42 onces au titre de 0,980, et demande quel sera le titre moyen d'une once de sa fonte.

Solution. $18^o \times 0,800 = 14^o,40$; $24^o \times 0,850 = 20^o,40$; $42^o \times 0,980 = 41^o,16$. $14^o,40 + 20^o,40 + 41^o,16 = 75^o,96$. $18^o + 24^o + 42^o + 84^o$. $75^o,96 : 84^o = 0,904$, d'un millième près.

Réponse: 0,904.

19me PROBLÈME.

Un joaillier doit faire différents vases d'argent dont

le titre doit être de 0,920, et il n'a plus qu'un lingot pesant 64 onces au titre de 0,900 : on demande combien d'onces d'argent pur il doit ajouter à ces 64 onces pour élever le titre de la fonte au titre demandé.

Solution. $0,920 - 0,900 = 0,020$; $64^0 \times 0,020 = 1^0,280$. $1000 - 0,920 = 0,080$; $1^0,280 : 0,080 = 16$ onces.

Réponse : 16 onces.

20me PROBLÈME.

On a 100 litres de vin à 15 sous le litre ; combien de litres d'eau y mêlera-t-on pour que le litre du mélange revienne à 12 sous ?

Solution. $100^l \times 15^s = 1500^s$; $100^l \times 12^s = 1200^s$; $1500^s - 1200^s = 300^s : 12^s = 25$ litres.

Réponse : 25 litres.

21me PROBLÈME.

Une once d'or plongée dans l'eau perd $\frac{1}{19}$ de son poids, et une once d'argent y en perd le $\frac{1}{?}$: on a un vase qui pèse 30 onces ; mais étant plongé dans l'eau, il n'y pèse que 28 onces ; on demande combien il y a d'or et d'argent dans ce vase.

Réponse : 19 onces d'or et 11 onces d'argent.

22me PROBLÈME.

Une personne a deux sortes de vins ; le litre du meilleur coûte 6 francs et le litre du moindre coûte 4 francs : elle désire faire un mélange de 180 litre à 5 francs le litre du mélange ; combien doit-elle prendre de chaque sorte de vin ?

Réponse : 90 litres à 6 francs et 90 à 4 francs.

23me PROBLÈME.

On demande combien il faut ajouter d'une poudre à

21

30 sous la livre avec 24 livres d'une autre poudre à 20 sous, pour que la livre du mélange coûte 26 sous?

Réponse : 36 livres.

24ᵐᵉ Problème.

Un orfèvre a allié de l'or et de l'argent; tout l'alliage fait un volume de 12 pouces cubes, et pèse 100 onces: un pouce cube d'or pèse $12^o + \frac{2}{3}$, et un pouce cube d'argent pèse $6^o + \frac{8}{9}$. On demande combien il y a de pouces cubes d'or et de pouces cubes d'argent dans cet alliage.

Réponse : 3 pouces cubes d'or et 9 pouces cubes d'argent.

25ᵐᵉ Problème.

Une personne a 560 pièces de monnaie de deux espèces, qui valent 160 louis; il y a des pièces qui valent le $\frac{1}{3}$ d'un louis et les autres en valent le $\frac{1}{4}$: on demande combien il y a de pièces de l'une et de l'autre sorte.

Réponse : 240 pièces à $\frac{1}{3}$ et 320 à $\frac{1}{4}$ de louis.

26ᵐᵉ Problème.

Un négociant a deux sortes de vins; le décalitre du meilleur coûte 14 francs et le décalitre du moindre coûte 9 francs : il veut faire un mélange de 80 décalitres à 10 francs le décalitre du mélange : on demande combien ce négociant doit prendre de chaque sorte de vin.

Réponse : 16 décalitres à 14 francs et 64 à 9 francs.

27ᵐᵉ Problème.

En faisant réduire 800 livres d'eau d'une source salée on obtient 12 livres de sel; combien doit-on ajouter d'eau douce pour que 800 livres du nouveau mélange ne donnent que 8 livres de sel ?

Réponse : 400 livres.

28ᵐᵉ PROBLÈME.

Un marchand de vin donne la clef de sa cave à son domestique ; celui-ci, abusant de la confiance de son maître, prend tous les jours 6 litres d'un tonneau qui contient 48 litres, et remplace ces 6 litres volés par 6 litres d'eau. Au bout de 4 jours on découvre sa friponnerie ; mais, pour ne tromper personne, le marchand désire savoir combien vaut encore le litre du mélange, sachant qu'il était d'abord vendu 5^f,12.

Réponse : 3^f,00125.

29ᵐᵉ PROBLÈME.

Un marchand a deux espèces de thé ; la première espèce lui revient à 14 francs la livre et la seconde à 18 francs : il fournit à un de ses correspondants une caisse de 100 livres, et reçoit pour paiement 1932 francs. On demande combien il y en avait de chaque sorte, sachant qu'il a gagné 15 pour cent à ce marché.

Réponse : 30 livres à 14 francs et 70 à 18 francs.

30ᵐᵉ PROBLÈME.

Un orfèvre a 3 lingots d'or qui lui coûtent 600 louis ; le second coûte le double du premier et 20 louis de plus ; le troisième a coûté autant que les deux autres et 20 louis de plus. On demande combien a dû coûter chaque lingot.

Reponse : Le premier a coûté 90 louis, le deuxième 200 et le troisième 310 louis.

21*

DE LA RÈGLE D'UNE FAUSSE SUPPOSITION.

D. Comme il y a un grand nombre de problémes qu'on ne peut pas résoudre par les moyens arithméti- tiques, de quoi se sert-on pour trouver la solution de ces problêmes?

R. On se sert alors d'hypothèses, ou suppositions ar- bitraires, qui fournissent les moyens de déterminer les valeurs demandées dans l'énoncé du problême.

D. Comment appelle-t-on les opérations qui peuvent être résolues au moyen d'une seule supposition?

R. Elles se nomment règles d'une fausse supposition ou position.

D. Comment se résolvent les règles d'une fausse po- sition?

R. Ces opérations peuvent se résoudre toutes par la supposition de l'unité : nous en allons démontrer la théo- rie par des exemples.

Remarque. Quelques arithméticiens disent, que pour résoudre les problèmes qui se rapportent à une règle de fausse position, il faut prendre un nombre à volonté, et pour ainsi dire au hasard ; ce principe est excellent, mais il ne l'est cependant tant que pour résoudre les règles de double fausse position, qu'ils ont presque tous confondues avec la première, et qui sont, à la vérité, toutes solubles par la supposition d'un nombre quel- conque. La méthode la plus facile pour résoudre les règles d'une simple fausse position, c'est de supposer 1, ou unité, que l'on regardera comme représentant le nombre inconnu, et faire sur cette unité, les calculs qu'on ferait sur le vrai nombre s'il était connu. Nous croyons comme utile d'exposer cette solution applicable à toute règle d'une fausse position; les élèves qui suivraient la méthode ordinaire, auraient souvent de grandes préparations de calculs à faire pour déterminer un nombre multiple des parties demandées dans un énoncé. La comparaison des problèmes de l'une et de l'autre espèce nous fera connaître l'utilité de cette remarque.

EXEMPLE:

On demande de trouver un nombre dont la $\frac{1}{2}$, le $\frac{1}{3}$ et le $\frac{1}{4}$ fassent 52 : quel est ce nombre ?

Solution. Supposons que le nombre demandé dans l'énoncé soit 1.

Théorie. Il faut réduire cette unité en une fraction multiple des parties demandées par la question; prendre les parties de cette fraction et les ajouter; diviser ensuite le nombre donné dans l'énoncé par la somme fractionnaire des parties : le quotient sera le nombre demandé.

Supposons, par rapport aux dénominateurs des fractions, que cette unité vaille $\frac{12}{12}$; il faut donc en prendre la $\frac{1}{2}$, le $\frac{1}{3}$ et le $\frac{1}{4}$; la $\frac{1}{2}$ de $\frac{12}{12}$ est de $\frac{6}{12}$; le $\frac{1}{3}$ de $\frac{12}{12}$ est de $\frac{4}{12}$; le $\frac{1}{4}$ de $\frac{12}{12}$ est de $\frac{3}{12}$; lesquelles fractions additionnées font $\frac{13}{12}$. Or maintenant il faut diviser le nombre donné dans l'énoncé par cette somme fractionnaire; $52 : \frac{13}{12} = 48$, nombre demandé.

Pour satisfaire aux données du problème, et pour le vérifier en même temps, il faut que la $\frac{1}{2}$, le $\frac{1}{3}$ et le $\frac{1}{4}$ de 48 forment 52; et si ces parties formaient un autre nombre, nous pourrions en conclure que l'opération a une solution fausse : la $\frac{1}{2}$ de 48 est de 24; le $\frac{1}{3}$ de 48 est de 16; le $\frac{1}{4}$ de 48 est de 12. Il suffit d'ajouter ensemble ces nombres $24 + 16 + 12 = 52$ pour preuve.

Le nombre demandé est par conséquent 48.

Observation. Si, par exemple, on ne pouvait réduire l'unité supposée en parties frationnaires multiples des parties demandées dans l'énoncé, il faudrait réduire les fractions au même dénominateur et les ajouter ; diviser le nombre donné par la somme fractionnaire, le quotient serait le nombre demandé.

Exemple :

Trouver un nombre dont le $\frac{1}{5}$, le $\frac{1}{6}$ et le $\frac{1}{8}$ fassent en somme 72 ; quel est ce nombre ?

Comme on ne peut trouver un nombre dont on puisse prendre exactement le $\frac{1}{5}$, le $\frac{1}{6}$ et le $\frac{1}{8}$, il faut réduire les fractions au même dénominateur et les ajouter ; $\frac{1}{5} + \frac{1}{6} + \frac{1}{8} = \frac{118}{240}$. L'opération est ramenée à diviser 72 par $\frac{118}{240}$, on trouve $146 + \frac{26}{59}$, nombre demandé.

Preuve. Le $\frac{1}{5}$ de $146 + \frac{26}{59} = 29 + \frac{17}{59}$; le $\frac{1}{6}$ de $146 + \frac{26}{59} = 24 + \frac{24}{59}$; le $\frac{1}{8}$ de $146 + \frac{26}{59}$ est de $18 + \frac{18}{59}$; et ces parties ajoutées, font effectivement 72 pour preuve.

Exemple :

Une personne lègue son bien à trois nièces ; elle en donne le $\frac{1}{3}$ à la première, le $\frac{1}{4}$ à la deuxième et 2000 francs à la troisième : on demande quel est le bien de cette personne.

Solution. Supposons que cette personne ait 1 franc, représenté par $\frac{12}{12}$. La nièce qui doit avoir le $\frac{1}{3}$ du bien, aura donc le $\frac{1}{3}$ de $\frac{12}{12}$ ou $\frac{4}{12}$; celle qui en doit avoir le $\frac{1}{4}$ aura $\frac{3}{12}$. En supposant 1 franc partagé entre les trois nièces, on voit que la première en aurait $\frac{4}{12}$, la deuxième $\frac{5}{12}$ et la troisième la différence qui existe entre les parts ajoutées des deux premières et le bien général représenté ici par 1 franc; donc $\frac{4}{12}+\frac{3}{12}=\frac{7}{12}$; et $\frac{12}{12}-\frac{7}{12}=\frac{5}{12}$, part de la troisième nièce. Mais la part de cette troisième nièce est aussi 2000 francs; et pour trouver le bien général de la tante, connaissant ce qu'en valent les $\frac{5}{12}$, il suffit de construire cette proportion, le quatrième terme en sera la réponse; $\frac{5}{12} : 2000^f :: 1 : x = 4800$ francs.

On dit dans l'énoncé que la première nièce doit avoir le $\frac{1}{3}$ du bien, elle doit donc toucher le $\frac{1}{3}$ de 4800^f ou 1600 francs; celle qui en doit avoir le $\frac{1}{4}$, touchera donc le $\frac{1}{4}$ de 4800^f ou 1200 francs; et comme la part de la dernière est déterminée dans l'énoncé même du problême, il faut qu'en ajoutant ensemble ces trois sommes, on reproduise le bien légué; $1600^f + 1200^f + 2000^f = 4800$ francs.

Les trois nièces auront donc la première 1600 francs, la deuxième 1200 francs et la troisième 2000 francs.

DE LA RÈGLE DE DOUBLE FAUSSE SUPPOSITION.

D. Comment appelle-t-on les opérations qui se résolvent au moyen de deux hypothèses?

R. On les appelle règles de double fausse position.

D. Comment les résout-on?

R. Pour résoudre ces opérations, il faut supposer un nombre pris à volonté, qui représentera la réponse du problême, et faire sur lui les calculs exigés dans l'énoncé; et si, après avoir fait tous les calculs voulus par le problême, on n'obtient pas le nombre demandé, il faut écrire à part le nombre supposé avec sa diffé-

rence, soit en plus, soit en moins. Prendre ensuite un
autre nombre, également à volonté, et répéter avec lui
les opérations que le premier a subies; et si, après avoir
effectué toutes celles qui sont exigées dans l'énoncé, on
n'obtient pas encore pour résultat le nombre demandé,
il faut également écrire le nombre supposé et sa différence en plus ou en moins, tant sous le nombre supposé
que sous la différence de la première supposition. Multiplier en croix les deux suppositions avec leurs différences, c'est-à-dire, le nombre supposé de la première
par la différence de la seconde, et mettre le produit à
part; multiplier ensuite le nombre supposé de la seconde par la différence de la première, et mettre le produit sous le premier. Considérer si les deux différences
sont semblables, c'est-à-dire, toutes deux en plus ou toutes
deux en moins; si elles ont le même signe, il faut ôter le
moindre produit du plus grand, et la moindre différence
de la plus grande; diviser la différence des produits par
celle des différences, le quotient sera le nombre demandé.

Mais si les deux différences sont dissemblables, c'est-à-
dire que l'une soit en plus et l'autre en moins, et réciproquement, que l'une soit en moins et l'autre en plus,
il faut ajouter ensemble les deux produits et également
les deux différences; diviser la somme des produits par
celle des différences, le quotient sera le nombre demandé
dans l'énoncé du problème.

Exemple :

Une personne disait : si au triple de mon argent on
ajoutait 2400 francs, j'aurais 80000 francs. Quelle somme
avait cette personne?

Solution. Supposons que cette personne ait 100 francs,

par exemple; et on dit dans l'énoncé que si au triple de
son argent on ajoutait 2400 francs, elle aurait alors
80000 francs : c'est donc au triple de 100 francs qu'il
faut ajouter 2400 francs, puisque nous représentons sa
richesse par ce nombre; donc $100^f \times 3 = 300^f + 2400^f =$
2700 francs, somme que devrait avoir cette personne, si
notre supposition était juste. Puisque nous ne sommes
pas parvenus au vrai résultat, et qu'il nous aurait fallu
80000 francs au lieu de 2700 francs, déterminons cette
erreur; $80000^f - 2700^f = 77300^f$, première différence.

Première supposition, $100^f - 77300$ francs.

Supposons ensuite que cette même personne ait 150^f.
Nous devons, sur ce nombre, tenir un raisonnement
analogue à celui que nous avons tenu à la première
supposition, c'est-à-dire qu'il le faut tripler, et ajouter
au produit le nombre 2400 francs; $150^f \times 3 = 450^f$
$+ 2400^f = 2850$ francs, tandis que nous aurions dû
obtenir 80000 francs, si nous avions supposé le vrai
nombre. Nous avons donc une erreur de 2850 francs à
80000 francs, ou 77150 francs.

Seconde supposition, $150^f - 77150$ francs.

Suivant ce qui est dit à la théorie, il faut multiplier
en croix les deux suppositions avec leurs différences;
c'est-à-dire, le nombre supposé 100, de la première, par
la différence 77150 francs de la seconde, $= 7715000$ fr.;
pareillement il faut multiplier 150 francs, nombre supposé de la seconde supposition, par 77300 francs, différence de la première, $= 11595000$ francs. Comme les
différences sont toutes deux en moins, je soustrais le
moindre produit du plus grand, et la moindre différence
de la plus grande; $11595000^f - 7715000^f = 3880000^f$,

différence des produits ; $77300^f - 77150^f = 150^f$, différence des différences. Il faut donc qu'en divisant la différence des produits par celle des différences, on obtienne
pour quotient le nombre demandé ; donc, 3880000^f
$: 150^f = 25866^f + \frac{2}{3}$, qui est le nombre exigé.

Preuve. Il faut, pour avoir une preuve exacte de ce
problème, qu'en triplant le nombre en solution 25866^f
$+ \frac{2}{3}$, et qu'en ajoutant au triple le nombre 2400 francs,
on produise 80000 francs, nombre donné dans l'énoncé ;
donc, $25866^f + \frac{2}{3} \times 3 = 77600^f + 2400^f = 80000$ francs
pour preuve.

Nous en concluons que la personne avait réellement
$25866^f + \frac{2}{3}$.

Il ne faut pas croire qu'il n'y ait que les deux nombres
100 et 150, des deux suppositions précédentes, qui
satisfassent seuls aux données de ce problème ; deux
autres nombres quelconques y satisferont également, dès
qu'on leur fera subir les opérations qu'ont subies les
premiers.

Qu'il nous soit donné la même question ; et pour le
prouver, prenons, par exemple, 4 francs pour la première supposition, et 6 francs pour la seconde.

On dit dans l'énoncé que si au triple de l'argent qu'a
la personne, on ajoutait le nombre 2400 francs, elle
aurait en somme 80000 francs ; c'est donc au triple de
4 francs qu'il faut ajouter 2400 francs, puisque l'argent
de la personne est ici représenté par 4 francs ; donc,
$4^f \times 3 = 12^f + 2400^f = 2412$ francs ; mais nous aurions
dû obtenir 80000 francs si le nombre supposé eût été pris
exactement : nous avons donc une différence de 2412 fr.
à 80000 francs, ou 77588 francs.

Première supposition, 4^f — 77588 francs.

Nous avons pris ci-dessus 6 francs pour seconde supposition, c'est donc au triple de ce nombre qu'il faut ajouter 2400 francs; $6^f \times 3 = 18^f + 2400 = 2418$ francs, tandis que nous devrions avoir 80000 francs; 80000^f — 2418^f = 77582 francs.

Seconde supposition, 6^f — 77582 francs.

En suivant la théorie, nous avons à multiplier en croix les deux suppositions avec leurs différences; c'est-à-dire, le nombre supposé 4 francs de la première, par la différence 77582 francs de la seconde, = 310328 francs; et le nombre supposé 6 de la seconde, par la différence 77588 francs de la première supposition = 465528 fr. Comme les différences sont toutes deux exprimées par le signe moins, je soustrais le moindre produit du plus grand, et la moindre différence de la plus grande; 465528^f — 310328^f = 155200^f, différence des produits. 77588^f — 77582^f = 6^f, différence des différences. Je divise ensuite la différence des produits par celle des différences, $155200^f : 6^f = 25866^f + \frac{2}{3}$, nombre demandé.

Nous pouvons conclure, d'après la comparaison des quatre nombres que nous avons employés pour résoudre ce problème, que deux autres nombres, quels qu'ils soient, satisferaient encore à l'énoncé du problème, en leur faisant subir les diverses opérations que réclame cet énoncé.

Exemple:

Un jeune mathématicien disait: Si du double de mon âge on ôte le triple de l'âge que j'avais il y a 6 ans, on aura mon âge actuel. Quel est l'âge de ce jeune homme?

Solution. Supposons donc que ce jeune homme ait 7 ans: on dit dans l'énoncé que si du double de son âge on ôte le triple de l'âge qu'il avait il y a 6 ans, on aura son âge actuel; avant 6 ans il n'avait donc que 1 an, dont le triple est 3; mais c'est du double de son âge qu'il faut retrancher ce triple; $7 \times 2 = 14 - 3 = 11$ ans, tandis que nous ne devrions avoir que 7 ans, si la supposition eût été prise exactement; donc, $11 - 7 = 4$.

Première supposition, $7 + 4$.

Supposons maintenant que ce jeune homme ait 8 ans, dont le double est 16 ans; avant 6 ans il avait donc 2 ans, dont le triple est 6 ans; $16 - 6 = 10$ ans, tandis que nous aurions dû obtenir 8 ans; $10 - 8 = 2$.

Seconde supposition, $8 + 2$.

Suivant la théorie, nous devons multiplier en croix les deux suppositions avec leurs différences; 7, première supposition, $\times 2 = 14$, premier produit; 8, seconde supposition, $\times 4 = 32$, second produit. Comme les différences sont toutes deux en plus, il faut ôter le moindre produit du plus grand; $32 - 14 = 18$, et la moindre différence de la plus grande, $4 - 2 = 2$; diviser ensuite la différence des produits par celle des différences, le quotient sera le nombre demandé; $18 : 2 = 9$ ans. Ainsi, ce jeune homme avait 9 ans.

Preuve. Pour faire la preuve de cette opération, il faut exécuter sur 9 ans les calculs énoncés dans le problème; $9 \times 2 = 18$; avant 6 ans ce jeune homme avait donc 3 ans, dont le triple est 9; et $18 - 9 = 9$ ans.

Nous voyons donc par cette preuve que ce jeune homme avait effectivement 9 ans.

EXEMPLE.

Un professeur, interrogé sur son âge, fit cette réponse obscure : Si du triple de mon âge on ôtait l'âge qu'a mon

fils aîné., j'aurais 80 ans. Quel est l'âge de cette personne,
sachant que son fils a 12 ans.

Solution. Supposons., par exemple., que ce particulier
ait 40 ans; on dit dans la question que si du triple de son
âge on ôte l'âge actuel de son fils., on aura 80 pour différence; c'est donc du triple de 40 ans qu'il faut ôter 12 ans.,
puisque nous représentons l'âge du père par 40 ans;
$40 \times 3 = 120 - 12 = 108$, tandis que nous ne devrions
avoir que 80; donc, $108 - 80 = 28$: nous obtenons donc
une erreur de 28 ans.

Première supposition., 40 + 28.

Supposons ensuite que cette personne ait 50 ans; c'est
donc du triple de 50 ans qu'il faut ôter l'âge du fils;
$50 \times 3 = 150 - 12 = 138 - 80 = 58$, différence également
en plus.

Seconde supposition., 50 + 58.

L'opération se réduit maintenant à multiplier en croix
les deux suppositions avec leurs différences; 40., première
supposition., $\times 58$, différence., $= 2320$, premier produit;
50, seconde supposition., $\times 28$, première différence.,
$= 1400$, second produit. Et comme les deux différences
sont exprimées par le signe plus., il faut ôter le moindre
produit du plus grand., et la moindre différence de la
plus grande; $2320 - 1400 = 920$; $58 - 28 = 30$; diviser
ensuite la différence des produits par celle des différences,
le quotient sera le nombre demandé; $920 : 30 = 30^a + \frac{2}{3}$,
ou 30 ans et 8 mois.

PROBLÈMES ANALYTIQUES SUR LES RÈGLES DE FAUSSES SUPPOSITIONS.

1ᵉʳ Problème.

Partager le nombre 15600 francs entre trois personnes, de manière que la seconde ait deux fois autant que la première, et la troisième autant que les deux autres.

Solution. Supposons que la première personne ait 1ᶠ; la deuxième en aura donc 2ᶠ, et la troisième 3ᶠ. Ainsi, à chaque franc que la première personne prendra, la deuxième en aura 2 et la troisième en aura 3; et ces sommes ajoutées 1ᶠ + 2ᶠ + 3ᶠ = 6ᶠ, somme proportionnelle aux trois parts. L'opération peut être résolue au moyen d'autant de proportions qu'il y a de personnes : les quatrièmes termes devront satisfaire aux données du problème. $6^f : 15600^f : : 1^f : x = 2600^f$, part de la première personne; $6 : 15600 : : 2 : y = 5200^f$, part de la deuxième; $6 : 15600 : : 3 : z = 7800^f$, part de la troisième.

Réponse : la 1ʳᵉ 2600ᶠ, la 2ᵐᵉ 5200ᶠ et la 3ᵐᵉ 7800ᶠ.

2ᵐᵉ Problème.

Trois personnes ont à se partager 9600 francs; la première en doit avoir le $\frac{1}{8}$, la deuxième le $\frac{1}{4}$ et la troisième 4000ᶠ : quelle est la part de chaque personne?

Solution. Supposons ici la somme 9600ᶠ représentée par la fraction $\frac{12}{12}$: la première personne en aura donc le $\frac{1}{3}$ ou $\frac{4}{12}$, la deuxième le $\frac{1}{4}$ ou $\frac{3}{12}$, et ces deux parts ajoutées égalent $\frac{7}{12}$. Puisque nous avons représenté la somme à partager par $\frac{12}{12}$, et que les deux premières personnes en reçoivent ensemble $\frac{7}{12}$, la troisième en recevra donc $\frac{12}{12} - \frac{7}{12} = \frac{5}{12}$: mais elle reçoit aussi 4000ᶠ, car sa part est déterminée dans l'énoncé du problème; ainsi, les $\frac{5}{12}$ de la somme à partager valent 4000 francs ; le $\frac{1}{12}$ vaudra donc $\frac{4000}{5}$. Et puisque la première personne doit toucher les $\frac{4}{12}$ de la somme, elle aura donc $\frac{4000}{5} \times 4 = 3200^{f}$; la deuxième en aura aussi les $\frac{3}{12}$ ou $\frac{4000}{5} \times 3 = 2400^{f}$.

Réponse: la 1re 3200^{f}, la 2me 2400^{f} et la 3me 4000^{f}.

3me PROBLÈME.

Un voyageur, sur une route, trouve une bourse dans laquelle il y a une forte somme : il en met de côté le $\frac{1}{10}$ pour se faire une réserve en cas de besoin ; paie ensuite une dette de 28400 francs, et avec ce qui lui reste, il se fait 8200 francs de revenus avec lesquels il achette des inscriptions au cours de 50 francs. On demande la somme qu'il y avait dans la bourse, et combien l'argent qu'il a placé lui a rapporté pour %.

Solution. En supposant que ce voyageur n'ait trouvé que 1 franc dans la bourse, il en met de côté le $\frac{1}{10}$, il ne lui en reste donc plus que les $\frac{9}{10}$. Que valent alors ces $\frac{9}{10}$? Ils valent sans doute sa dette et le capital dont il se fait 8200 francs de revenus. Comme cette dernière somme est l'intérêt des inscriptions qu'il s'est procurées, et que pour 50 francs il a 5 francs d'intérêt, 8200^{f} : 5^{f} = 1640 inscriptions à 50 francs. Et, en multipliant la valeur de chacune par le nombre total, on doit déterminer la somme employée en inscriptions ; 1640 $\times$ 50^{f} = 82000 francs. Mais ce voyageur paie aussi une dette de 28400 francs ; ces deux sommes forment donc les $\frac{9}{10}$ de l'argent qu'il y avait dans la bourse, 82000^{f} + 28400^{f} = 110400 francs. Pour savoir à combien son argent était placé, 82000^{f} : 8200^{f} : : 100^{f} : x = 10 pour %. Il ne s'agit plus maintenant qu'à déterminer l'argent qu'il y avait dans la bourse, sachant que les $\frac{9}{10}$=110400 francs ; nous dirons : si $\frac{9}{10}$: 110400^f : : $\frac{10}{10}$: x=122666^f+$\frac{2}{3}$.

Réponse : 122666^f+$\frac{2}{3}$ et 10 pour %.

4me PROBLÈME.

Deux sœurs ont eu d'une tante 100 francs pour étrennes, sous la condition que l'aînée aura 40 francs de plus que la cadette : on demande la part de chacune.

Solution. Supposons que l'aînée ait 50 francs ; la cadette en aura conséquemment 10 francs ; et ces deux sommes 50^f+10^f=60, devraient être égales à 100 francs, si la supposition eût été exacte : il y a donc une différence de 100^f à 60^f, ou de 40 francs. Première supposition, 50—40 francs.

Supposons ensuite que la même sœur ait 80 francs ; l'autre n'en aura donc que 40 francs, puisqu'elle doit toucher 40 francs de moins que sa sœur ; donc 80^f+40^f=120 francs, tandis que nous ne devrions obtenir que 100 francs, si nous étions parvenus à supposer les vrais nombres : il y a donc ici une différence marquée du signe plus ; car 120^f—100^f=20. Seconde supposition, 80^f+20.

Comme les deux différences sont d'un signe contraire, il faut multiplier en croix les deux suppositions avec leurs différences ; ajouter les produits et en diviser la somme par celle des différences. Ainsi, 50×20+80×40=4200 : 50+20=70 francs que doit avoir la sœur aînée ; et 100^f—70^f=30 francs que doit avoir la cadette.

Réponse : L'aînée 70 francs et la cadette 30 francs.

5me PROBLÈME.

Une personne donne le $\frac{1}{4}$ de son bien à sa nièce, le

$\frac{1}{3}$ à son fils et les $\frac{3}{8}$ à sa gouvernante, et il lui reste encore 5000 francs : on demande la richesse de cette personne.

Solution. En supposant que cette personne ait 1 franc ou $\frac{24}{24}$, la nièce en aura donc le $\frac{1}{4}$ ou $\frac{6}{24}$, le fils le $\frac{1}{3}$ ou $\frac{8}{24}$ et la gouvernante les $\frac{3}{8}$ ou $\frac{9}{24}$; et $\frac{9}{24} + \frac{8}{24} + \frac{9}{24} = \frac{25}{24}$, somme proportionnelle des parts. Ainsi, les 5000 francs qui restent à la personne ont $\frac{1}{24}$ pour part proportionnelle de l'unité supposée. Et puisque le 24me de sa richesse vaut 5000 francs, les $\frac{24}{24}$ vaudront aussi 24 fois 5000 francs ou 120000 francs. Si l'on demandait ce qu'aura chaque personne, il faudrait prendre successivement le $\frac{1}{4}$, le $\frac{1}{3}$ et les $\frac{3}{8}$ de 120000 francs.

Réponse : 120000 francs.

6me PROBLÉME.

Trois oncles rassemblés pour l'établissement d'une pauvre nièce, lui forment une dot de 1440 francs : le premier donne ce qu'il peut; le deuxième trois fois autant que le premier, et le troisième autant que les deux autres : on demande ce que chacun a donné.

Réponse : Le 1er 180^f, le 2me 540^f et le 3me 720^f.

7me PROBLÉME.

Deux personnes se sont partagé 200 francs : si l'on multipliait la part de la première par 5, et la part de la seconde par 14, les produits ajoutés feraient 1800. On demande la part de chaque personne.

Réponse : La 1re 111^f + $\frac{1}{9}$ et la seconde 88^f + $\frac{8}{9}$.

8me PROBLÉME.

Deux personnes se partagent 98 francs, la première

22

en prend $\frac{1}{5}$ de plus que la seconde : on demande la part de chaque personne.

Réponse : La première 56ᶠ et la seconde 42 francs.

9ᵐᵉ PROBLÈME.

Un fabricant convient avec un ouvrier de lui donner 5 francs chaque jour qu'il travaillera dans sa fabrique ; mais à condition qu'il lui retiendra sur son paiement le $\frac{1}{4}$ d'une journée pour chaque jour qu'il ne travaillera pas. Au bout de 25 jours, l'ouvrier demande son compte, et il ne reçoit que 25 francs ; on demande combien de jours cet ouvrier a travaillé.

Réponse : 9 jours.

10ᵐᵉ PROBLÈME.

Quelqu'un disait : Si l'on me doublait quatre fois de suite l'argent que j'ai dans ma poche, et qu'à chaque fois on en sortît 6 francs, il me resterait 38 francs à la quatrième fois. Combien cette personne avait-elle dans sa poche ?

Réponse : 8 francs.

11ᵐᵉ PROBLÈME.

Une personne, ayant doublé au jeu l'argent qu'elle possédait, donne 100 francs aux pauvres de sa paroisse ; le lendemain, ayant triplé ce qui lui restait, elle leur donne 200 francs ; le surlendemain, ayant quadruplé ce qui lui restait, elle leur donne 300 francs : enfin il lui reste encore la somme qu'elle avait avant de jouer ; on demande quelle est cette somme.

Réponse : 100 francs.

12ᵐᵉ PROBLÈME.

Un homme achette un cheval qu'il vend ensuite 100

francs de plus qu'il ne l'a acheté : il gagne à ce marché
10 pour % du prix qu'il le vend ; on demande combien
cet homme avait acheté ce cheval.

Réponse : 900 francs.

13ᵐᵉ PROBLÊME.

Une personne a deux espèces de monnaie : sept pièces
de la plus forte espèce avec douze de la seconde font
288 francs ; et douze pièces de la plus forte espèce avec
sept pièces de la plus faible, font 358 francs. On demande la valeur de chaque espèce de monnaie.

Réponse : 24 francs et 10 francs.

14ᵐᵉ PROBLÊME.

Trois personnes ont 720 francs à se partager : la première personne doit avoir 80 francs de plus que la troisième, et la deuxième 40 francs de plus aussi que
cette troisième ; on demande la part de chaque personne.

Réponse : La 1ʳᵉ 280ᶠ, la 2ᵐᵉ 240ᶠ et la 3ᵐᵉ 200ᶠ.

15ᵐᵉ PROBLÊME.

Une personne disait à une de ses amies : Ma fortune
est 80000 francs, placée à 5 pour % par an ; mais si
j'avais encore 450 francs de rente, mes revenus seraient
les $\frac{2}{3}$ des tiens. On demande quelle est la fortune de
cette dernière, sachant que son argent est placé à 6 pour
% par an.

Réponse : 111250 francs.

16ᵐᵉ PROBLÊME.

En prenant les $\frac{4}{5}$ d'un nombre et les ajoutant à 180,
la somme est 284 : quel est ce nombre ?

Réponse : 104.

22*

17me PROBLÈME.

On a rempli en 12 minutes un vase contenant 152 litres d'eau, en y faisant couler successivement deux fontaines, dont l'une versait 15 litres par minute, et l'autre 8 litres. Pendant combien de temps chaque fontaine y a-t-elle coulé?

Réponse: La prémière pendant 8' et la seconde pendant 4'.

18me PROBLÈME.

Un général, interrogé sur le nombre de ses soldats, répondit: Si l'on ajoutait 480 hommes à ceux dont j'ai le commandement, et qu'on divisât le nombre total des hommes par le nombre 4, j'aurais 4800 hommes; on demande combien d'hommes avait ce général.

Réponse : 18720 hommes.

19me PROBLÈME.

Trois personnes se partagent 3400 francs; la première en prend la $\frac{1}{2}$, la deuxième le $\frac{1}{3}$ et la troisième le $\frac{1}{6}$: on demande la part de chaque personne.

Réponse : La 1re 1700^f, la 2me 1133^f + $\frac{1}{3}$ et la 3me 566^f + $\frac{2}{3}$.

20me PROBLÈME.

Le frère et la sœur ont eu 30 francs pour étrennes; si le frère donnait 9 francs à sa sœur, elle aurait une somme quintuple de lui: combien ont-ils chacun?

Réponse: Le frère avait 14 francs et la sœur 16 francs.

21me PROBLÈME.

Une armée ayant été défaite, le $\frac{1}{4}$ est resté sur le champ de bataille, les $\frac{2}{5}$ ont été faits prisonniers, et 14000 hommes, qui étaient le reste de l'armée, ont pris la fuite. On demande de combien d'hommes l'armée était composée avant la bataille.

Réponse: de 40000 hommes.

22ᵐᵉ PROBLÊME.

Un capitaine trésorier a donné 9547 francs pour solde à 22 militaires, tant officiers que sous-officiers, à raison de 750 francs à chaque officier et de 341ᶠ à chaque sous-officier: on demande combien il y avait d'officiers et de sous-officiers.

Réponse: 5 officiers et 17 sous-officiers.

23ᵐᵉ PROBLÊME.

Trois personnes ont ensemble 105 ans; la deuxième a deux fois plus d'âge que la première, et la troisième a le double de l'âge de la seconde. Quel est l'âge de chaque personne ?

Réponse: La 1ʳᵉ 15 ans, la 2ᵐᵉ 30 ans et la 3ᵐᵉ 60.

24ᵐᵉ PROBLÊME.

Trouver un nombre dont le $\frac{1}{3}$, le $\frac{1}{4}$, le $\frac{1}{8}$, le $\frac{1}{5}$ et le $\frac{1}{6}$ fassent 120; quel est-il?

Réponse: $111 + \frac{27}{43}$.

25ᵐᵉ PROBLÊME.

Un particulier qui n'a que des pièces de 5 francs et de 2 francs, veut payer 53 francs avec 16 pièces. Combien doit-il donner de pièces de chaque espèce?

Réponse: 7 pièces de 5 francs et 9 pièces de 2 francs.

26ᵐᵉ PROBLÊME.

Diviser 140 en deux parties dont l'une soit le $\frac{1}{5}$ de l'autre: quelles sont ces parties?

Réponse: $116 + \frac{2}{3}$ et $23 + \frac{1}{3}$.

27me PROBLÈME.

Deux frères ont ensemble 50 ans, et l'aîné avait 12 ans à la naissance de son frère. Quel est l'âge de chacun d'eux ?

Réponse : L'aîné a 31 ans et le jeune en a 19.

PROBLÉMES DIVERS.

1er PROBLÈME.

En faisant 7 lieues par jour, un régiment a été 56 jours en route pour faire 336 lieues : combien a-t-il fait de séjours ?

Réponse : 8.

2me PROBLÈME.

On a mêlé 12l,25 d'un vin à 0f,75 le litre, avec 10l,5 d'un vin à 0f,80 le litre : on demande combien on doit vendre le litre du mélange, pour gagner 8f,40 sur le tout.

Réponse : 1f,14.

3me PROBLÈME.

Un vieillard disait : J'ai passé depuis ma naissance jusqu'à la fin de mes études les $\frac{3}{8}$ de l'âge que j'ai maintenant : on me mit ensuite dans le commerce, et j'y restai un temps tel qu'en le quittant, j'étais plus âgé du double que quand j'y entrai ; enfin, je me suis marié, et j'ai passé avec ma femme qui est morte depuis 10 ans, 3 mois et 4 jours, un autre huitième de mon existence. On demande quel âge avait ce vieillard.

Réponse : 82a—1m—2j.

4me PROBLÈME.

Deux ouvriers, ayant travaillé 3 heures par jour, ont fait en 5 jours 90 mètres d'ouvrage ; combien 3 ouvriers doivent-ils travailler d'heures par jour, pour faire en 2 jours 126 mètres du même ouvrage ?

Réponse : 7 heures.

5ᵐᵉ PROBLÈME.

Bacchus, aidé de son père nourricier Silène, ont pour dessert un tonneau de 140 litres de nectar : Bacchus pourrait le boire seul en 70 coups de sa coupe, de $6' + \frac{3}{4}$ d'intervalle entre chaque coup ; Silène le pourrait en 35 coups de la sienne, de $8' + \frac{2}{3}$ d'intervalle entre chaque coup : ils boivent tous les deux en même temps, on demande en combien de temps le tonneau sera vide.

Réponse : $172' + \frac{14}{27}'$.

6ᵐᵉ PROBLÈME.

Un mourant croyant tué l'un des deux fils qu'il avait à l'armée, dit à son épouse : Si l'aîné de nos fils revient, tu lui donneras les $\frac{2}{3}$ de notre bien, et tu en retiendras l'autre $\frac{1}{3}$ pour ton existence ; si, au contraire, le cadet revient, tu lui en donneras les $\frac{2}{5}$, et tu auras les 3 autres cinquièmes. Or les deux fils reviennent à la maison paternelle le même jour : on demande comment on peut satisfaire aux volontés du mourant, et ce que recevra chaque partageant, sachant que sa fortune s'élève à 44000 francs.

Réponse : L'aîné aura 24000ᶠ, la veuve 12000ᶠ et le cadet 8000ᶠ.

7ᵐᵉ PROBLÈME.

Un ouvrier gagne 3 francs 10 sous chaque jour qu'il travaille ; et qu'il travaille ou non, il dépense 45 sous par jour. Au bout de 30 jours, s'il avait gagné 15 sous de plus, il aurait eu assez pour subvenir à sa dépense 3 autres jours : on demande combien de jours a travaillé cet ouvrier.

Réponse : 21 jours.

8me PROBLÉME.

L'armée française, à la campagne de Russie, perdit le $\frac{1}{20}$ de ses hommes dans les neiges et les glaces, le $\frac{1}{5}$ par les armes ennemies, le $\frac{1}{40}$ dans les prisons, et revint en France avec 145000 hommes. On demande de combien d'hommes cette armée était composée, lorsqu'elle se mit en campagne.

Réponse : de 200000 hommes.

9me PROBLÉME.

Un particulier reçoit une lettre de change sur un banquier, à trois mois de date, et désire toucher son argent tout de suite ; cette lettre se monte à 600 francs, et le banquier lui remet 564 francs : on demande de déterminer la retenue du 100.

Réponse : 6 francs.

10me PROBLÉME.

Un rentier a prêté 3457 francs à 6 pour % par an ; on demande l'intérêt de cette somme pour 17 jours.

Réponse : 9^f,795.

11me PROBLÉME.

Un marchand de vin a deux qualités de vin, dont il veut faire un mélange de 200 litres, à 0^f,60 le litre ; la première qualité est à 0^f,75 le litre et la seconde à 0^f,50 : on demande combien il doit prendre de litres de chaque qualité.

Réponse : 80 litres de la première qualité et 120 de la seconde.

12me PROBLÈME.

12me PROBLÈME.

Un orfèvre achette un lingot dans lequel il y a 4 onces d'or et 6 onces d'argent pour 420 francs; il en achette ensuite un autre dans lequel il y a 20 onces d'or et 9 onces d'argent pour 1974 francs. On demande combien lui coûtaient l'once d'or et l'once d'argent, sachant que l'once d'or est au même prix dans l'un que dans l'autre lingot, ainsi que l'once d'argent.

Réponse: L'once d'or coûtait 96 francs et l'once d'argent 6 francs.

13me PROBLÈME.

Deux joueurs avaient chacun la même somme; le premier a dépensé 20 francs et le second 62 francs; il reste au premier trois fois autant qu'au second : on demande combien avait chaque joueur.

Réponse: 83 francs.

14me PROBLÈME.

Un chien poursuit un lièvre qui a sur le premier 1000 mètres d'avance. Le chien fait 9 pas en 36 secondes, et le lièvre 6 pas en 15 secondes; 7 pas du chien valent 28 mètres, et 15 pas du lièvre valent 12 mètres. Trouver après combien de secondes le chien aura atteint le lièvre.

Réponse: Après $1470 + \frac{10}{17}$ secondes.

15me PROBLÈME.

Quatre personnes ont fait ensemble un ouvrage de 180 mètres; la deuxième en a fait les $\frac{3}{4}$ de la première, la première les $\frac{2}{3}$ de la troisième, et la troisième les $\frac{7}{8}$ de la quatrième : on demande ce que recevra chaque personne, sachant que le mètre leur est payé 1^{f},25.

Réponse: La 1re $45^{f} + \frac{45}{139}$, la 2me $33^{f} + \frac{138}{139}$, la 3me $67^{f} + \frac{137}{139}$ et la 4me $77^{f} + \frac{97}{139}$.

16me P r o b l é m e.

Une garnison de 1250 hommes est enfermée dans un fort, sans qu'on puisse lui envoyer des vivres; le général calcule qu'en donnant à chaque homme 18 onces de pain par jour, elle pourra encore tenir 150 jours; mais elle devient trop faible pour pouvoir soutenir les feux des ennemis, ce qui l'oblige à demander de nouvelles forces, sans demander des vivres, qui, par ce changement, diminuent le temps de 125 à 150 jours. On demande de combien d'hommes cette garnison a été augmentée.

Réponse: de 250 hommes.

17me P r o b l é m e.

Un berger étant interrogé sur le nombre de ses moutons, répondit que s'il en avait encore autant, plus les $\frac{2}{3}$, plus le $\frac{1}{4}$ de ce qu'il a, il en aurait 175: on demande combien il en avait.

Réponse: 60.

18me P r o b l é m e.

On demande à un vieillard quel âge il a; il répond que si à son âge on ajoute la moitié, et qu'en retranchant du total le $\frac{1}{4}$ et le $\frac{1}{8}$ de son véritable âge, on trouvera pour différence 99 ans. On demande quel âge a ce vieillard.

Réponse: 88 ans.

19me P r o b l é m e.

Trois marchands avaient un fonds de 31500 francs, qui leur a rapporté un bénéfice de 1575 francs; ils se sont partagé cette somme à proportion de leur mise, de manière que le second a eu autant que le premier plus 55 francs, et le troisième autant que les deux autres ensemble. On demande combien ils avaient mis chacun, et combien ils ont retiré de bénéfice.

Réponse : Le premier a mis 7325 francs et a retiré du bénéfice 366^f,25 ; le second a mis 8425 francs et a retiré 421^f,25, et le troisième a mis 15750 francs et a retiré 787^f,50.

20me PROBLÈME.

Deux ouvriers gagnant l'un 5 francs et l'autre 3 francs par jour, ont reçu 1200 francs pour 360 jours de travail : pendant combien de jours chacun a-t-il travaillé ?

Réponse : Celui qui gagnait 5 francs a travaillé 60 jours, et l'autre 300 jours.

21me PROBLÈME.

Quel est le septième terme de la progression géométrique qui a 1 pour premier terme, et 3 pour raison ?

Réponse : 729.

22me PROBLÈME.

Partager 17 en deux parties, de manière que la plus grande surpasse la plus petite de 5.

Réponse : 11 et 6.

23me PROBLÈME.

Trois négociants étant de société, se partagent une somme composée de leurs mises et du gain qu'ils ont fait. Il arrive qu'en prenant chacun proportionnément à sa mise, le premier reçoit les $\frac{2}{3}$ de la somme à partager, moins 11600 francs ; le deuxième les $\frac{3}{4}$ de cette même somme, moins 14900 francs, et le troisième les 6500 francs qui restent. On demande combien ils avaient mis chacun, et combien ils ont reçu du bénéfice, sachant que s'ils avaient gagné 12000 francs de plus, le gain aurait égalé les mises.

Réponse : Le premier a eu 20400 francs, et sa mise était de 12750 francs ; le deuxième a eu 21100 francs, et sa mise était de 13187^f,50 ; et le troisième a eu 6500 francs, et sa mise était de 4062^f,50.

24me Problème.

Trois personnes ont chacune une certaine somme, et tiennent entr'elles le raisonnement suivant : la première dit à la deuxième : Si vous me donniez la $\frac{1}{2}$ de votre somme, j'aurais 50 francs ; la deuxième dit à la troisième : Si vous me donniez le $\frac{1}{3}$ de votre somme, j'aurais 50 francs ; enfin, la troisième dit à la première : Si vous me donniez le $\frac{1}{4}$ de votre somme, j'aurais 50 francs. On demande combien avait chaque personne.

Réponse : La première avait 32 francs, la deuxième 36 francs, et la troisième 42 francs.

25me Problème.

Deux personnes ont ensemble 105 francs ; la somme de la première divisée par celle de la seconde donne $1 + \frac{1}{2}$ au quotient : on demande combien a chaque personne.

Réponse : La première a 63 francs et la seconde 42^f.

26me Problème.

Une personne charitable donne aux pauvres autant de pièces de 2 francs qu'elle a de pièces de 5 francs. Dieu, pour la récompenser de son action, change les pièces de 5 francs qui lui restent en pièces de 20 francs, et alors elle possède 120 francs. On demande combien avait cette personne.

Réponse : 50 francs.

27me Problème.

Un ouvrage de 1550 toises a été fait en 35 jours par deux troupes d'ouvriers ; les premiers, en faisant 2 pieds par jour, ont gagné 2^f—6^s—8^d, et ils ont reçu pour 12 jours 2800 francs; les derniers ont travaillé le reste du temps, et ils ont gagné 4^f—13^s—4^d. On demande combien il y avait d'ouvriers dans chaque troupe, et combien chacune a fait d'ouvrage; on demande de plus combien chaque ouvrier de la seconde a fait par jour.

Réponse: Dans la première troupe il y avait 100 hommes qui ont fait 400 toises; dans la seconde il y en avait 75 qui ont fait 1150 toises, et chaque homme de la seconde troupe a fait 4 pieds par jour.

28ᵐᵉ PROBLÈME.

On demande à quel taux il faudrait placer 1863 francs pour toucher après 6 ans $2645^f.46$, tant de capital que d'intérêt simple.

Réponse: A 7 pour %.

29ᵐᵉ PROBLÈME.

On a placé 955 francs à 6 pour % par an : on demande après combien d'années l'emprunteur devra $1413^f.40$ tant en capital qu'en intérêt simple.

Réponse: Après 8 ans.

30ᵐᵉ PROBLÈME.

On a rempli en 12 heures un tonneau contenant 39 hectolitres d'eau, en faisant couler successivement deux fontaines, dont l'une donnait 4 hectolitres par heure, et l'autre 3 : on demande pendant combien d'heures chaque fontaine a coulé.

Réponse: La première a coulé pendant 3 minutes et la seconde pendant 9.

31ᵐᵉ PROBLÈME.

Un mélange contient 90 litres de vin et 10 litres d'eau :

combien faut-il ajouter de vin, pour que 75 litres du nouveau mélange contiennent 3 litres d'eau?

Réponse: 150 litres.

32me PROBLÈME.

Le $\frac{1}{4}$ du $\frac{1}{8}$ d'un nombre moins 400, font 3600: quel est ce nombre?

Réponse: 12800.

33me PROBLÈME.

Déterminer par quel nombre il faut diviser 12, pour avoir un quotient égal au diviseur augmenté d'un.

Réponse: par 4.

34me PROBLÈME.

Dans 6 mois, 140 francs de l'argent d'un négociant lui rapporte 2^f,80 d'intérêt; quel sera le rapport de 5840 francs pendant 20 mois?

Réponse: 389^f+$\frac{1}{3}$.

35me PROBLÈME.

Quel est le nombre qui, multiplié par 10, donne le $\frac{1}{3}$ de son carré?

Réponse: 30.

36me PROBLÈME.

Le $\frac{1}{6}$ d'un nombre ajouté à 36 donnent en somme 148: quel est ce nombre?

Réponse: 672.

37me PROBLÈME.

Partager 480 francs en deux parties telles, que l'une soit le $\frac{1}{5}$ de l'autre: quelles sont-elles?

Réponse: 400 et 80.

TABLE PREMIÈRE.

Conversion des livres, sous et deniers tournois en francs.

N°	Livres en francs.	Sous en francs.	Deniers en francs.
1	0,987654	0,0494	0,0041
2	1,975309	0,0988	0,0082
3	2,962963	0,1481	0,0123
4	3,950617	0,1975	0,0165
5	4,938272	0,2469	0,0206
6	5,925926	0,2963	0,0247
7	6,913580	0,3457	0,0288
8	7,301235	0,3951	0,0329
9	8,888889	0,4444	0,0370

TABLE DEUXIÈME.

Conversion des francs, décimes et centimes en livres tournois.

N°	Francs en livres.	Décimes en livres.	Centimes en livres.
1	1,01250	0,1013	0,0101
2	2,02500	0,2026	0,0202
3	3,03750	0,33038	0,0304
4	4,05000	0,44050	0,0405
5	5,06250	0,5063	0,0506
6	6,07500	0,6073	0,0608
7	7,08750	0,7088	0,0709
8	8,10000	0,8100	0,0810
9	9,11250	0,9113	0,0911

TABLE TROISIÈME.

Conversion des aunes de Paris en mètres.

N°	Aunes en mètres.	Fractions.	En mètres.	Fractions.	En mètres.	Fractions.	En mètres.
1	1,18845	$\frac{1}{2}$	0,594	$\frac{5}{8}$	0,743	$\frac{7}{16}$	0,520
2	2,37690	$\frac{1}{3}$	0,396	$\frac{7}{8}$	1,040	$\frac{9}{16}$	0,668
3	3,56535	$\frac{2}{3}$	0,792	$\frac{1}{12}$	0,099	$\frac{11}{16}$	0,817
4	4,75380	$\frac{3}{4}$	0,891	$\frac{11}{12}$	1,089	$\frac{13}{16}$	1,114
5	5,94225	$\frac{3}{5}$	0,713	$\frac{1}{16}$	0,074	$\frac{11}{16}$	1,039
6	7,13070	$\frac{1}{6}$	0,198	$\frac{5}{12}$	0,495	$\frac{13}{16}$	0,965
7	8,31915	$\frac{5}{6}$	0,990	$\frac{3}{16}$	0,223	$\frac{1}{11}$	0,108
8	9,50760	$\frac{1}{8}$	0,148	$\frac{5}{16}$	0,371	$\frac{3}{7}$	0,509
9	10,69605	$\frac{5}{8}$	0,445	$\frac{2}{12}$	0,198	$\frac{1}{32}$	0,037

ARITHMÉTIQUE.

TABLE QUATRIÈME.

Conversion des mètres en aunes de Paris.

N°	Mètres en aunes.	Fractions.	En aunes.	Fractions.	En aunes.	Fractions.	En aunes.
1	0,84144	$\frac{1}{16}$	0,052	$\frac{5}{12}$	0,350	$\frac{13}{16}$	0,683
2	1,68288	$\frac{1}{12}$	0,070	$\frac{7}{16}$	0,368	$\frac{6}{16}$	0,263
3	2,52432	$\frac{1}{8}$	0,105	$\frac{1}{2}$	0,420	$\frac{7}{8}$	0,736
4	3,36576	$\frac{1}{6}$	0,140	$\frac{9}{16}$	0,473	$\frac{11}{12}$	0,771
5	4,20720	$\frac{3}{16}$	0,158	$\frac{2}{12}$	0,140	$\frac{15}{16}$	0,788
6	5,04864	$\frac{1}{4}$	0,210	$\frac{5}{8}$	0,526	$\frac{1}{20}$	0,042
7	5,89008	$\frac{5}{16}$	0,263	$\frac{2}{3}$	0,561	$\frac{1}{32}$	0,026
8	6,73152	$\frac{1}{3}$	0,280	$\frac{11}{16}$	0,578	$\frac{1}{9}$	0,093
9	7,57296	$\frac{3}{8}$	0,315	$\frac{3}{4}$	0,631	$\frac{1}{5}$	0,168

TABLE CINQUIÈME.

Conversion des toises, pieds, pouces et lignes en mètres.

N°	Toises en mètres.	Pieds en mètres.	Pouces en mètres.	Lignes en mètres.
1	1,94904	0,32484	0,02707	0,00226
2	3,89808	0,64498	0,05414	0,00451
3	5,84712	0,97452	0,08121	0,00670
4	7,79616	1,29936	0,10828	0,00902
5	9,74520	1,62420	0,13535	0,01128
6	11,69423	1,94904	0,16242	0,01354
7	13,64327	2,27388	0,18949	0,01579
8	15,59231	2,59872	0,21656	0,01805
9	17,54135	2,92356	0,24363	0,02030

23*

TABLE SIXIÈME.

Conversion des Mètres en Toises, Pieds, Pouces et Lignes.

N°	Mètres en toises.	Mètres en pieds.	Mètres en pouces.	Mètres en lignes.
1	0,513068	3,07844	36,9413	443,296
2	1,026136	6,15689	73,8827	886,592
3	1,539204	9,23533	110,8240	1329,888
4	2,052272	12,31378	147,7653	1773,184
5	2,565340	15,39222	184,7067	2216,480
6	3,078408	18,47066	221,6480	2659,775
7	3,591476	21,54911	258,5893	3103,071
8	4,104544	24,62755	295,5306	3546,367
9	4,617612	27,70600	332,4720	3989,663

TABLE SEPTIÈME.

*Conversion des Veltes, Pintes, Setiers, Boisseaux et
Litrons de Paris en Litres.*

N°	Veltes en litres.	Pintes en litres.	Setiers en litres.	Boisseaux en litres.	Litrons en litres.
1	7,4506	0,9313	156,10	13,008	0,8130
2	14,9012	1,8626	312,20	26,016	1,6260
3	22,3518	2,7940	468,30	39,024	2,4390
4	29,8024	3,7252	624,40	52,032	3,2520
5	37,2530	4,6565	780,50	65,040	4,0650
6	44,7036	5,5879	936,60	78,048	4,8780
7	52,1542	6,5191	1092,70	91,056	5,6910
8	59,6048	7,4505	1248,80	104,064	6,5040
9	67,0554	8,3818	1404,90	117,072	7,3170

TABLE HUITIÈME.

*Conversion des Litres en Veltes, en Pintes, en Setiers,
en Boisseaux, en Litrons de Paris.*

N°	Litres en veltes.	Litres en pintes.	Litres en setiers.	Litres en boisseaux.	Litres en litrons.
1	0,13422	1,0737	0,006406	0,07687	1,230
2	0,26844	2,1474	0,012812	0,15374	2,460
3	0,40266	3,2212	0,019219	0,23061	3,690
4	0,53688	4,2948	0,025625	0,30748	4,920
5	0,67110	5,3685	0,032031	0,38435	6,150
6	0,80532	6,4423	0,038437	0,46122	7,380
7	0,93954	7,5160	0,044843	0,53810	8,610
8	1,07376	8,5897	0,051249	0,61497	9,840
9	1,20798	9,6634	0,057656	0,69184	11,070

TABLE NEUVIÈME.

Conversion des Livres, Onces, Gros et Grains en Kilogrammes.

N°	Livres en kilogramm.	Onces en kilogramm.	Gros en kilogrammes.	Grains en kilogrammes.
1	0,48951	0,03059	0,003824	0,0000531
2	0,97902	0,06119	0,007648	0,0001062
3	1,46853	0,09178	0,011472	0,0001593
4	1,95802	0,12237	0,015296	0,0002124
5	2,44754	0,15296	0,019120	0,0002655
6	2,93705	0,18355	0,022944	0,0003186
7	3,42656	0,21414	0,026768	0,0003717
8	3,91606	0,24473	0,030592	0,0004248
9	4,40557	0,27533	0,034416	0,0004779

TABLE DIXIÈME.

Conversion des Kilogrammes en Livres, Onces, Gros et Grains.

N°	Kilogrammes en livres.	Kilo-grammes en onces.	Kilo-grammes en gros.	Kilo-grammes en grains.
1	2,04288	32,686	261,49	18827
2	4,04575	65,372	522,98	37654
3	6,12863	98,058	784.47	56481
4	8,17151	130,744	1045.96	75308
5	10,21440	163,430	1307,45	94135
6	12,25727	196,116	1568,94	112962
7	14,30014	228,802	1830,43	131789
8	16,34302	261,488	2091.90	150616
9	18,38590	294,174	2353,40	169443

TABLE ONZIÈME.

Conversion des Lieues terrestres et des Lieues marines en Kilomètres, et réciproquement.

N°	LIEUES		KILOMÈTRES	
	Terrestres en kilomètres (1).	Marines en kilomètres (2).	En lieues terrestres.	En lieues marines.
1	4,4444	5,5556	0,225	0,18
2	8,8889	11,1111	0,450	0,36
3	13,3333	16,6667	0,675	0,54
4	17,7778	22,2222	0,900	0,72
5	22,2222	27,7778	1,125	0,90
6	26,6667	33,3333	1,350	1,08
7	31,1111	38,8889	1,575	1,26
8	35,5556	44,4444	1,800	1,44
9	40,0000	50,0000	2,025	1,62
10	44,4444	55,5556	2,250	1,80

(1) La lieue de 25 au degré vaut 2280^t,55, d'après le mètre définitif.

(2) La lieue marine de 20 au degré vaut 2850^t,41.
La lieue de poste vaut 2000 toises.
La lieue moyenne vaut 2250 toises.

TABLE DOUZIÈME.

Conversion des Toises, Pieds, Pouces et Lignes cubes en Mètres cubes.

N°	Toises cubes en mètres cubes.	Pieds cubes en mètres cubes.	Pouces cubes en mètres cubes.	Lignes cubes en mètres cubes.
1	7,40389	0,0342773	0,000019836	0,0000000 1148
2	14,80778	0,0685545	0,000039673	0,0000000 2296
3	22,21167	0,1028318	0,000059509	0,0000000 3444
4	29,61556	0,1371090	0,000079346	0,0000000 4592
5	37,01945	0,1713863	0,000099182	0,0000000 5740
6	44,42334	0,2056636	0,000119018	0,0000000 6888
7	51,82723	0,2399408	0,000138855	0,0000000 8036
8	59,23112	0,2742181	0,000158691	0,0000000 9184
9	66,63501	0,3084953	0,000178528	0,00000010332
10	74,03890	0,3427726	0,000198364	0,00000011480

TABLE TREIZIÈME.

Conversion des Mètres cubes en Toises, Pieds, Pouces et Lignes cubes.

N°	Mètres cubes en toises cubes.	Mètres cubes en pieds cubes.	Mètres cubes en pouces cubes.	Mètres cubes en lignes cubes.
1	0,135064	29,1739	50412,42	87112655
2	0,270128	58,3477	100842,83	174225310
3	0,405192	87,5216	151237,25	261337965
4	0,542057	116,6954	201649,66	348458619
5	0,675321	145,8693	252062,08	435563274
6	0,810385	175,0431	302474,50	522675929
7	0,945449	204,2170	352886,91	609788584
8	1,080513	233,3908	403299,33	696901239
9	1,215577	262,5647	453711,74	784013894
10	1,350641	291,7385	504124,16	871126549

TABLE QUATORZIÈME.

Conversion des cordes de bois en stères (Eaux et Forêts), et réciproquement, et des solives en stères ou mètres cubes (Charpente), et réciproquement.

N°	Cordes de bois en stères. (Eaux et For.)	Stères en cord. de bois. (Eaux et For.)	Soliv. en stères ou mètr. cubes. (Charpente).	Mètres cub. en solives.
1	3,8391	0,26048	0,10283	9,7246
2	7,6781	0,52096	0,20566	19,4492
3	11,5172	0,78144	0,30850	29,1739
4	15,3562	1,04192	0,41133	38,8985
5	19,1953	1,30241	0,51416	48,6281
6	23,0343	1,56289	0,61699	58,3477
7	26,8734	1,82337	0,71982	68,0923
8	30,7124	2,08385	0,82265	77,7970
9	34,5515	2,34433	0,92549	87,5216
10	38,3905	2,60481	1,02832	97,2462

TABLE QUINZIÈME.

Conversion des Lieues carrées en Myriamètres carrés, et réciproquement, et des Lieues carrées en Myriares, et réciproquement.

N°	Lieues carrées en myriamètres carrés.	Myriamètres carrés en lieues carrées.	Lieues carrées en myriares.	Myriares en lieues carrées.
1	0,1975309	5,0625	19,75309	0,050625
2	0,3950617	10,1250	39,50617	0,101250
3	0,5925926	15,1875	59,25926	0,151875
4	0,7901234	20,2500	79,01234	0,202500
5	0,9876543	25,3125	98,76543	0,253125
6	1,1851852	30,3750	118,51852	0,303750
7	1,3827160	35,4375	138,27160	0,354375
8	1,5802469	40,5000	158,02469	0,405000
9	1,7777777	45,5625	177,77777	0,455625
10	1,9753086	50,6250	197,53086	0,506250

TABLE SEIZIÈME.

Conversion des Arpents en Hectares, et réciproquement.

N°	Arpents en hectares, (Eaux et For).	Hectares en arpents, (Eaux et For).	Arpents en hectares (de Paris).	Hectares en arpents (de Paris).
1	0,510720	1,958020	0,341887	2,924943
2	1,021440	3,916040	0,683774	5,849886
3	1,532160	5,874060	1,025661	8,774829
4	2,042880	7,832080	1,367548	11,699772
5	2,553600	9,790100	1,709435	14,624715
6	3,064320	11,748120	2,051322	17,549658
7	3,575040	13,706140	2,393209	20,474601
8	4,085760	15,664160	2,735096	23,399544
9	4,596480	17,622180	3,076983	26,324487
10	5,107200	19,580200	3,418870	29,249430

TABLE DES MATIÈRES.

Fin de la Table des matières.

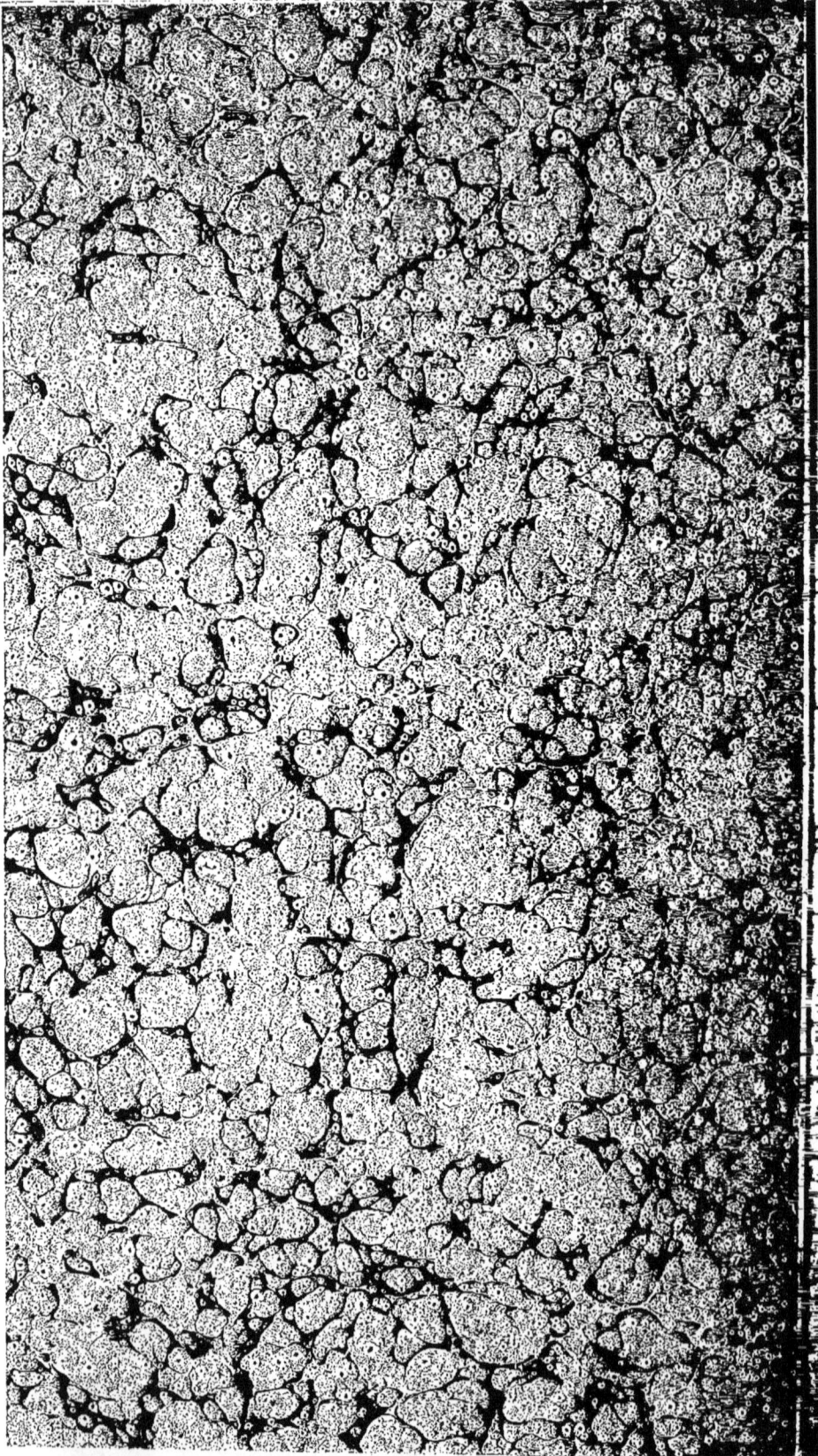

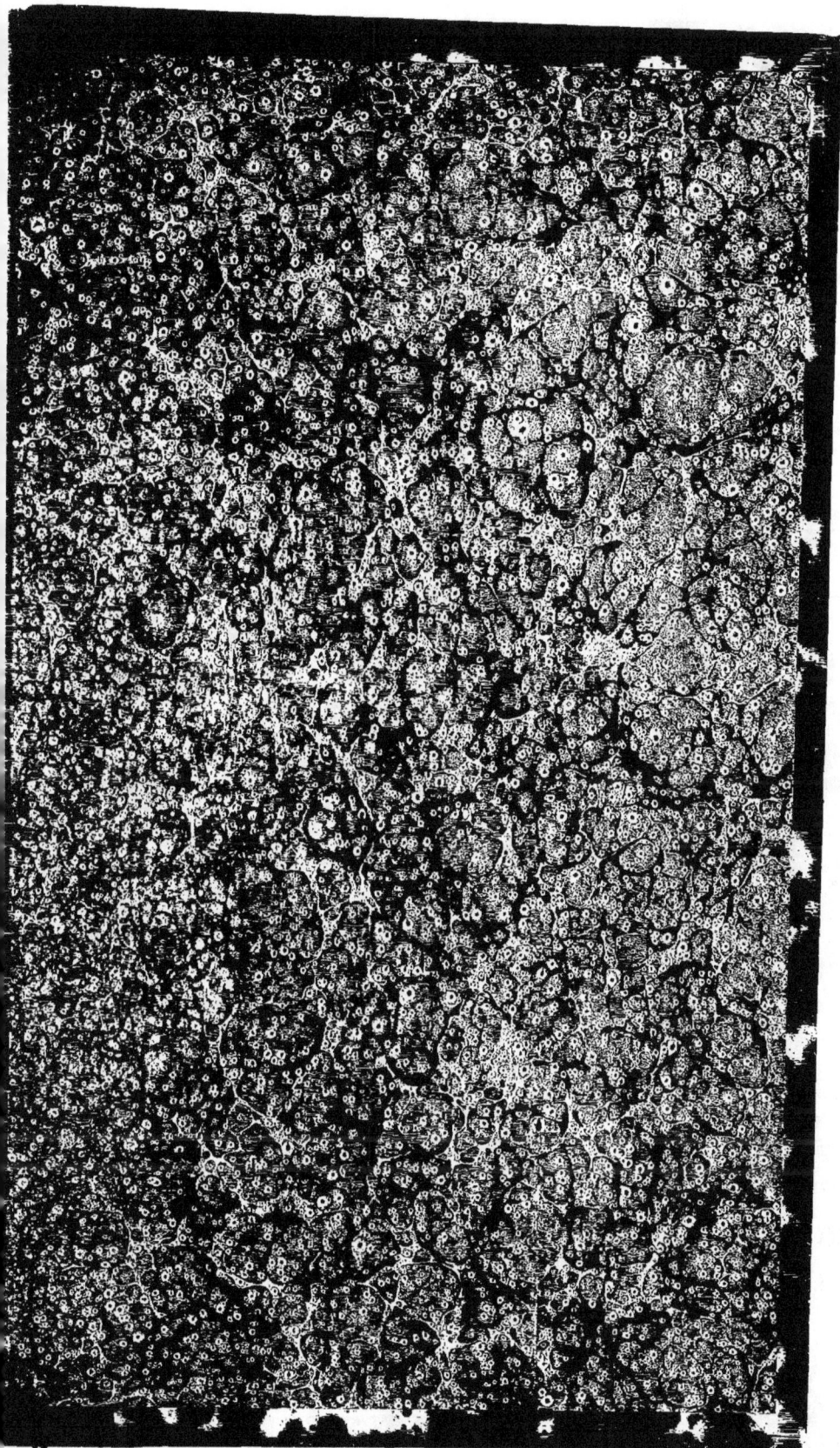

www.ingramcontent.com/pod-product-compliance
Lightning Source LLC
Chambersburg PA
CBHW061117220326
41599CB00024B/4071